HISTOIRE

DES

MATHÉMATIQUES

PAR

W.-W. ROUSE BALL

Fellow and Tutor of Trinity College (Cambridge)

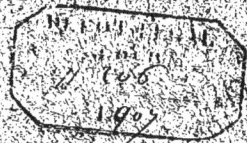

Édition française revue et augmentée

Traduite sur la troisième édition anglaise

PAR

L. FREUND

Lieutenant de vaisseau

TOME DEUXIÈME

Avec des Additions de

R. de MONTESSUS

Docteur ès sciences mathématiques, Lauréat de l'Institut

LES MATHÉMATIQUES MODERNES DEPUIS NEWTON
JUSQU'A NOS JOURS. — NOTE COMPLÉMENTAIRE DE
M. G. DARBOUX.

PARIS

LIBRAIRIE SCIENTIFIQUE A. HERMANN

ÉDITEUR, LIBRAIRE DE S. M. LE ROI DE SUÈDE

6, RUE DE LA SORBONNE, 6

1907

HISTOIRE

MATHÉMATIQUES

HISTOIRE

DES

MATHÉMATIQUES

PAR

W.-W. ROUSE BALL

Fellow and Tutor of Trinity College (Cambridge)

Édition française revue et augmentée

Traduite sur la troisième édition anglaise

PAR

L. FREUND

Lieutenant de vaisseau

TOME DEUXIÈME

Avec des Additions de

R. de MONTESSUS

Docteur ès-sciences mathématiques, Lauréat de l'Institut

LES MATHÉMATIQUES MODERNES DEPUIS NEWTON
JUSQU'A NOS JOURS. — NOTE COMPLÉMENTAIRE DE
M. G. DARBOUX.

PARIS

LIBRAIRIE SCIENTIFIQUE A. HERMANN

ÉDITEUR, LIBRAIRE DE S. M. LE ROI DE SUÈDE

6, RUE DE LA SORBONNE, 6

1907

AVANT-PROPOS

Ce deuxième volume diffère du premier par la nature des additions et la manière dont elles ont été introduites dans l'ouvrage.

M. Freund avait bien voulu ajouter à la fin du tome I quelques notes complémentaires.

M. de Montessus connu par ses beaux travaux mathématiques, a bien voulu se charger d'enrichir le second volume de notes intéressantes, qui seront certainement appréciées par le lecteur.

A l'encontre de ce qui avait été fait par M. Freund pour le premier volume et par M. G. Loria pour l'édition italienne de cet ouvrage, les notes de M. de Montessus ont été intercalées dans le texte. Des astérisques les mettent en évidence.

Ces notes se rapportent surtout aux mathématiciens décédés. Si parfois M. de Montessus parle des mathématiciens vivants, c'est seulement pour faire connaître les développements qu'ils ont apportés à l'œuvre de leurs devanciers.

A. HERMANN.

HISTOIRE DES MATHÉMATIQUES

CHAPITRE XVI

—

LA VIE ET LES TRAVAUX D'ISAAC NEWTON [1]

Aux savants ‚dont il a été question dans le dernier chapitre, revient l'honneur d'avoir posé les fondements des mathématiques modernes.

Homme d'un extraordinaire génie, Newton parvint en quelques années à perfectionner considérablement les méthodes inventées par ses devanciers, à en créer de nouvelles, et à faire progresser chacune des branches des mathématiques étudiées de son temps.

Contemporain et ami de Wallis, d'Huyghens et de plusieurs autres savants mentionnés dans le chapitre précédent, il fit la plupart de ses découvertes entre les années 1665 et 1686 mais ne les publia dans leur ensemble — tout au moins sous forme de livre — que postérieurement à cette dernière date.

Ses écrits eurent pendant un siècle l'influence la plus considé-

---

[1] La vie et les œuvres de NEWTON sont exposées dans l'ouvrage *The memoirs of Newton* de D. BREWSTER (Edimbourg, 1860, 2 vol). Une édition en 5 volumes des Œuvres de NEWTON a été publiée par S. HORSLEY (Londres, 1779-85) ; G. J. GRAY en fait le résumé bibliographique (Cambridge 1888). Voir aussi le catalogue de la collection Portsmouth des écrits de *Newton* (Cambridge, 1888). On peut encore consulter l'ouvrage de W. ROUSE BALL *Essay on the genesis, contents and history of Newton's Principia* (Londres, 1893).

rable sur le mouvement scientifique, tant sur le continent qu'en Angleterre. C'est pour ce motif que nous lui donnerons une place d'honneur dans cet ouvrage et que nous étudierons son œuvre avec quelque détail.

Isaac Newton naquit dans le Lincolnshire, près de Grantham, le 25 décembre 1642 ; il mourut à Kensington, village aujourd'hui englobé dans Londres, le 20 mars 1727. Il fit ses études à Cambridge, au Trinity-College, de 1661 à 1669 et y professa de 1669 à 1696, produisant durant cette période la totalité de ses travaux mathématiques. Il représenta à partir de 1688 l'Université de Cambridge au Parlement. Un de ses anciens élèves, Charles Montague, depuis lord Halifax, le fit nommer en 1695, inspecteur de la Monnaie ; il en obtint la direction en 1699, ce qui était une charge considérable, et en cette même année il devint associé correspondant de l'Académie des Sciences de Paris. En 1703, la Société Royale l'éleva à la dignité de président. Newton vécut à Londres de 1696 jusqu'à l'année de sa mort.

On ne le crut pas destiné à vivre, car il était né avant terme, comme Képler. Sa mère, veuve avant sa naissance, se remaria lorsqu'il était dans sa troisième année et le confia à sa grand'mère. Son intention était de lui faire exploiter la ferme que son père lui avait laissée.

Dès qu'il eut atteint sa douzième année, on l'envoya à l'école à Grantham où sa vive intelligence et ses dispositions marquées pour la mécanique attirèrent bientôt l'attention de ses maîtres.

Comme exemple de l'ingéniosité précoce dont il faisait preuve, on cite ce fait qu'il construisit alors une horloge hydraulique, marquant l'heure de façon très exacte pour son temps.

En 1656, il revint à la maison paternelle où il devait apprendre sous la direction d'un vieux serviteur de la famille, à gérer ses biens ; mais ses dispositions naturelles le portant bien plus à résoudre des problèmes, à faire des expériences de physique, à imaginer des appareils mécaniques qu'à s'occuper des travaux des champs, sa mère prit la sage détermination de l'envoyer, sur le conseil de l'un de ses oncles, poursuivre ses études au Trinity-College, à Cambridge.

Newton entra donc en 1661 au Trinity-College et, là, il se sentit enfin dans un milieu favorable au développement de ses facultés. Cependant, comme il avait peu de goût pour la société et pour toute occupation ne se rattachant pas aux études scientifiques, il redoutait la turbulence de ses camarades et s'en plaignait à ses amis.

Il a tenu, fort heureusement, un journal de ses occupations et nous pouvons ainsi nous faire une idée exacte du haut enseignement donné à cette époque dans les universités anglaises.

Avant son arrivé à Cambridge, il n'avait lu aucun ouvrage de mathématiques ; mais il connaissait la « Logic » de Sanderson, qui servait alors d'introduction ordinaire à l'étude des sciences exactes. Au commencement de son premier semestre, en octobre, il lui arriva de se rendre en flânant à la foire de Stourbridge et d'y trouver un traité d'astrologie, qu'il ne put comprendre, car il ne connaissait ni la géométrie, ni la trigonométrie. Il eut ainsi l'idée de se procurer un Euclide et constata avec surprise que les propositions de cet ouvrage lui paraissaient presque évidentes. Il lut ensuite le *Clavis* d'Oughtred et la *Géométrie* de Descartes, mais il paraît qu'il eut quelque difficulté à comprendre ce dernier ouvrage.

Le plaisir qu'il ressentit en venant à bout de ces premières études le confirma dans son intention de se consacrer à l'étude des mathématiques et il passa à l'*Optique* de Képler, aux œuvres de Viète, aux *Miscellanea* de Van Schooten, et à l'*Arithmetica Infinitorum* de Wallis. Entre temps, il suivait à l'Université les cours de Barrow.

Relisant plus tard Euclide avec attention, il se fit une haute idée de cet ouvrage d'enseignement et il lui arrivait d'exprimer ses regrets de ne s'être pas adonné à l'étude de la géométrie avant d'aborder l'analyse algébrique.

Il existe un manuscrit du journal de Newton, daté du 28 mai 1665, année où il prit le grade de bachelier-ès-arts; c'est le plus ancien des documents tendant à prouver qu'il inventa le calcul des fluxions. C'est à peu près à la même époque qu'il découvrit le *Théorème du binôme* [1].

---

[1] Voir plus loin.

Par suite d'une épidémie, le collége fut fermé pendant une partie des années 1665 et 1666 et, à cette époque, Newton passa plusieurs mois dans sa famille. Ce fut une période de brillantes découvertes.

C'est alors qu'il eut la conception des principes fondamentaux de la gravitation, découverte qui eût suffi à l'immortaliser, et qu'il perfectionna sa méthode des fluxions; dans un manuscrit daté du 16 novembre 1665, il employait les fluxions à la détermination de la tangente et du rayon de courbure en un point quelconque d'une courbe et, en octobre 1665 il les appliquait à plusieurs problèmes relatifs à la théorie des équations. Newton communiqua ces résultats à ses amis et à ses élèves dès l'année 1669 ; il y revint plus tard, mais il ne les imprima que plusieurs années après.

A la même époque, il imagina des instruments capables de polir des lentilles ayant des formes spéciales autres que la forme sphérique ; et peut-être même commença-t-il alors ses études célèbres sur la décomposition de la lumière solaire.

La plus grande de ses découvertes est la loi de la gravitation universelle.

* La loi de la gravitation universelle s'exprime par la formule

$$f = C \frac{m m_1}{r^2}$$

où C est un coefficient constant ; m, m_1 sont les masses des deux corps, r leur distance, f la force attractive qu'ils exercent l'un sur l'autre. Il est vraisemblable que Newton ne connut pas de façon bien approchée la valeur de C. Le calcul de C suppose en effet la connaissance du rayon et de la densité moyenne de la Terre, nombres que ne connaissait pas Newton. C'est à peu de chose près la quinze-millionième partie du milligramme. En d'autres termes, deux masses égales à un gramme placées à 1 centimètre l'une de l'autre s'attirent mutuellement avec une force qui est environ la quinze-millionième partie seulement d'un milligramme. *

Laissons de côté les détails et ne prenons que les chiffres ronds, il semble bien que son raisonnement pour arriver au principe de la gravitation était le suivant. *Il supposait que la force qui retient la lune dans son orbite était la même que la gravité terrestre.* Voici comment il procédait pour vérifier cette hypothèse. Il savait qu'une pierre abandonnée à elle-même, dans le voisinage de la surface de la terre, parcourt sous l'influence de l'attraction terrestre, (c'est-à-dire de son poids) une distance de 10 pieds par seconde. L'orbite lunaire est sensiblement un cercle dont la terre est le centre. En la considérant comme telle, il pouvait calculer la longueur du chemin parcouru par la lune, connaissant sa distance à la terre ; sachant aussi que la lune décrit son orbite dans l'espace d'un mois, il lui était facile de déterminer la vitesse de cet astre en un point quelconque de sa course, tel que M. Il pouvait alors calculer la longueur MT du chemin parcouru dans l'espace d'une se-conde par la lune supposée sous-traite à l'influence de l'attraction terrestre. Or, à la fin de cette se-conde, sa position réelle étant M', il en résultait que, dans l'espace d'une seconde, l'attraction terrestre déplaçait la lune de la distance TM' (en supposant constante la di-rection suivant laquelle agissait la

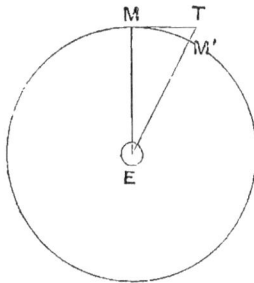

Fig. 1.

terre). Newton, qui partageait les idées de plusieurs physiciens de l'époque, admettait, d'après la 3e loi de Képler, que l'attraction exercée par la terre sur un corps devait décroître à mesure que le corps s'éloignait, et qu'elle variait en raison inverse du carré de la distance au centre de la terre (¹). Si donc cette loi était vraie et si la gravitation était la seule force faisant décrire à la lune son orbite, le rapport de la distance TM' à 10 pieds devait être égal à l'inverse du rapport existant entre le carré de la distance de la lune au centre de la terre et le carré du rayon de la terre. En 1679, lorsque Newton reprit ses recherches, il trouva pour la longueur de la distance TM' une valeur en concordance avec l'hypothèse d'où il était parti, et la vérification était dès lors complète. Mais en 1666, l'estimation usuelle de la distance à la lune n'était pas exacte, et

_____

(¹) Nous donnerons plus loin, le raisonnement conduisant à ce résultat.

lorsqu'il fit ses calculs, il trouva que la valeur de TM' était moindre d'environ $\frac{1}{8}$ que celle qu'il aurait dû obtenir.

Cette différence ne paraît guère avoir changé la conviction où il était que l'effet de la gravité s'étendait jusqu'à la lune et qu'elle agissait en raison inverse du carré de la distance ; mais suivant les notes laissées par Whiston, et relatives à une conversation qu'il eut avec Newton, il semblerait qu'il en ait conclu que d'autres forces — probablement les tourbillons de Descartes — faisaient sentir leur action sur la lune en même temps que la gravité. Ce fait est confirmé par le récit que nous a laissé Pemberton des recherches de Newton. Il semble d'ailleurs que Newton croyait déjà d'une façon absolue, à la vérité du principe de la gravitation universelle, c'est-à-dire que tous les points de la matière s'attirent mutuellement, et qu'il soupçonnait que cette attraction était directement proportionnelle au produit des masses des points en présence, et inversement proportionnelle au carré de leur distance ; mais il est certain qu'il ne se rendait pas compte alors de ce que pouvait être l'attraction d'une masse sphérique sur un point extérieur quelconque, et vraisemblablement il ne pensait pas qu'un point matériel était attiré par la terre comme si toute la masse de cette dernière était concentrée en son centre.

* C'est le propre des grands hommes d'être défigurés par leurs admirateurs. Aristote l'a été par les diseurs de bonne aventure du moyen-âge et Newton par les physiciens qui ont imaginé l' « *actio in distans* ».

Newton avait découvert que les mouvements des corps célestes et la chute des corps à la surface de la Terre avaient lieu *comme si* tous les corps s'attiraient mutuellement avec une force exprimée par la formule

$$f = C\,\frac{mm_1}{r^2}.$$

Il ne chercha pas à déterminer les causes de l'existence de cette force ; son assertion *hypotheses non fingo*, le prouve.

Côtes, élève de Newton, employa le premier le mot malheureux d'« *actio in distans* » dans la préface de la deuxième édition des

Principes (Cf. infra) que Newton ne lut point avant son impression ; dès lors, l'*action à distance*, bien qu'inexplicable, fut admise par les physiciens comme une réalité, jusqu'au jour où Faraday, revenant à l'idée propre de Newton, montra, qu'en vertu de l'impossibilité d'admettre qu'un corps puisse produire une force dans un endroit où il ne se trouve pas, la loi de la gravitation devait être regardée comme purement *descriptive*. *

A son retour à Cambridge en 1667, Newton fut agrégé au collége et y résida alors de façon permanente. Au commencement de l'année 1669, ou peut être en 1668, il fit pour Barrow une révision des cours de ce professeur. On sait que Newton a écrit la fin de la quatorzième leçon, mais il n'est pas possible aujourd'hui de déterminer ce qui lui revient en propre dans les autres. Aussitôt ce travail terminé, Barrow et Collins l'engagèrent à préparer avec des notes additionnelles une traduction de l'*Algèbre* de Kinckhuysen ; il y consentit, mais à la condition de garder l'anonymat. Il commença aussi, en 1670, un exposé systématique de son analyse par les séries infinies. Il voulait donner l'expression de l'ordonnée d'une courbe au moyen d'une série algébrique infinie dont chaque terme pouvait s'intégrer par la règle de Wallis ; il avait communiqué dès 1669, les résultats auxquels il était arrivé à Barrow, à Collins et à d'autres. Ce travail ne fut jamais terminé : l'ouvrage incomplet a été publié en 1711 ; mais dès 1704, il avait été donné en substance, comme appendice, à son « *Optique* ». C'est pendant ses heures de loisirs que Newton produisait ses travaux ; la majeure partie de son temps, durant ces deux années, était consacrée à des recherches sur l'Optique.

Au mois d'octobre 1669, Barrow abandonna en faveur de Newton la chaire « *Lucasian* », dont il était titulaire au Trinity College. Désormais, Newton entrait dans la carrière du professorat. Pendant de longues années, il devait faire à ses auditeurs un cours semestriel d'une leçon par semaine, durant une demi-heure ou une heure à peu près.

Son cours comprenait 9 ou 10 leçons commençant chacune à l'endroit où s'était arrêtée la précédente.

Il dictait probablement de telle sorte que ses auditeurs puissent aisément prendre les notes nécessaires, car jamais il ne reprenait les sujets déjà traités. Chaque semaine, il consacrait 4 heures aux étudiants désireux de discuter avec lui.

On a conservé les manuscrit des cours qu'il professa pendant les 17 premières années de sa carrière.

Lorsque Newton fut agréé à la chaire *Lucasian*, il prit l'optique comme sujet de ses leçons et de ses recherches, et se borna à enseigner cette branche de la physique pendant les années 1669, 1670 et 1671. Dès avant 1669, il avait découvert que le prisme décomposait la lumière blanche en rayons de différentes couleurs. Il tira de ce phénomène une théorie remarquable de l'arc-en-ciel.

Les principaux résultats, inconnus jusqu'alors, auxquels il parvint, ont été exposés dans un mémoire communiqué en février 1672 à la Société Royale et furent publiés, par la suite, dans les « *Philosophical Transactions* ». Le manuscrit de ses leçons originales a été publié en 1729 sous le titre *Lectiones Opticæ*. Cet ouvrage est divisé en deux livres dont le premier comprend quatre sections et le second cinq. Dans la première section du premier livre, il expose le phénomène de la décomposition de la lumière solaire au moyen d'un prisme, comme conséquence de l'inégale réfrangibilité des rayons qui la composent, et il fait la description de ses expériences. La deuxième section contient l'exposition de la méthode qu'il avait imaginée pour déterminer les indices de réfraction des différents corps. Il y arrive en faisant passer un rayon à travers un prisme constitué par la substance dont il cherche l'indice, de telle sorte que la déviation soit minimum ; il démontre qu'en désignant par i l'angle du prisme et par δ la déviation du rayon, l'indice de réfraction est donné par l'expression

$$\sin \frac{1}{2}(i + \delta) \operatorname{cosec} \frac{1}{2} i.$$

La troisième section traite des réfractions produites par les surfaces planes ; il montre que si un rayon traverse un prisme avec le minimum de déviation, l'angle d'incidence est égal à l'angle de sortie ; presque toute cette partie est consacrée à des solutions géométriques de différents problèmes. La quatrième section contient la discussion de la réfraction sur les surfaces courbes.

Le second livre expose sa théorie des couleurs et de l'arc-en-ciel.

Un curieux concours de circonstances fit que Newton ne parvint pas à corriger l'aberration chromatique de deux couleurs au moyen d'un couple de prismes. Il abandonna dès lors l'espoir d'imaginer un télescope à réfraction qui aurait été achromatique ; pour le remplacer, il proposa un télescope réflecteur, probablement d'après le modèle de celui qu'il avait déjà construit en 1668, mais de dimensions moindres. Il lui donna la forme bien connue de l'instrument qui porte son nom, et dont l'idée lui avait été naturellement suggérée par le télescope de Grégory. En 1672, il inventa un microscope réflecteur, et, quelques années plus tard, le sextant qui fut découvert à nouveau en 1731 par J. Hadley.

De 1673 à 1683, son cours eut pour objet l'algèbre et la théorie des équations, nous en parlons plus loin ; mais durant ces quelques années, une grande partie de son temps fut consacrée à d'autres recherches. Nous devons faire remarquer que Newton s'est occupé pendant son existence, au moins autant de chimie et de théologie que de mathématiques, mais ses travaux sur ces sujets ne présentent pas suffisamment d'intérêt pour être étudiés ici. Sa théorie des couleurs et les conséquences qu'il tirait de ses expériences en optique furent attaquées avec une grande violence par Pardies en France, Linus et Lucas à Liège, Hooke en Angleterre et Huyghens à Paris ; mais ses adversaires furent finalement confondus. La correspondance que Newton entretint à ce sujet occupa à peu près tous ses loisirs de 1672 à 1675, et lui fut extrêmement pénible. Dans une de ses lettres en date du 9 décembre 1675, il s'exprime ainsi : « J'ai été tellement tourmenté avec les discussions relatives à ma théorie de la lumière que je me suis durement reproché d'avoir commis l'imprudence d'abandonner un bien aussi grand que le repos pour courir après une ombre. » Il écrivait encore le 18 novembre 1676 : « Je vois que je me suis rendu l'esclave de la physique, mais si je parviens à en finir avec le travail de H. Linus, je me propose résolument de lui dire un éternel adieu. Si je la cultive, ce sera pour mon propre plaisir ou dans le dessein que mes découvertes ne paraissent qu'après ma mort ; car je crois qu'un homme doit se résoudre à ne rien publier de ses idées nouvelles ou à se résigner à devenir esclave en les défendant. » Un des traits distinctifs du caractère de Newton était la répugnance déraisonnable qu'il éprouvait à voir ses conclusions mises en doute, ou à se trouver engagé dans une correspondance à leur sujet.

Une question qui intéressait profondément Newton était de savoir comment les effets de la lumière se produisaient réellement et vers la fin de 1675 il avait mis en avant la théorie corpusculaire ou de l'émission — théorie à laquelle il avait été probablement conduit par ses recherches sur le problème de l'attraction. On a expliqué de trois manières différentes la production de la lumière : Les uns (tels que les philosophes grecs) admettaient que l'œil émet quelque chose qui sent l'objet, si on peut ainsi parler ; d'autres, ce sont les partisans de la théorie de l'émission, pensaient que l'objet perçu envoie quelque chose qui frappe ou qui affecte l'œil ; d'autres enfin comme Hooke et Huyghens croyaient qu'il existe entre l'œil et l'objet un certain milieu, et que l'objet peut provoquer dans la forme ou la manière d'être de ce milieu des changements qui impressionnent l'œil, et qu'ils ont nommés ondulations. Il nous suffira de dire ici que les mathématiciens des xviie et xviiie siècles ont dû expliquer, tant avec l'une qu'avec l'autre de ces deux dernières théories, les phénomènes de l'optique géométrique, tels que la réflexion, la réfraction, etc.

Au début du xixe siècle, les physiciens ont imaginé des expériences propres à décider en faveur de l'une des deux théories, telle la mesure de la vitesse de propagation de la lumière dans l'eau qui, d'après la théorie de l'émission devait être plus grande que dans l'air, tandis que, d'après la théorie des ondulations, elle devait être moindre.

Dans toutes ces expériences, les résultats se montrèrent conformes à ceux que prévoyait la théorie des ondulations et en désaccord avec ceux que nécessitait la théorie de l'émission.

L'hypothèse de Newton fut dès lors rejetée.

Il est juste de dire que c'est grâce aux travaux de Fresnel que la théorie des interférences parvint à prendre le pas sur la théorie de l'émission, malgré que les propriétés que les phénomènes ondulatoires supposent au milieu intermédiaire, l'éther, fussent en contradiction les unes avec les autres.

Il faut remarquer que Newton n'exprime nulle part cette opinion que la théorie de l'émission est vraie, mais qu'il la présente constamment comme une hypothèse permettant de prévoir certains faits. Bien plus, il semblerait que la théorie des ondes lui parût préférable, et qu'il ne la rejeta qu'en raison de la difficulté qu'il éprouvait à expliquer avec son concours le phénomène de la diffraction : deux siècles plus tard seulement, Fresnel devait vaincre cette difficulté.

La théorie de Newton fut exposée dans des mémoires communiqués en décembre 1675 à la Société Royale et reproduite en substance dans son *Traité d'Optique*, publié en 1704. Dans ce dernier ouvrage, il expose de façon détaillée ses théories de la réfrangibilité, de la transparence et des phénomènes lumineux que présentent les lames minces. Il y ajoute (Livre III, part. 4) une explication de la coloration des lames épaisses et (Livre II) des observations sur la diffraction.

* On peut dire que la science, comme l'histoire, est un perpétuel recommencement.

Des travaux sensationnels tendent depuis quelques années à faire revivre la théorie de l'émission.

Il semble bien avéré que tout corps, quel qu'il soit, est formé d'atomes, chargés d'électricité positive, et de corpuscules, chargés d'électricité négative, circulant autour des atomes. Les atomes ainsi définis ont été appelés *ions* et les corpuscules *électrons*.

La masse de l'électron paraît être extrêmement faible ; elle ne dépasserait pas 10^{-27} gramme ; ses dimensions, 10^{-13} ou 10^{-14} centimètre, font qu'il est au centimètre ce que le centimètre est à 10 fois la distance de la Terre au Soleil. Enfin sa distance à l'atome (ion) autour duquel il circule, est évaluée à 10^{-8} centimètre.

L'atome, lui, est de dimensions relatives beaucoup plus grandes ; aussi bien, on a pu comparer l'atome et les électrons qui circulent autour de lui au système du soleil et des planètes, encore que le rapport de l'atome à l'électron (rapport d'une église de 60 mètres de long, 30 mètres de large et 15 mètres de hauteur à celui d'un des points de $\frac{1}{4}$ de millimètre de diamètre figurés dans cette page) dépasse considérablement celui du Soleil à la Terre.

Les particules lancées par la cathode d'un tube de Crookes ne seraient autres que des électrons, séparés de leurs atomes, et se

mouvant à l'énorme vitesse de 30 000 kilomètres à la seconde, 100
fois plus vite que les étoiles douées du mouvement propre le plus
rapide, mille fois plus vite que la Terre dans son mouvement
autour du Soleil.

Il ne s'agit point là d'êtres de raison créés de toutes pièces par
la théorie, car l'étude spectroscopique de l'arc voltaïque, combinée
avec l'observation de l'usure des électrodes, révèle un transport
effectif de matière aux dépens de ceux-ci. De plus, M. Rowland a
montré que, conformément à une idée émise par M. Lorentz, les
mouvements des ions peuvent être regardés comme la cause des
mouvements électriques.

Voilà donc que l'incessant bombardement d'ions qui aurait lieu
dans l'Univers tout entier ressuscite la théorie de l'émission ! sous
une forme nouvelle et différente, il est vrai, et avec l'obligation de
concilier cette notion avec celle de l'oscillation périodique qui avait
échappé à Newton et dont la réalité est incontestable. Comment se
fera cette conciliation ? C'est le secret de l'avenir (¹). *

Deux lettres écrites par Newton en 1676 sont suffisamment intéressantes pour que nous y fassions allusion ici. Leibnitz, qui avait
séjourné à Londres en 1673, avait communiqué à la Société Royale
quelques résultats qu'il croyait nouveaux, mais qui, ainsi qu'on le
lui fit observer, avaient déjà été établis par Newton. Ce fait donna
lieu à une correspondance avec Oldenburg, le secrétaire de la
Société. En 1674, Leibnitz annonça qu'il possédait « des méthodes
analytiques générales reposant sur les séries infinies ». En réponse,
Oldenburg lui fit connaître que Newton et Gregory avaient fait
usage de séries semblables dans leurs travaux. Répondant à son
tour à une demande de renseignements, Newton écrivait le 13 juin
1676 en donnant un bref exposé de sa méthode, mais en ajoutant
son théorème du binôme et le développement de arc sin x en série ;
de ce dernier, il déduisait celui de sin x, ce qui semble être le
plus ancien exemple connu d'une inversion de séries. Il donnait
aussi la formule permettant d'exprimer un arc d'ellipse au moyen
d'une série infinie.

Leibnitz écrivit le 27 août pour demander des détails complémen-

(¹) Pour une première étude de ces questions, voir *Science et Apologétique*,
par A. DE LAPPARENT et *les Électrons*, par Sir OLIVIER LODGE.

taires, et Newton, dans une longue mais intéressante réponse, datée du 24 octobre 1676 et envoyée par l'intermédiaire d'Oldenburg, exposa de quelle façon il avait été conduit à certains de ses résultats.

Dans cette lettre, Newton commençait par dire qu'il avait employé à la fois trois méthodes pour obtenir ses développements en séries. Il était parvenu à la première en étudiant la méthode d'interpolation à l'aide de laquelle Wallis avait trouvé les expressions de l'aire d'un cercle et d'une hyperbole. Ainsi, en considérant les séries correspondant aux expressions

$$\left(1 - x^2\right)^{\frac{1}{2}}, \left(1 - x^2\right)^{\frac{2}{2}}, \left(1 - x^2\right)^{\frac{4}{2}}, \ldots$$

il déduisait par interpolations la loi qui lie les coefficients successifs dans les développements de

$$\left(1 - x^2\right)^{\frac{1}{2}}, \left(1 - x^2\right)^{\frac{3}{2}}, \ldots$$

et il obtenait alors, par analogie, l'expression du terme général dans le développement d'un binôme, c'est-à-dire le théorème du binôme. Il dit qu'il procéda à une vérification en formant le carré du développement de $\left(1 - x\right)^{\frac{1}{2}}$ qui se réduisit à $1 - x^2$, et il opéra de la même manière avec d'autres développements. Il vérifia ensuite le théorème pour $\left(1 - x^2\right)^{\frac{1}{2}}$ en extrayant, *more arithmetico*, la racine carrée de $1 - x^2$. Il employa également les séries pour déterminer les aires du cercle et de l'hyperbole en séries infinies, et il trouva que les résultats étaient les mêmes que ceux auxquels il était arrivé par une autre voie.

* Il est avéré, et c'est une constatation digne de remarque, que la plupart des mathématiciens ont découvert les propositions que leur ont été suggérées par l'examen attentif de cas particuliers aisément accessibles. C'est qu'il est bien plus aisé de généraliser un résultat acquis que d'apercevoir une proportion nouvelle, fût-elle des plus simples. Halphen reprochait même aux généralisations faciles, aux généralisations sans objet, d'encombrer inutilement la science *.

Ce résultat une fois obtenu, Newton laissa de côté la méthode d'interpolation et employa son théorème du binôme pour exprimer (quand cela était possible) l'ordonnée d'une courbe par une série infinie ordonnée suivant les puissances croissantes de l'abscisse, et il obtint ainsi, par la méthode de Wallis, des expressions en séries infinies pour les aires et les arcs de courbes de la manière qui est décrite dans l'appendice à son *Traité d'Optique* et à son *De Analysi par Equationes Numero Terminorum Infinitas* ([1]). Il signale qu'il avait employé cette seconde méthode avant les années 1665-66 et il continue en disant qu'il fut alors obligé de quitter Cambridge, et que par la suite (probablement à son retour à Cambridge) il abandonna ses premières idées : il s'était aperçu que Nicolas Mercator avait déjà fait usage de certaines d'entre elle dans son ouvrage *Logarihmotechnica*, publié en 1668 ; et il supposait que les autres avaient été ou seraient trouvées avant qu'il fût lui-même prêt à publier ses découvertes.

Newton explique ensuite qu'il était encore en possession d'une troisième méthode dont il avait (dit-il) envoyé vers 1669 un exposé à Barrow et Collins avec des exemples d'applications aux aires, à la rectification, à la cubature, etc. C'était la méthode des fluxions ; mais Newton n'en fait pas l'exposition dans cette lettre, bien qu'il ajoute quelques exemples concernant son emploi. Le premier est relatif à la quadrature de la courbe représentée par l'équation

$$y = ax^m (b + cx^n)^p$$

qui, dit-il, peut-être effectuée comme étant la somme de $\dfrac{m+1}{n}$ termes, si $\dfrac{m+1}{n}$ représente un entier positif, et qui, dans le cas contraire, ne peut pas être obtenue, si ce n'est sous la forme d'une série infinie ([2]). Il donne aussi une liste d'autres expressions pouvant être immédiatement intégrées et dont les principales sont :

$$\frac{x^{m-n-1}}{a + bx^n + cx^{2n}}, \quad \frac{\left(x^m + \frac{1}{2}\right)^{n-1}}{a + bx^n + cx^{2n}}, \quad x^{m-n-1}(a + bx^n + cx^{2n})^{\pm\frac{1}{2}}$$

$$x^{mn-1}(a + bx^n)^{\pm\frac{1}{2}}(c + d.x^n)^{-1}, \quad x^{mn-n-1}(a + bx^n)(c + dx^n)^{-\frac{1}{2}} ;$$

([1]) Voir plus bas.

([2]) Cela n'est pas exact, l'intégration est possible si $p + \dfrac{m+1}{n}$ est un entier.

m étant un nombre entier positif et n un nombre quelconque. Enfin, il indique que l'aire approchée d'une courbe quelconque peut être aisément déterminée ; nous décrirons la méthode d'interpolation de Newton en analysant sa *Methodus Differentialis*.

A la fin de sa lettre, Newton fait allusion à la solution du « problème inverse des tangentes » sujet sur lequel Leibnitz avait demandé des explications. Il donne des formules pour l'inversion d'une série quelconque, en ajoutant qu'indépendamment de ces formules, il possède deux méthodes pour résoudre les questions de ce genre, mais que pour le moment il ne veut s'expliquer qu'au moyen de l'anagramme que voici : « Una methodus consistit in extractione fluentis quantitatis ex æquatione simul involvente fluxionem ejus : altera tantum in assumptione seriei pro quantitate qualibet incognita ex qua cætera commode derivari possunt, et in collatione terminorum homologorum æquationis resultantis, ad eruendos terminos assumptæ seriei. »

Il fait comprendre dans cette lettre qu'il est obsédé par les questions qui lui sont posées et par les controverses qui surgissent à propos de chacune de ses productions, ce qui lui fait voir combien il a été imprudent en les publiant « quod umbram captando catenus perdideram quietem meam, rem prorsus substantialem. »

Leibnitz, dans sa réponse datée du 21 juin 1677, explique sa méthode pour tracer les tangentes aux courbes ; elle procède, dit-il, « non par les fluxions des lignes mais par les différences des nombres », et il introduit sa notation dx et dy pour les différences infinitésimales entre les coordonnées de deux points consécutifs sur une courbe. Il présente aussi une solution du problème consistant à trouver une courbe dont la sous-tangente est constante, ce qui montre qu'il pouvait intégrer.

En 1679, Hooke, à la requête de la Société Royale, écrivait à Newton, exprimant l'espoir qu'il ferait de nouvelles communications à la Société en lui faisant part de découvertes récentes. Newton répondit qu'il avait abandonné l'étude de la physique, mais il ajoutait que le mouvement diurne de la terre pouvait être démontré expérimentalement en observant la déviation de la verticale d'une pierre tombant d'une certaine hauteur — expérience qui fut réalisée plus tard, avec succès, par la Société

Royale. Hooke faisait mention dans sa lettre des recherches géodésiques de Picard, dans lesquelles ce dernier employait une valeur du rayon de la terre sensiblement correcte. Ce fut ce qui conduisit Newton à reprendre avec les données de Picard, ses calculs de 1666 sur l'orbite lunaire, et il vérifia ainsi son hypothèse : que l'effet de la gravité s'exerçait jusqu'à la lune et qu'elle variait en raison inverse du carré de la distance. Il passa ensuite à l'étude de la théorie générale du mouvement sous l'action de la force centripète, et il démontra :

(I) Le théorème des aires ; (II) que si une ellipse était décrite autour d'un foyer sous l'action d'une force centripète, la loi était celle de l'inverse du carré de la distance ; (III) et réciproquement, que l'orbite d'un point attiré par une telle force était une conique (ou une ellipse seulement, comme il le pensait). Obéissant à la règle qu'il s'était imposée de ne rien publier de ses recherches, dans la crainte de voir s'élever une controverse scientifique, il se contenta d'inscrire ces résultats sur ses livres de notes et il ne les publia que cinq ans plus tard à propos d'une question spéciale qui lui avait été posée.

L'*Arithmétique universelle*, qui traite de l'algèbre, de la théorie des équations et de divers problèmes, contient la substance des leçons de Newton durant les années qui s'écoulèrent de 1673 à 1683. Son manuscrit existe encore ; à force d'insister, Whiston[1] obtint de Newton la permission donnée un peu à contre cœur de l'imprimer, et il fut publié en 1707. Entre autres théorèmes nouveaux sur divers points de l'algèbre et de la théorie des équations, Newton y énonce les résultats importants suivants. Il explique que l'équation dont les racines sont les solutions d'un problème donné doit avoir autant de racines qu'il y a de cas possibles différents ; et il fait voir comment l'équation à laquelle un problème conduit peut avoir des racines ne satisfaisant pas à la question initiale. Il étend la règle des signes de

---

[1] WILLIAM WHISTON, né le 9 décembre 1667 dans le Leicestershire, instruit à Clare College, Cambridge, membre de ce Collège et mort à Londres le 22 août 1752, écrivit plusieurs ouvrages sur l'Astronomie. Il fut le suppléant de Newton dans la chaire Lucasian à partir de 1699, et en 1703, le remplaça comme professeur, mais il fut renvoyé en 1711, principalement pour des raisons théologiques. Il fut remplacé par NICOLAS SAUNDERSON, le mathématicien aveugle, qui naquit en 1682 dans le Yorkshire et mourut, le 19 avril 1739, à Christ College, Cambridge.

Descartes pour donner les limites du nombre des racines imaginaires. Il se sert du principe de la continuité pour expliquer comment deux racines réelles et inégales peuvent devenir imaginaires,
en passant par l'égalité, et donne des exemples empruntés à la géométrie ; il montre ainsi que les racines imaginaires doivent se présenter par couples, Newton donne aussi des règles pour trouver
une limite supérieure des racines positives d'une équation numérique, et pour déterminer les valeurs approchées des racines numériques. Il énonce de plus le théorème bien connu qui permet de
calculer la somme des n^{es} puissances des racines d'une équation, et
il pose les fondements de la théorie des fonctions symétriques des
racines d'une équation.

Le théorème le plus intéressant contenu dans cet ouvrage est
relatif à la tentative faite pour trouver une règle (analogue à celle
de Descartes pour les racines réelles) permettant de déterminer le
nombre des racines imaginaires d'une équation. Newton n'ignorait
pas que le résultat auquel il était arrivé n'était pas général, mais il
n'a pas fait connaître les cas où son théorème tombe en défaut. Son
théorème peut se résumer comme il suit : supposons que l'équation soit du n^o degré et ordonnée par rapport aux puissances
décroissantes de x (le coefficient de x^n étant positif), et supposons
formées les $n + 1$ fractions

$$1, \frac{n}{n-1} \frac{2}{1}, \frac{n-1}{n-2} \frac{3}{2}, \ldots, \frac{n-p+1}{n-p} \frac{p+1}{p}, \ldots, \frac{2}{1} \frac{n}{n-1}, 1 ;$$

écrivons les sous les termes correspondants de l'équation ; alors, si
le carré d'un terme quelconque multiplié par la fraction correspondante est plus grand que le produit des deux termes qui le
comprennent, mettons le signe *plus* au-dessus de ce terme ; dans
le cas contraire, mettons le signe *moins* ; plaçons enfin le
signe *plus* au dessus du premier et du dernier termes ; ceci fait,
considérons dans l'équation initiale deux termes consécutifs et les
deux symboles correspondants. Il peut se présenter un des quatre
cas suivants :

(α) les termes ont le même signe et les symboles le même signe;
(β) les termes ont le même signe et les symboles des signes
contraires ; (γ) les termes ont des signes contraires et les sym—

boles le même signe ; (∂) les termes ont des signes contraires et les symboles des signes contraires ; comme on a fait voir que le nombre des racines négatives ne peut surpasser le nombre des cas (α), et que le nombre des racines positives ne peut surpasser le nombre des cas (γ), *le nombre des racines imaginaires n'est pas inférieur au nombre des cas* (β) et (∂). En d'autres termes, le nombre des changements de signes dans la rangée des symboles écrits au-dessus de l'équation est une limite inférieure du nombre des racines imaginaires. Cependant Newton s'exprimait ainsi : « vous pouvez presque savoir combien il y a de racines impossibles en comptant les changements de signes dans la série des symboles formés comme ci-dessus ». Il pensait donc qu'on pouvait généralement obtenir par sa règle. le nombre réel des racines positives, négatives et imaginaires et non simplement des limites supérieures et inférieures. Mais bien qu'il reconnut que la règle n'était pas générale, il ne put trouver (ou tout au moins il n'établit pas) quelles en étaient les exceptions : ce théorème fut étudié plus tard par Campbell, Maclaurin, Euler et d'autres auteurs; enfin en 1865, Sylvester réussit à lui donner son véritable sens.

Au mois d'août 1684, Halley vint à Cambridge afin de consulter Newton au sujet de la loi de la gravitation. Hooke, Huyghens, Halley et Wren avait tous conjecturé que la force attractive du soleil ou de la terre sur un point extérieur variait en raison inverse du carré de la distance. Ces auteurs semblent avoir montré indépendamment l'un de l'autre que, si les conclusions de Képler étaient rigoureusement exactes, ce dont ils n'étaient pas absolument certains, la loi de l'attraction devait être celle de l'inverse du carré. Leur argumentation était probablement la suivante.

Si v est la vitesse d'une planète, r le rayon de son orbite considérée comme circulaire, et T la durée de sa révolution,

$$v = \frac{2\pi r}{\mathrm{T}}.$$

(¹) Cf. les *Proceedings of the London Mathematical Society*, 1865. Vol. I. n° 2.

Mais si f est l'accélération vers le centre du cercle, nous avons $f = \dfrac{v^2}{r}$. Par conséquent, substituant la valeur ci-dessus v, on a :

$$f = \frac{4\,\pi^2 r}{T^2}$$

Mais, d'après la 3ᵉ loi de Képler, T^2 varie comme r^3 ; par suite f est inversement proportionnelle à r^2.

Ils ne purent cependant déduire de la loi la forme de l'orbite des planètes. Halley expliqua que leurs recherches se trouvaient arrêtées par leur impuissance à résoudre ce problème, et il demanda à Newton s'il lui serait possible de trouver ce que pourrait être l'orbite d'une planète, si la loi de l'attraction était celle de l'inverse du carré. Newton répondit immédiatement que c'était une ellipse et promit de publier la démonstration qu'il avait trouvée en 1679. Elle fut envoyée en novembre 1684.

Poussé par Halley, Newton reprit alors le problème de la gravitation ; et avant l'automne de 1684, il avait mis sur pied les propositions 1–19, 21, 30, 32-35 du premier livre des *Principia*. Ces propositions, avec des notes sur les lois du mouvement et divers lemmes furent indiquées dans ses conférences de 1684.

En novembre Halley reçut la communication promise par Newton. Sur ces entrefaites il se rendit de nouveau à Cambridge et y vit « un curieux traité » *De motu*, préparé depuis le mois d'août », Très vraisemblablement ce Traité contenait les notes manuscrites de Newton relatives aux conférences dont il a été question ci-dessus : ces notes sont actuellement à la Bibliothèque universitaire et intitulées : « *De motu corporum* » Halley engagea fortement son ami à publier les résultats auxquels il était arrivé, et, finalement, réussit à lui arracher la promesse qu'ils seraient envoyés à la Société Royale. Ils furent donc communiqués à cette Société avant le mois de février 1685, dans le mémoire *De Motu*, qui contient la substance des propositions suivantes des *Principia*. Livre I, propositions : 1, 4, 6, 7, 10, 11, 15, 17, 32 ; Livre II, propositions 2, 3 et 4,

Il semble aussi que c'est grâce à l'influence d'Halley et au tact dont il fit preuve dans sa visite du mois de Novembre 1684, que Newton se décida à aborder le problème complet de la gravitation et s'engagea à publier ses résultats : ils sont contenus dans les *Principia*.

Jusque là Newton n'avait pas déterminé l'attraction d'un corps sphérique sur un point extérieur, pas plus qu'il n'avait calculé les détails des mouvements planétaires, même en supposant que les divers corps du système solaire pussent être assimilés à des points. Le premier problème fut résolu en 1685, probablement en janvier ou février. « Aussitôt » nous reproduisons le discours que prononça le Dr Glaisher lors de la célébration du bicentenaire de la publication des *Principia,* « aussitôt que Newton eut entrevu ce théorème admirable — et nous savons par ses propres déclarations, qu'il n'espérait nullement arriver à un si beau résultat jusqu'à l'instant où il surgit de ses recherches mathématiques, — tout le mécanisme de l'univers apparut à ses yeux. Lorsqu'il découvrait les théorèmes qui forment les trois premières sections du Livre I, comme lorsqu'il les exposait dans ses cours de 1684, il ignorait que le Soleil et la Terre exerçaient leurs attractions comme s'ils étaient de simples points. Combien ces propositions durent paraître différentes aux yeux de Newton quand il constata que les résultats auxquels il était parvenu étaient exacts, alors qu'il les croyait seulement approchés en tant que pouvant être appliqués au système solaire. Jusqu'à ce moment il ne les avait considérés comme vrais qu'autant qu'il était possible de considérer le soleil comme un point comparativement à la distance des planètes, ou la terre comme un point relativement à la distance de la lune — distance égale seulement à environ 60 fois le rayon de la terre — mais maintenant ils les savait mathématiquement exacts, en tenant compte seulement d'une faible différence provenant de la sphéricité imparfaite du Soleil, de la Terre et des Planètes. Nous pouvons imaginer combien ce passage soudain de l'approximatif à l'exact poussa Newton à entreprendre des efforts encore plus grands. Il était maintenant en son pouvoir d'appliquer l'analyse mathématique avec une absolue précision aux problèmes actuels de l'astronomie. »

Des trois principes fondamentaux appliqués dans les *Principia,* Newton avait découvert celui qui est relatif à l'attraction mutuelle des divers points matériels de l'Univers, au moins dès 1666 ; la loi des aires, ses conséquences, et le fait que si la loi de l'attraction est celle de l'inverse du carré de la distance, l'orbite que décrit un point autour d'un centre de force doit être une conique, ont été établis en 1679 ; enfin, le théorème prouvant qu'une sphère dont la densité en chaque point dépend seulement de sa distance au centre, attire un point extérieur comme si la masse tout entière était concentrée en ce centre, est de 1685. Ce fut cette dernière découverte qui permit à Newton d'appliquer les deux premiers principes aux corps de dimensions finies.

La composition du premier Livre des *Principia* fut terminée avant l'été de 1685, mais les corrections et les additions prirent quelque temps et il ne fut pas présenté à la Société Royale avant le 28 Avril 1686. Ce livre est consacré à l'étude du mouvement des points ou des corps dans l'espace libre suivant des orbites connues, soit sous l'action de forces connues, soit sous l'influence de leur attraction mutuelle. Newton généralise également dans ce premier livre la loi de l'attraction et expose que dans l'univers chaque particule de la matière attire la particule voisine avec une force variant directement comme le carré de la distance qui les sépare ; il en déduit la loi de l'attraction pour les enveloppes sphériques de densité constante. Le livre est précédé d'une introduction à la science de la dynamique, qui définit les limites de l'investigation mathématique. Son objet, dit-il, est d'appliquer les mathématiques aux phénomènes de la nature ; parmi ces phénomènes, le mouvement est l'un des plus importants ; le mouvement à son tour est l'effet de la force, et, bien qu'on ne sache pas quelle est la nature ou l'origine de la force, plusieurs de ses effets peuvent cependant être mesurés ; et c'est ce qui constitue le sujet de l'ouvrage.

Le second Livre des *Principia* fut complété pendant l'été de 1686. Ce Livre traite du mouvement dans un milieu résistant, de l'hydrostatique et de l'hydrodynamique ; on y trouve des applications spéciales aux ondes, aux marées et à l'acoustique. Newton montre, comme conclusion, que la théorie cartésienne des tourbillons est en désaccord à la fois avec les faits connus et avec les lois du mouvement.

Les neuf ou dix mois suivants furent consacrés au troisième Livre. Son auteur commence par examiner quand et jusqu'à quel point il est admissible de construire des hypothèses ou théories pour rendre compte des phénomènes connus. Il continue en appliquant les théorèmes obtenus dans le premier Livre aux principaux phéno-

mènes du monde solaire ; il détermine les masses et les distances
des planètes, et (chaque fois qu'il a des données suffisantes de leurs
satellites. En particulier, il expose en détail le mouvement de la
lune, les inégalités qu'on y constate, et la théorie des marées.
Il examine aussi la théorie des comètes; il montre que ces
astres appartiennent au système solaire ; il explique comment
l'orbite d'une comète peut être déterminée à l'aide de trois observations, et il élucide ses résultats en considérant certaines comètes particulières. Le troisième Livre tel que nous le possédons
n'est qu'une esquisse de ce que Newton s'était proposé de faire ;
son plan initial se trouve dans la Collection des « Mémoires de
Portsmouth », et ses notes montrent qu'il continua d'y travailler
encore quelques années après la publication de la première édition
des *Principia* :

Les plus intéressantes de ces notes sont celles où l'on trouve la
démonstration géométrique des résultats que lui a donnés la
méthode des fluxions.

Les démonstrations de cet ouvrage sont géométriques, mais
l'absence de figures et d'explications, ce fait aussi que Newton ne
fournit aucune indication sur la méthode suivie, les rend d'un accès
difficile. La raison qui lui fit adopter la forme géométrique paraît
être la suivante : le calcul infinitésimal était alors inconnu, et si
Newton l'avait employé pour obtenir des résultats en contradiction
avec les idées philosophiques dominantes à cette époque, il pouvait
craindre que sur la controverse relative à leur exactitude serait venue
s'en greffer une autre concernant la validité des méthodes employées.
C'est pourquoi il adopta dans tous ses raisonnements la forme géométrique, et si parfois ils présentent quelque longueur, ils sont dans
tous les cas intelligibles pour tous ceux qui sont versés dans les mathématiques. Il s'inspira d'une façon si étroite de la géométrie
grecque qu'il employa constamment la méthode graphique, représentant les forces, les vitesses et les autres grandeurs, à la manière
euclidienne, par des lignes droites (ex. Livre I. Lemme 10) et non
par un certain nombre d'unités. La méthode moderne a été introduite
par Wallis et elle devait être connue de Newton. De ce qu'il s'est
rigoureusement enfermé dans la géométrie alors classique, il

(1) Pour une analyse complète des *Principia*, voir *Essay on the genesis,
contents and history of Newton's Principia*, par W. ROUSE-BALL, Londres, 1893.

résulte que les *Principia* sont écrits dans un langage archaïque et malaisément accessible.

L'adoption des méthodes géométriques dans les *Principia*, n'implique pas que Newton préférait la géométrie à l'analyse comme instrument de recherches, car il est aujourd'hui connu qu'il a employé le calcul des fluxions pour trouver quelques-uns de ses théorèmes, spécialement ceux qui figurent à la fin du Livre I et dans le livre II ; en fait, l'une des plus importantes applications de ce calcul est donnée dans le livre II, Lemme 2. Mais il n'est que juste de faire remarquer que, à l'époque de cette publication et presque un siècle après, le calcul différentiel et celui des fluxions n'étaient pas complètement développés et ne possédaient pas la supériorité qu'ils ont actuellement conquis sur la méthode géométrique. Et c'est un sujet d'étonnement de constater que lorsque Newton employait le calcul des fluxions, il savait en tirer de si grands résultats.

L'habileté dont il a fait preuve en traduisant en quelques mois des théorèmes si nombreux et d'une si grande complexité dans le langage de la géométrie d'Archimède et d'Apollonius est aussi, pensons-nous, un fait unique dans l'histoire des mathématiques.

L'impression de l'ouvrage fut lente. Il ne parut que dans l'été de l'année 1687. La dépense fut supportée intégralement par Halley, qui corrigea également les épreuves et laissa même de côté ses propres travaux pour en presser davantage la publication. La concision, l'absence de figures et le caractère synthétique de l'ouvrage limitaient le nombre de ceux qui étaient capables d'apprécier sa valeur, et bien que la validité des conclusions fût admise par presque tous les critiques compétents, il s'écoula quelque temps encore avant que les idées courantes des hommes instruits fussent complètement modifiées. Nous inclinerions à penser (mais sur ce point les opinions sont très partagées) que dix ans après sa publication, l'ouvrage fut généralement regardé en Grande-Bretagne comme donnant l'exposé véritable des lois de l'Univers ; vingt ans plus tard, environ, les théories de Newton furent acceptées sur le Continent, sauf en France où l'hypothèse cartésienne prédomina jusqu'à ce que Voltaire se fût fait, en 1738, l'avocat de la théorie newtonnienne.

Newton termina en 1686 son manuscrit des *Principia* ; il consacra la fin de cette année à son mémoire sur l'optique physique, dont le principal objet est la diffraction.

En 1687, Jacques II ayant tenté de forcer l'université à admettre comme maître ès-art un prêtre catholique romain, qui avait refusé de prêter le serment de suprématie et de fidélité, Newton prit une part dominante dans la résistance à l'intervention illégale du Roi, et fut un des membres de la députation envoyée à Londres pour défendre les droits de l'Université. La part active prise par Newton dans cette affaire provoqua en 1689, son élection au parlement comme membre de l'Université. Ce parlement ne dura que treize mois, et, à sa dissolution, Newton se démit de son siège. Il y retourna de nouveau en 1701, mais ne prit jamais une part active à la politique.

A son retour à Cambridge en 1690, il reprit ses études mathématiques et sa correspondance, mais il est vraisemblable qu'il interrompit alors ses cours. Les deux lettres à Wallis, dans lesquelles il explique sa méthode des fluxions furent écrites en 1692 et publiées en 1693. Vers la fin de 1692 et pendant les deux années qui suivirent, Newton fut atteint d'une longue maladie; il souffrait d'insomnies et d'une irritabilité nerveuse générale. Peut-être ne recouvra-t-il jamais sa vivacité d'esprit, et bien qu'après sa guérison il ait montré la même puissance à résoudre toutes les questions qui lui étaient proposées, il cessa d'avoir la même initiative dans les recherches scientifiques; et il devint alors quelque peu difficile d'éveiller chez lui le désir d'aborder des sujets nouveaux.

En 1694, Newton commença à recueillir des données relatives aux irrégularités du mouvement de la lune, dans le but de reprendre la partie des *Principia* où il traitait cette question. Dans l'intention de rendre les observations plus exactes, il envoya à Flamsteed (¹), une table de corrections pour la réfraction qu'il avait précédemment dressée. Elle ne fut publiée qu'en 1721 quand Halley la commu-

(¹) JEAN FLAMSTEED, né à Derby en 1646 et mort à Greenwich en 1719, fut l'un des astronomes les plus distingués de cette époque, et le premier Astronome Royal. En dehors de nombreux ouvrages de valeur sur l'Astronomie, il imagina le système (publié en 1680) consistant à tracer les cartes par la projection de la surface de la sphère sur un cône enveloppant, qui pouvait être ensuite développé. Sa vie par R. F. BAILY fut publiée à Londres, en 1835, mais divers récits qui

niqua à la Société Royale. Les calculs primitifs de Newton et les mémoires qui les accompagnent se trouvent dans la collection « Portsmouth »; il obtint les réfractions en déterminant au moyen de quadratures la route suivie par un rayon. Comme exemple du génie de Newton, nous pouvons faire remarquer que, jusqu'en 1754, Euler échoua dans la résolution du même problème. En 1782, Laplace donna une Règle permettant de construire une pareille table, et ses résultats concordent approximativement avec ceux de Newton. Il est probable qu'après sa maladie, et quelles que fussent les circonstances, Newton n'eût pas continué ses travaux. En 1696, il fut appelé au poste de recteur, et en 1699 nommé directeur de la monnaie, au traitement de £ 1500 par an : il cessa alors ses recherches scientifiques. Néanmoins plusieurs de ses œuvres antérieures furent publiées sous forme de livres après ces événements.

En 1696 il se rendit à Londres, en 1701 il abandonna la chaire *Lucasian*, et en 1703 il fut élu Président de la Société Royale.

En 1704, Newton publia son *Optics* qui contient les résultats des mémoires déjà mentionnés. A la première édition de l'ouvrage étaient annexés deux opuscules d'importance secondaire et n'ayant aucun rapport direct avec l'Optique : l'un traitait des cubiques et l'autre de la quadrature des courbes et des fluxions. Tous deux étaient de vieux manuscrits que ses amis et élèves connaissaient bien et que l'on publiait cependant pour la première fois.

Le premier de ces deux opuscules porte ce titre : *Enumeratio Linearum tertii ordinis* (¹), il semble avoir pour objet de donner un exemple de l'emploi de la géométrie analytique ; comme l'application de cette science aux coniques était bien connue, Newton choisit la théorie des cubiques. Il commence par quelques théorèmes généraux, et classe les courbes d'après leurs équations, en algébriques et transcendantes, les premières étant coupées par une

s'y trouvent devraient être comparés avec ceux qu'on lit dans la vie de Newton de Brewster.

Flamsteed fut remplacé comme Astronome Royal par Edmond Halley (voir plus loin.

(¹) Sur cet ouvrage et sa bibliographie, voir dans les *Transactions of the London Mathematical Society*, 1891, Vol. XXII, p. 104-143, un mémoire de W. Rouse-Ball.

ligne droite en un nombre de points (réels ou imaginaires) égal au
degré de la courbe, les dernières étant coupées par une ligne droite
en un nombre infini de points. Newton montre alors que plusieurs
des propriétés les plus importantes des coniques ont leurs analogues
dans la théorie des cubiques, et il discute la théorie des asymptotes
et des diamètres curvilignes.

Après ces théorèmes généraux, Newton aborde l'étude détaillée
des cubiques en faisant ressortir que ces courbes doivent avoir au
moins un point réel à l'infini. Si l'asymptote, ou la tangente en ce
point est à une distance finie, on peut la prendre pour axe des y.
Cette asymptote coupera la courbe en trois points, dont deux au
moins sont à l'infini. Si le 3e point est à une distance finie, alors,
(d'après l'un de ses théorèmes généraux sur les asymptotes) l'équation peut se mettre sous la forme.

$$xy^2 + hy = ax^3 + bx^2 + cx + d$$

où les axes des x et des y sont les asymptotes de l'hyperbole, lieu
des points milieux de toutes les cordes menées parallèlement à l'axe
des y. Mais si le troisième point où l'asymptote coupe la courbe est
lui aussi à l'infini, l'équation peut être écrite sous la forme

$$xy = ax^3 + bx^2 + cx + d.$$

Il prend ensuite le cas où la tangente au point réel à l'infini
n'est pas à une distance finie. Une ligne parallèle à la direction de
la courbe vers l'infini peut être prise pour axe des y. Une telle ligne
coupera la courbe en trois points dont l'un est, par hypothèse, à
l'infini et un autre nécessairement à une distance finie. Il montre
alors que si le troisième point d'intersection est à distance finie,
l'équation peut être écrite sous la forme :

$$y^2 = ax^3 + bx^2 + cx + d$$

tandis que, s'il est à distance infinie, l'équation peut être écrite
sous la forme :

$$y = ax^3 + bx^2 + cx + d.$$

Toute cubique est par conséquent réductible à l'une des quatre
formes caractéristiques précitées. Chacune des ces formes est alors
examinée en détail, et la possibilité de l'existence des points doubles,

de boucles isolées, etc., est étudiée. Le résultat final est qu'une cubique peut prendre en tout 78 formes possibles. Newton en énumère seulement 72 ; parmi les six restantes, quatre furent mentionnées par Stirling en 1717, une autre par Nicole en 1731, et la dernière par Nicolas Bernoulli, à peu près à la même époque. Dans le corps de l'ouvrage, Newton énonce ce remarquable théorème que : de même que l'ombre d'un cercle projetée par un point lumineux sur un plan donne naissance à toutes les coniques, de même les ombres des courbes représentées par l'équation

$$y^2 = ax^3 + bx^2 + cx + d$$

donnent naissance à toutes les cubiques. Cette proposition resta comme une énigme insoluble jusqu'en 1731 ; à cette date Nicole et Clairant en donnèrent des démonstrations. Une meilleure fut présentée par Murdoch en 1740, elle dépend de la classification de ces courbes en cinq espèces, suivant que leurs points d'intersection avec l'axe des x sont réels et distincts, réels deux d'entre eux étant confondus (deux cas), réels, et tous confondus ou deux imaginaires et un réel.

Dans cet opuscule Newton parle aussi des points doubles à distance finie et infinie, il donne la description des courbes remplissant certaines conditions spécifiées, et la solution graphique de problèmes par l'emploi des courbes.

Le second appendice à l'*Optics* est intitulé : *De Quadratura Curvarum*. Beaucoup des résultats qu'on y trouve avaient été communiqués à Barrow en 1668 ou 1665 et probablement étaient connus des élèves et amis de Newton bien avant cette date. Il comprend deux parties.

La première dans son ensemble est un exposé de la méthode qu'employa Newton pour effectuer la quadrature et la rectification des courbes par le moyen des séries infinies : il faut noter qu'on trouve là le plus ancien emploi en imprimerie d'indices littéraux et aussi la première exposition imprimée du théorème du binome ; mais ces nouveautés ne sont introduites que d'une façon incidente. Le principal objet est de donner des règles pour le développement d'une fonction de x en une série ordonnée par rapport aux puissances croissantes de x, de façon à permettre aux mathématiciens d'effectuer la quadrature de toute courbe dans laquelle l'ordonnée

y peut-être exprimée comme une fonction algébrique explicite de l'abscisse x. Wallis avait montré comment on pouvait arriver à cette quadrature lorsque y était donné par une somme d'un certain nombre de multiples de puissances de x ; les règles formulées par Newton rendent cette méthode applicable à toute courbe dont l'ordonnée peut être exprimée par la somme d'un nombre infini de pareils termes. Il effectue de cette manière la quadrature des courbes :

$$y = \frac{a^2}{b+x}, \ y = (a^2 \pm x^2)^{\frac{1}{2}}, \ y = (x-x^2)^{\frac{1}{2}}, \ y = \left(\frac{1+ax^2}{1-bx^2}\right)^{\frac{1}{2}} ;$$

naturellement les résultats sont exprimés en séries infinies. Il passe ensuite aux courbes dont l'ordonnée est une fonction implicite de l'abscisse, et il donne une méthode pour exprimer sous forme d'une série infinie procédant suivant les puissances croissantes de x ; mais l'application de la règle à une courbe quelconque exige, en général, des calculs numériques d'une telle complication qu'elle perd ici beaucoup de sa valeur. Il termine cette partie de son ouvrage en montrant que la rectification d'une courbe peut être effectuée d'une manière à peu près semblable. Son procédé est équivalent à celui qui consiste à trouver l'intégrale par rapport à x de $(1 + y'^2)^{\frac{1}{2}}$ sous la forme d'une série infinie. Nous devons ajouter que Newton fait ressortir combien il importe de déterminer si une série est convergente — observation bien avancée pour son temps — mais il n'avait pour cela aucun critérium, et en fait, ce ne fut que lorsque Gauss et Cauchy eurent entrepris l'examen de cette question, que la nécessité d'une telle restriction fut communément reconnue.

La partie de l'appendice que nous venons de décrire est pratiquement la même que dans le manuscrit de Newton : *De Analysi per Equationes numero Terminorum infinitas*, qui fut imprimé en 1711. Cet ouvrage aurait été, dit-on, composé en principe pour servir de complément à l'algèbre de Kinckhuysen, qu'il eut un moment le dessein de traduire, ainsi que nous l'avons déjà dit. Il fut communiqué en substance à Barrow, et par ce dernier à Collins, dans des lettres du 31 juillet et du 12 août 1669 ; un résumé d'une partie de ce travail fut inséré dans la lettre du 24 octobre 1676 adressée à Leibnitz.

Cet ouvrage devrait être lu parallèlement avec le suivant : *Methodus Differentialis*, qu'il publia aussi en 1711. Quelques théorèmes additionnels sont présentés dans ce dernier, et Newton y discute sa méthode d'interpolation qui avait été brièvement décrite dans la lettre du 24 octobre 1676. En voici le principe : $y = \varphi(x)$ étant une fonction de x, si l'on connaît les valeurs b_1, b_2, b_3.... de y qui correspondent à des valeurs arbitraires a_1, a_2, a_3,... de x, 1° on peut faire passer par les points (a_1, b_1) (a_2, b_2),... une parabole

$$y = p + qx + rx^2 + \ldots ;$$

2° l'ordonnée de cette courbe sera une valeur approchée de l'ordonnée de la courbe primitive. Si n est le nombre des points (a, b), le degré de la parabole sera, bien entendu, $n - 1$. Newton fait observer que cette méthode permet l'évaluation approchée de l'aire d'une courbe quelconque.

La seconde partie de cet appendice à l'*Optics* contient un exposé de la méthode des fluxions. Il est bon, pour le comprendre, de lire en même temps un résumé qu'en fit Newton et que publia Jean Colson en 1736.

Le calcul des fluxions et le calcul infinitésimal, tel que nous le connaissons, sont identiques à part les notations.

Newton admettait que toutes les grandeurs géométriques peuvent être considérées comme engendrées par le mouvement continu : ainsi une ligne peut être envisagée comme engendrée par le mouvement d'un point, une surface par celui d'une ligne, un solide par celui d'une surface, un angle plan par la rotation d'une ligne, et ainsi de suite. Il définissait la quantité ainsi engendrée « la fluente » ou « la quantité fluente ». La vitesse de la grandeur en mouvement était définie comme « la fluxion de la fluente ». Il semble que l'on trouve là, pour la première fois, l'idée de fonction continue, bien qu'on en puisse reconnaître des traces dans quelques-uns des mémoires de Napier (ou Néper).

Newton aborde le sujet comme il suit. Il y a deux sortes de problèmes ; l'objet du premier est de trouver la fluxion d'une quantité donnée, ou plus généralement « la relation des fluentes étant donnée » il s'agit de trouver « la relation qui lie leurs fluxions. »

Ceci est équivalent à la différentiation. L'objet du second, ou méthode inverse des fluxions, est de déterminer la fluente en par—

tant de la fluxion ou de quelque relation la comprenant, ou plus généralement « étant donnée une équation montrant la relation des fluxions de certaines quantités, trouver les relations liant entre elles ces quantités ou les fluentes » (¹) Le problème revient à l'intégration, que Newton appelait quadrature, ou à la solution d'une équation différentielle, qui pour lui était la méthode inverse des tangentes. Les méthodes propres à résoudre ces questions sont exposées avec beaucoup de détails.

Newton chercha ensuite à appliquer ses résultats à des questions concernant les maxima et minima des quantités, au tracé des tangentes et à la courbure des courbes (à savoir la détermination des centres de courbure, du rayon de courbure, et du rapport suivant lequel croît le rayon de courbure). Il envisagea de plus la quadrature et la rectification des courbes (²). En cherchant le maximum et le minimum des fonctions à une variable, nous regardons le changement de signe de la différence de deux valeurs consécutives de la fonction comme le vrai critérium de la valeur de la variable qui rend la fonction maxima ou minima : mais l'argument de Newton est que lorsqu'une quantité croissante a atteint son maximum, elle ne peut avoir aucun autre accroissement, ou lorsqu'une quantité décroissante a atteint son minimum, elle ne peut avoir aucun décroissement ultérieur ; en conséquence la fluxion doit être nulle.

On a fait cette remarque que, ni Newton, ni Leibnitz, n'ont présenté leurs calculs en corps de doctrine, c'est-à-dire sous forme d'un ensemble de règles logiquement ordonnées, et que les problèmes discutés par eux sont traités en partant des premiers principes. C'est sans doute l'ordre usuel dans l'histoire de semblables découvertes, bien que le fait soit fréquemment oublié par les historiens. Dans le cas qui nous occupe, cette observation en ce qui concerne l'exposé fait par Newton du calcul différentiel ou de la partie relative aux fluxions est inexacte, ce qui précède le montre suffisamment.

Représentant une quantité fluente ou une fluente par x, Newton désignait sa fluxion par $\dot{x}$, la fluxion de $\dot{x}$ ou seconde fluxion de x par $\ddot{x}$ et ainsi de suite, semblablement la fluente de x était repré-

---

(¹) Manuscrit de NEWTON, édition Colson, pp. 21, 22.
(²) Manuscrit de NEWTON, pp. 22, 23.

sentée par $[\overline{x}]$, ou quelquefois par x' ou $[x]$. L'accroissement infiniment petit qu'une fluente telle que x prenait dans un petit intervalle de temps mesuré par o était appelé le moment de fluente, et il montrait qu'il avait pour valeur $\dot{x}o$ [1]). Newton ajoutait cette importante remarque que, de cette manière, on peut dans tout problème négliger les termes multipliés par la seconde puissance et les puissances plus élevées de o, et trouver toujours une équation entre les coordonnées x et y d'un point d'une courbe et leurs fluxions $\dot{x}$, $\dot{y}$. L'application de ce principe constitue l'un des principaux avantages du calcul ; car si l'on désire trouver l'effet produit sur un système par plusieurs causes, et si l'on peut évaluer l'effet produit par chaque cause agissant seule dans un temps très petit, l'effet total produit dans ce temps sera égal à la somme des effets isolés. Nous devons observer ici que Vince et d'autres auteurs anglais employèrent au dix-huitième siècle la notation $\dot{x}$ pour désigner l'accroissement de x et non la vitesse avec laquelle croît cette variable ; c'est-à-dire que dans ces écrits $\dot{x}$ a la même signification que le symbole $\dot{x}o$ de Newton ou dx de Leibnitz.

Nous n'avons pas besoin d'examiner en détail la manière dont Newton traitait les problèmes indiqués ci-dessus. Nous ajouterons seulement que malgré la forme de ses définitions, on parvint à se passer de l'introduction de l'idée de temps en géométrie, en faisant croître par degrés égaux l'une des quantités (par exemple l'abscisse d'un point d'une courbe) ; les résultats cherchés dépendaient alors du rapport suivant lequel les autres quantités (par exemple l'ordonnée ou le rayon de courbure) augmentaient par rapport à la variable choisie [2]. La fluente ainsi choisie était ce que nous appelons aujourd'hui la variable indépendante ; sa fluxion était appelée « la fluxion principale », et si elle était désignée par $\dot{x}$, alors bien entendu $\dot{x}$ représentait une constante et on avait par conséquent $\ddot{x} = 0$.

Il est hors de doute que Newton employait la méthode des fluxions en 1666, et il est non moins certain qu'il l'avait communiquée en manuscrit à des amis et à des élèves de 1669. Le manuscrit qui a servi à la rédaction de la majeure partie du résumé précédent a été écrit, pense-t-on, entre 1671 et 1677, et a été mis en circula-

[1] Manuscrit de Newton, p. 24.
[2] Manuscrit de Newton, p. 20.

tion à Cambridge avant cette époque, bien qu'il soit possible, cela va sans dire, que certaines parties en aient été retouchées. Il est fâcheux qu'il n'ait pas été publié aussitôt son apparition. Les étrangers jugèrent naturellement la méthode d'après la lettre écrite à Wallis en 1692 ou d'après le *Tractatus de Quadratura Curvarum* sans savoir qu'elle avait déjà été développée d'une façon si complète à une date plus ancienne. Ce fut la cause de nombreux malentendus. On doit ajouter que toute l'analyse mathématique de cette époque conduisait aux idées et aux méthodes du calcul infinitésimal. On peut trouver des germes des principes et même du langage de ce calcul dans les écrits de Napier, Kepler, Cavalieri, Pascal, Fermat, Wallis et Barrow. Newton eut le bonheur de venir à un moment où tout était mûr pour la découverte, et son génie lui permit de construire presque aussitôt un corps de doctrine complet.

La notation du calcul des fluxions est pour la plupart des usages moins commode que celle du calcul différentiel. Ce dernier fut inventé par Leibnitz probablement en 1675, certainement vers 1677 ; et sa découverte fut publiée en 1684 à peu près neuf ans avant le plus ancien exposé imprimé de la méthode des fluxions de Newton. Mais la question de savoir si l'idée générale du calcul traduit par cette notation fut empruntée par Leibnitz à Newton, ou si elle lui appartient en propre, donna naissance à une controverse longue et acharnée. Les faits principaux en sont exposés dans le chapitre suivant. C'est là une question sur laquelle il est bien difficile de se prononcer, et nous nous contenterons ici de dire que d'après tout ce que nous avons lu de la volumineuse littérature publiée sur ce sujet, il ressort pour nous cette opinion que Leibnitz a puisé l'idée du calcul différentiel dans un manuscrit de Newton qu'il eut l'occasion de voir en 1675 ou peut-être en 1676. Nous devons cependant dire que l'opinion la plus généralement admise est que les inventions de Leibnitz et de Newton furent indépendantes.

* On ne peut que laisser à W. Rouse-Ball la responsabilité de cette grave assertion, qui ne saurait être étayée d'aucune preuve.

Il est même nécessaire de remarquer à ce propos que, dans la longue et âpre discussion qu'il eut avec Leibnitz, Newton ne donna point l'idée d'un grand caractère.

On peut considérer comme hors de doute que Leibnitz et

Newton ont l'un et l'autre, et simultanément jeté les bases de l'analyse moderne *.

Les dernières années de Newton ne prêtent point à un long commentaire.

Il fut anobli en 1705. A partir de cette époque il consacra presque tous ses loisirs à l'étude de la théologie et il écrivit de longues réflexions touchant les prophéties et les prédictions, sujet auquel il s'était toujours beaucoup intéressé. Son *Arithmétique Universelle* (Universal Arithmetic) fut publiée par Whiston en 1707 et son *Analysis by infinite series* en 1711 ; mais Newton ne prit aucune part à la préparation de l'impression de ces deux ouvrages. Sa communication à la Chambre des Communes en 1714, au sujet de la détermination de la longitude en mer, marque une époque importante dans l'histoire de la navigation.

La polémique engagée avec Leibnitz pour savoir si ce dernier avait puisé l'idée du calcul différentiel dans les écrits de Newton ou si elle lui appartenait en propre commença vers 1708 et absorba une grande partie de son temps, surtout de l'année 1709 à l'année 1716.

En 1709, Newton cédant aux sollicitations de Cotes, autorisa la préparation de la seconde édition des *Principia* dont on parlait depuis longtemps : elle parut en mars 1713. Une troisième édition fut publiée en 1726 sous la direction de Henry Pemberton. La santé de Newton commença à chanceler en 1725. Il mourut le 20 mars 1727 et fut enterré avec pompe, huit jours après, à l'Abbaye de Westminster.

Ses principaux ouvrages pris dans leur ordre de publication, sont les *Principia*, 1687 ; l'*Optique* (avec appendices sur les *cubiques, la quadrature et la rectification des courbes au moyen des séries infinies*, enfin la *méthode des fluxions*), 1704 ; l'*Arithmétique universelle*, 1707 ; l'*Analysis per series, Fluxiones*, etc. et la *Methodus Differentialis* 1711 ; les *Lectiones Opticæ*, 1729 ; la *Method of Fluxions*, etc., (c'est-à-dire : le *Manuscrit de Newton sur les fluxions*), traduit par J. Colson, 1736 ; et la *Geometria Analytica*, imprimée en 1779 dans le premier volume de l'édition Horsley des œuvres de Newton.

Physiquement, Newton était petit et vers la fin de sa vie, légèrement corpulent, mais de belle prestance, avec le bas du visage carré, les yeux bruns, un front large et une physionomie intelligente. Il devint gris avant trente ans et conserva jusqu'à sa mort une chevelure épaisse et blanche comme de l'argent.

Pour ce qui est de ses habitudes, il s'habillait d'une façon peu recherchée, était lent dans ses mouvements, et souvent si absorbé par ses propres pensées que sa société n'était parfois rien moins qu'agréable. On a conservé maintes anecdotes au sujet de ses distractions. Un jour, revenant de Grantham à cheval, il avait mis pied à terre pour soulager sa monture pendant l'ascension d'une colline assez raide. Arrivé au sommet, comme il se retournait pour remonter en selle, il s'aperçut que sa bête profitant de sa distraction, s'était dégagée et enfuie. Parfois recevant des amis à sa table, s'il lui arrivait de les quitter pour aller chercher du vin ou quelque autre chose, une fois sur deux on était sûr de le retrouver absorbé dans la recherche de quelque problème, ayant oublié ses hôtes et ce qu'il était allé chercher.

Il ne prenait aucun exercice, ne se livrait à aucun amusement, et travaillait constamment, passant dix-huit ou dix-neuf heures sur vingt-quatre à écrire.

Newton était religieux, d'une moralité irréprochable ; il avait, dit l'évêque Burnet, « l'âme la plus pure » qu'il ait jamais connue. Il fut toujours droit, honnête, mais, bien que scrupuleusement juste dans ses controverses avec Leibnitz, Hooke et d'autres, il ne s'y montra pas généreux. Il s'offensait souvent d'une expression risquée à laquelle personne n'attachait d'importance. Il attribuait modestement une grande partie de ses découvertes aux admirables travaux de ses prédécesseurs, et il expliquait un jour que s'il avait vu plus loin que les autres, c'était uniquement parce qu'il avait grimpé sur des épaules de géants. Sa propre appréciation de son œuvre se résume dans cette phrase : « J'ignore ce que je puis bien paraître au monde, mais pour moi, je me figure avoir été seulement comme un enfant jouant au bord de la mer, me réjouissant de trouver de temps en temps un caillou plus poli ou un coquillage plus joli que les autres, tandis que l'immense océan de la vérité s'étalait devant moi en couvrant tout. » Le fait d'être engagé dans des discussions quelconques l'impressionnait au point de le rendre malade. Nous pensons que, exception faite de ses notes sur l'optique, tous ses

ouvrages ne furent mis au jour que sur l'insistance de ses amis et
contre son propre désir. Dans plusieurs circonstances, il a fait part
de ses notes et des résultats auxquels il était arrivé en imposant
comme condition que son nom ne serait pas publié : ainsi quand il
eut, en 1669, à la demande de Collins, résolu quelques problèmes
sur les séries harmoniques et sur les annuités, dont les solutions
avaient échappé aux investigations de ses prédécesseurs, il n'en
autorisa la publication qu'à la condition qu'elle fût faite « de telle
façon, dit-il, que mon nom ne paraisse pas : attendu que je ne vois
pas ce qu'il y a de désirable dans l'estime publique ; si j'étais capable de l'acquérir et de la conserver, cela contribuerait peut-être
à étendre mes relations, ce que je m'étudie principalement à
éviter. ».

Sa puissance mathématique n'a jamais été surpassée ; ses œuvres
en sont le meilleur témoignage.

Le trait le plus prodigieux de son extraordinaire génie est, sans
doute, d'avoir composé dans l'espace de sept mois le premier livre
des *Principia*. Comme exemples typiques de son habileté, nous pouvons mentionner ses solutions du problème de Pappus, résultat
d'un défi de Jean Bernoulli, et de la question des trajectoires orthogonales. Le problème de Pappus auquel nous faisons allusion ici
consistait à trouver le lieu d'un point tel que le produit de ses distances à deux autres droites données soit dans un rapport donné
avec le produit de ses distances à deux autres droites données.
Depuis le temps d'Apollonius plusieurs géomètres avaient cherché
une solution géométrique de cette question, mais sans succès, et ce
qui avait été jugé insurmontable par tous ses prédécesseurs paraît
avoir présenté peu de difficulté à Newton : il établit élégamment
que le lieu était une conique. La géométrie, disait Lagrange, en
recommandant l'étude de l'analyse à ses élèves, est un arc puissant,
mais dont un Newton seul est capable de se servir. Comme autre
exemple, nous rappellerons qu'en 1696, Jean Bernoulli avait proposé en défi aux mathématiciens : (1) — de déterminer la brachistochrone, et (2) de trouver une courbe telle que, si par un point
fixe O, on mène une droite quelconque la coupant en P et Q, la
somme $OP^n + OQ^n$ soit constante. Leibnitz résolut la première de
ces questions environ six mois après et suggéra alors l'idée de les
envoyer en défi à Newton et aux autres mathématiciens. Newton

reçut l'énoncé des problèmes le 29 janvier 1697, et le jour suivant donna la solution complète des deux problèmes, avec une généralisation de la seconde question. Un cas à peu près semblable se présenta en 1716 quand on demanda à Newton de trouver la trajectoire orthogonale d'une famille de courbes. En cinq heures il résolut la question telle qu'elle lui avait été proposée et énonça en même temps la règle pour trouver les trajectoires.

Il est presque impossible de décrire les conséquences des écrits de Newton sans être taxé d'exagération. Mais si l'on établit une comparaison entre l'état des connaissances mathématiques en 1669 ou à la mort de Pascal ou de Fermat, et ce qu'elle était en 1687, on se rend compte de l'immense progrès accompli. En fait, nous pouvons dire que les mathématiciens mirent plus d'un demi-siècle avant de s'assimiler complètement les découvertes que le génie de Newton avait produites dans un espace de vingt ans.

En géométrie pure, Newton ne créa pas de nouvelles méthodes, mais aucun écrivain moderne n'a montré la même habileté en utilisant celles de la géométrie classique. En algèbre et dans la Théorie des équations, il introduisit l'usage des indices littéraux, établit le théorème du binôme et apporta une contribution importante à la théorie des équations ; une règle qu'il énonça à ce sujet demeura jusqu'à ces dernières années une énigme, que les mathématiciens postérieurs cherchèrent vainement à expliquer. En géométrie analytique, il introduisit la classification moderne des courbes, en courbes algébriques et courbes transcendantes ; il établit plusieurs des propriétés fondamentales des asymptotes, des points multiples, des boucles isolées, éclaircissant le tout par une discussion des cubiques. Le calcul des fluxions ou calcul infinitésimal fut inventé par Newton en 1666 ou avant cette date, et dès 1669, le manuscrit de sa découverte circulait parmi ses amis ; l'exposé de sa méthode, cependant, ne dut être imprimé qu'en 1693. Le fait que les résultats du calcul sont aujourd'hui exprimés à l'aide d'une notation différente a eu pour conséquence de faire négliger les recherches de Newton sur ce sujet.

De plus, Newton fut le premier qui donna à la dynamique des bases satisfaisantes, et de la dynamique il déduisit les théories de la statique ; ceci se trouve dans l'introduction des *Principia* publiés en 1687. La théorie de l'attraction, l'application au système solaire

des principes de la mécanique, la création de l'astronomie physique
et l'établissement de la loi de la gravitation universelle sont entièrement son œuvre et furent exposés pour la première fois dans le
même ouvrage. En particulier, les questions relatives au mouvement de la terre et de la lune furent étudiées aussi complètement
qu'il était alors possible de le faire. Il créa la théorie de l'hydrodynamique dans le second livre des *Principia* et perfectionna considérablement la théorie de l'hydrostatique étudiée, peut-on dire,
pour la première fois, dans les temps modernes, par Pascal. La
théorie de la propagation des ondes, et en particulier, son application à la détermination de la vitesse du son, est due à Newton et fut
publiée en 1687. En optique géométrique, il donna, entre autres
choses, l'explication de la décompositon de la lumière et la théorie
de l'arc en ciel ; il inventa le télescope réflecteur qui porte son nom
et le sextant. En optique physique, il proposa et développa la théorie de l'émission de la lumière.

L'énumération qui précède ne contient pas la liste complète des
sujets étudiés par Newton, mais elle suffit à montrer la place
importante qu'il occupe dans l'histoire des mathématiques. Quant
à ses écrits et à leurs conséquences, il nous semble suffisant de citer
les remarques faites par deux ou trois des savants qui, par la suite,
abordèrent les sujets traités dans les *Principia*. Lagrange parlait
des *Principia* comme de la production la plus remarquable du
génie humain, et il disait qu'il était ébloui en présence d'un tel
exemple de ce que l'intelligence humaine pouvait produire. En parlant de ses propres écrits et de ceux de Laplace, une de ses remarques
favorites était que, non seulement Newton devait être considéré
comme le génie le plus vaste qui eût jamais existé mais encore
comme le plus fortuné ; et en effet, comme il n'existe qu'un seul univers, il n'avait pu être donné qu'à un seul homme, dans l'histoire du
monde, d'interpréter ses lois. Laplace, qui est en général très peu
prodigue de louanges, fait une exception en faveur de Newton, et on
a souvent reproduit ses paroles lorsqu'il énumérait les causes qui
« assureront toujours aux *Principia* le premier rang parmi toutes
les productions du génie humain ». L'hommage rendu par Gauss
est non moins remarquable : pour les autres grands mathématiciens ou philosophes, il se servait des épithètes *magnus* ou
clarus ou encore *clarissimus*; avec le nom de Newton seul il emploie

le mot *summus*. Enfin Biot qui a étudié d'une façon toute spéciale
les œuvres de Newton résume ses remarques par ces mots « comme
géomètre et comme expérimentateur, Newton est sans égal ; par la
réunion de ces deux genres de génie, à leur plus haut degré, il
est sans exemple. »

CHAPITRE XVII

―――

LEIBNITZ ET LES MATHÉMATICIENS
DE LA PREMIÈRE MOITIÉ DU XVIIIᵉ SIÈCLE (¹)

Nous avons brièvement exposé dans le dernier chapitre la nature et l'étendue des découvertes de Newton. L'analyse moderne découle cependant directement des travaux de Leibnitz et des premiers Bernoulli; il nous paraît d'ailleurs sans intérêt de savoir si les recherches de Newton leur fournirent les idées fondamentales de cette nouvelle analyse ou si elles leur appartiennent en propre. Les mathématiciens anglais de la période que nous étudions dans ce chapitre continuèrent à employer le langage et la notation de Newton; c'est ce qui les distingue de leurs contemporains du continent et c'est pourquoi nous les avons groupés à la fin de ce chapitre.

LEIBNITZ ET LES BERNOULLI

Leibnitz (²). — *Gottfried Wilhelm Leibnitz* (ou Leibniz) naquit à Leipzig le 21 juin 1646 et mourut dans le royaume de Hanôvre le 14 novembre 1716. Il n'avait pas encore six ans à la mort de son père. L'instruction qu'il reçut à l'école où il fut alors envoyé n'était pas très étendue; mais grâce à son assiduité il fit des progrès rapides; vers l'âge de douze ans, il était arrivé par ses

(¹) Voir Cantor, Vol. III : d'autres références pour les mathématiciens de cette période se trouvent mentionnées au bas des pages.

(²) Voir la vie de Leibnitz par G. E. Guhrauer, 2 vol. et un supplément Breslau, 1842-46. Les mémoires mathématiques de Leibnitz ont été réunis et édités par G. J. Gerhardt en 7 volumes, Berlin et Halle, 1849-63.

propres moyens à lire aisément le latin et il avait commencé l'étude
du grec ; à peine âgé de vingt ans, il connaissait déjà les ouvrages
classiques usuels sur les mathématiques, la philosophie, la théologie
et le droit. Jalousé à cause de son savoir précoce, on lui refusa à
Leipzig le grade de docteur en droit et il se rendit à Nuremberg. Là,
un essai qu'il composa sur l'étude du droit et qu'il dédia à l'Electeur de Mayence, le fit choisir par celui-ci pour travailler à la révision de quelques lois ; il fut ensuite attaché au service diplomatique.

Dans l'exercice de ces dernières fonctions, il défendit sans succès
les prétentions du candidat allemand à la couronne de Pologne.

Louis XIV ayant fait en ~~1760~~ la conquête de quelques petites
places d'Alsace, l'Allemagne toute entière en ressentit une vive
alarme. Ce fut alors que Leibnitz eût l'idée de suggérer à la France
de s'emparer de l'Egypte et de faire de cette contrée une base d'opérations contre les colonies que la Hollande possédait en Asie ; le
concours de l'Allemagne lui eût été assuré et, en retour, la France
se serait engagée à ne plus inquiéter l'Allemagne.

N'y a-t-il pas lieu de faire ici un curieux rapprochement avec le
plan identique que forma Bonaparte, lorsqu'il proposa d'attaquer
l'Angleterre ?

En 1672, Leibnitz, invité par le gouvernement français, vint
exposer ses idées à Paris mais son voyage n'eut aucun résultat.

A Paris il rencontra Huygens qui y résidait à cette époque et les
entretiens qu'ils eurent le décidèrent à entreprendre l'étude de la
géométrie qui, dit-il, lui ouvrit un nouveau monde. Il avait cependant écrit antérieurement quelques mémoires sur diverses questions mathématiques d'un intérêt secondaire. Le plus important,
composé en 1668, est relatif aux combinaisons et à la description
d'une nouvelle machine à calculer. En janvier 1673, il fut chargé
d'une mission diplomatique à Londres ; il y séjourna quelques
mois, et fit connaissance d'Oldenburg, de Collins et de divers
autres savants. C'est à cette époque qu'il communiqua à la Société
Royale le mémoire à propos duquel on lui fit remarquer qu'il
avait été devancé dans ses recherches par Mouton.

L'Electeur de Mayence mourut en 1673, et l'année suivante
Leibnitz entra au service du duc de Brunswick ; en 1676 il se rendit de nouveau à Londres et de là en Hanovre, où il occupa jusqu'à

sa mort, le poste bien rétribué de Conservateur de la Bibliothèque ducale. A partir de ce moment il prit part à toutes les questions politiques intéressant la famille de Hanovre et les services qu'il rendit furent récompensés par des honneurs et des distinctions de toutes sortes : ses notes sur les questions politiques, historiques et théologiques concernant cette dynastie durant les quarante années de 1673 à 1713, constituent des documents importants pour l'histoire de cette époque.

Les fonctions de Leibnitz à la bibliothèque de Hanovre lui permirent de consacrer un temps considérable à ses recherches favorites.

Il a toujours affirmé qu'en raison de ces loisirs il était en possession, dès 1674, de sa magistrale invention du calcul différentiel et intégral, mais les traces les plus anciennes que l'on trouve de l'emploi de ce calcul dans les notes qui nous restent de lui ne remontent pas au-delà de l'année 1675, et ce n'est qu'en 1677 qu'on le trouve exposé d'une façon logique. Rien ne fut publié avant 1684. Presque tous ses mémoires mathématiques parurent durant les dix années qui s'écoulent de 1682 à 1692. La plupart d'entre eux furent insérés dans un journal intitulé *Acta Eruditorum*, fondé en 1682 en collaboration avec Otto Mencke, et qui était fort répandu sur le continent.

Leibnitz occupe dans l'histoire de la philosophie une place aussi importante que dans l'histoire des mathématiques. La plupart de ses écrits philosophiques furent composés dans les vingt ou vingt-cinq dernières années de sa vie ; et la question de savoir si les idées qu'il a développées lui appartiennent en propre ou si elle lui ont été inspirées par Spinoza, qu'il visita en 1676, est encore discutée par les philosophes, bien que la première hypothèse semble être la plus vraisemblable. Quant au système philosophique de Leibnitz il faudrait trop de développements pour l'exposer ici d'une manière intelligible. Il rendit également aux lettres des services presque aussi remarquables qu'à la philosophie ; nous pouvons citer en particulier ce fait qu'il parvint à détruire cette opinion alors courante que l'hébreu était la langue primitive de la race humaine.

En 1700, l'Académie de Berlin fut créée à son instigation, et il en prépara les premiers statuts. Lorsqu'en 1714 l'électeur de Hanovre, son protecteur, monta sur le trône d'Angleterre sous le nom de Georges Ier, Leibnitz fut laissé de côté comme un instrument inutile, et défense lui fut faite de venir en Angleterre ; tombé en disgrâce, il passa dans l'oubli les deux dernières années de sa vie. Il mourut en Hanovre en 1716.

Leibnitz recherchait les distinctions. Ses manières séduisantes lui faisaient beaucoup d'amis, et tous ceux qui avaient cédé une première fois au charme de sa personne lui demeuraient sincèrement attachés. La position éminente qu'il occupait dans la diplomatie, la philosophie et les lettres, contribua largement à augmenter sa réputation scientifique ; et l'autorité dont il jouissait fut encore considérablement accrue par la publication des *Acta Eruditorum*.

Les dernières années de sa vie — de 1709 à 1716 — furent attristées par sa longue controverse avec Jean Keill, Newton et d'autres savants sur la découverte du calcul différentiel. Avait-il connu les travaux antérieurs de Newton, ou avait-il puisé l'idée fondamentale de sa découverte dans les écrits de Newton, imaginant simplement un algorithme différent ?

Ce débat ([1]) occupe dans l'histoire scientifique des premières années du dix-huitième siècle une place qui n'est nullement en rapport avec son importance ; mais il a tellement marqué dans l'histoire des mathématiques de l'Europe occidentale, que nous nous croyons obligé d'en exposer les faits principaux. C'est à contre-cœur que nous consacrons cependant tant de place à des questions présentant un caractère personnel.

Les idées sur lesquelles se trouvent basé le calcul infinitésimal peuvent se traduire soit au moyen de la notation des fluxions, soit en se servant de la notation des différentielles. Newton employa la première notation en 1666, et communiqua avant 1669 ses manuscrits à ses amis et à ses élèves ; mais jusqu'en 1693, aucun traité

([1]) Le fait qui milite en faveur de l'invention personnelle de Leibnitz est exposé dans l'ouvrage de Gerhardt, *Leibnitzens matematische Schriften* et dans le 3e volume de Canton, *Geschichte der Matematik*. Les arguments opposés sont donnés dans l'ouvrage *Leibnitzens Anspruch auf die Erfindung der Differencialrechnung* de H. Sloman, Leipzig, 1857, dont une traduction anglaise avec additions par le Dr Sloman, a été publiée à Cambridge en 1860. On trouvera un résumé des témoignages dans un mémoire de G. A. Gibson inséré dans les *Proceedings of the Edinburgh Mathematical Society*, Vol. XIV, 1896, p.p. 148-174. L'histoire de l'invention du calcul est développée dans un article inséré dans la 9e édition de l'*Encyclopédie Britannique* et dans l'ouvrage de P. Mansion *Esquisse de l'histoire du Calcul infinitésimal*, Gand, 1887.

spécial ne fut publié sur ce sujet. Quant à la seconde notation, on peut avec beaucoup de probabilité fixer à l'année 1675 la date de sa première apparition. Leibnitz en fit usage dans la lettre envoyée à Newton en 1677 ; elle est exposée dans le mémoire de 1684 dont il est question plus loin. Le fait que la notation différentielle est due à Leibnitz n'est pas en question ; le seul point en discussion est de savoir si l'idée générale du calcul a été empruntée à Newton ou si elle appartient en propre à Leibnitz.

L'opinion en faveur d'une invention faite directement par Leibnitz s'appuie sur ce fait qu'il a publié un exposé de sa méthode quelques années avant que Newton ait encore rien publié ; qu'il a toujours parlé de cette découverte comme lui étant personnelle, et que cette affirmation est demeurée plusieurs années sans être contredite, d'où il semblerait résulter que sa bonne foi ne saurait être suspectée. Pour réfuter cette opinion il est nécessaire de prouver 1° Que Leibniz avait eu connaissance en 1675, ou avant cette date ou au plus tard en 1677, de quelques notes de Newton sur ce sujet et 2° qu'il en avait tiré les idées fondamentales du calcul. Le fait que la revendication est restée plusieurs années sans soulever d'objections est de peu d'importance, étant données les circonstances particulières de cette affaire.

Que Leibnitz eût connu quelques manuscrits de Newton, cela a toujours paru fort probable ; mais lorsque C. J. Gerhardt ([1]) examina en 1849 les papiers de Leibnitz, il trouva un manuscrit dont personne jusqu'alors n'avait soupçonné l'existence, contenant des extraits de la main même de Leibnitz du traité de Newton *De Analysi per Equationes Numero Terminorum Infinitas* (qui avait été imprimé en 1604 dans le *De Quadratura Curvarum*) avec des notes sur leur expression au moyen de la notation différentielle. La question qui devient alors essentielle est de préciser la date à laquelle ces extraits furent pris. On sait qu'une copie du manuscrit de Newton avait été envoyée à Tschirnhausen en mai 1675, et comme cette même année ce dernier préparait un travail en collaboration avec Leibnitz, il n'est pas impossible que ces extraits datent de cette époque ([2]). Il est également possible qu'ils aient été pris en 1676, car à cette époque Leibnitz discutait avec Collins et

([1]) GERHARDT, *Leibnizens mathematische Schriften*, vol. 1. p. 7.
([2]) SLOMAN, traduction anglaise, p. 34.

Oldenburg la question de l'analyse par les séries infinies : *à priori*,
il est probable qu'ils lui auront montré le manuscrit de Newton concernant ce sujet, manuscrit dont l'un ou l'autre, ou peut être les
deux, possédaient une copie. On peut supposer aussi, il est vrai, que
Leibnitz fît les extraits en question sur l'exemplaire imprimé en
1704. ou après cette date. Peut, de temps avant sa mort Leibnitz,
dans une lettre à Conti, reconnaissait que quelques écrits de Newton
lui avaient été montrés, mais en laissant entendre qu'ils ne présentaient que fort peu d'intérêt. Il est à présumer qu'il faisait alors
allusion aux lettres de Newton des 13 juin et 24 octobre 1676, et à
la lettre du 10 décembre 1672 sur la méthode des tangentes dont
des extraits accompagnaient [1] celle du 13 juin — mais il est singulier que la réception de ces lettres n'ait pas provoqué de la part
de Leibnitz de nouvelles demandes de renseignements, à moins
qu'il n'eût déjà connaissance, par une autre source, de la méthode
suivie par Newton.

Que Leibnitz n'ait fait aucun usage du manuscrit dont il avait
pris des extraits ou que l'invention du calcul ait été faite antérieurement par lui, ce sont là des questions sur lesquelles on ne peut
aujourd'hui se prononcer avec certitude. Il est à noter cependant
que les mémoires de Portsmouth non publiés montrent que,
lorsqu'en 1711, Newton prit sérieusement part à la discussion, il
indiqua ce manuscrit comme étant celui qui était probablement
tombé, d'une façon ou d'une autre, entre les mains de Leibnitz [2].
A cette époque aucun témoignage n'établissait que Leibnitz
avait vu ce manuscrit avant son impression en 1704, c'est
pourquoi la conjecture formulée par Newton ne fut pas publiée ;
mais la découverte faite par Gerhardt de la copie prise par Leibnitz
vient à l'appui de l'hypothèse de Newton. Certains avancent que
pour un homme ayant le talent de Leibnitz, le manuscrit, complété d'ailleurs par la lettre du 10 décembre 1672, donnait des
éclaircissements suffisant à laisser entrevoir les méthodes du nouveau
calcul ; l'invention d'une notation s'imposait, il est vrai, à qui-
conque aurait voulu s'en servir, attendu qu'on n'y trouve pas trace
de la notation des fluxions ; d'autres écrivains s'élèvent contre une
pareille affirmation.

[1] GERHARDT. Vol. I, p. 91.
[2] *Catalogue des mémoires de Portsmouth*, pp. xvi, xvii, 7, 8.

On n'avait au début aucune raison de douter de la bonne foi de Leibnitz, mais lors de la publication, en 1704, sans nom d'auteur, d'une analyse du traité de Newton sur les quadratures, dans laquelle on laissait supposer que ce savant avait emprunté à Leibnitz l'idée du calcul des fluxions, tout mathématicien soucieux de la vérité (¹) put se demander si Leibnitz avait réellement inventé le nouveau calcul. Il est admis par tout le monde que les faits avancés dans l'analyse en question, attribuée avec vraisemblance à Leibnitz, ne sont appuyés d'aucune justification. Mais la discussion qui suivit eut pour conséquence de provoquer un examen approfondi et critique de la question, et on en vint alors à se demander si Leibnitz n'avait pas emprunté à Newton l'idée du calcul. Les faits militant contre Leibnitz, furent exposés tels que les voyaient les amis de Newton dans le *Commercium Epistolicum* publié en 1712; des références détaillées sur tous les points visés y étaient adjointes.

Les amis de Leibnitz ne firent paraître, en sa faveur, aucun exposé semblable (avec faits, dates et références); mais Jean Bernoulli chercha, d'une façon indirecte, à affaiblir la force des témoignages des amis de Newton, en attaquant la réputation de celui-ci dans une lettre datée du 7 juin 1713. Les accusations portées étaient fausses et Bernoulli mis en demeure d'avoir à en fournir une justification, renia solennellement la paternité de la lettre. En acceptant cette dénégation, Newton ajoute dans une lettre privée qu'il lui adresse les observations suivantes intéressantes à noter car elles expliquent pourquoi il fut enfin amené à prendre part à la controverse : « Je n'ai jamais cherché à acquérir quelque renom auprès des étrangers, mais je suis très désireux de conserver ma réputation d'honnête homme, que l'auteur de cette épître, se posant en juge suprême, a essayé de m'enlever. Maintenant que je suis vieux, je trouve peu de plaisir dans les études mathématiques; je n'ai jamais d'ailleurs tenté de propager mes idées à travers le monde; j'ai plutôt pris soin de ne pas me laisser entraîner, à cause d'elles, dans des discussions. »

La défense de Leibnitz ou l'explication de son silence est donnée dans la lettre suivante, datée du 9 avril 1716, qu'il avait adressée

(¹) DUILLIER en 1699 avait accusé LEIBNITZ de plagiat au préjudice de NEWTON, mais DUILLIER ne jouissait pas d'une grande notoriété.

à Conti : « Pour répondre de point en point à l'ouvrage publié
contre moi, il falloit un autre ouvrage aussi grand pour le moins
que celui-là : il falloit entrer dans un grand détail de quantité de
minuties passées il y a trente à quarante ans dont je ne me souve-
nois guère ; il me falloit chercher mes vieilles lettres, dont plusieurs
se sont perdues, outre que le plus souvent je n'ai point gardé les
minutes des miennes : et les autres sont ensevelies dans un grand
tas de papiers, que je ne pouvois débrouiller qu'avec du temps et
de la patience ; mais je n'en avois guère le loisir, étant chargé
présentement d'occupations d'une toute autre nature. »

Seule la mort de Leibnitz en 1716 suspendit momentanément
la controverse qui bientôt cependant reprit son cours et même
donna lieu à des débats plutôt acrimonieux. La question est difficile à trancher, les témoignages sont contradictoires et dépendent
des circonstances ; nous laissons le lecteur juger lui-même et se prononcer suivant ce qui lui paraîtra le plus conforme à la raison.
C'était essentiellement le cas pour Leibnitz de se faire entendre et
de réfuter nombre de détails suspects relevés contre lui. La possession ignorée d'une copie d'un manuscrit de Newton, ou d'une
partie de ce manuscrit pouvait s'expliquer ; mais le fait que
dans plus d'une occasion Leibnitz a altéré délibérément des
documents importants et leur a apporté des additions (citons,
par exemple, la lettre du 7 juin 1713 dans les *Charta Volans*, et
celle du 8 avril 1716 dans les *Acta Eruditorum*) avant de les
publier, et, ce qui est plus grave, qu'une date essentielle a été
altérée dans un de ses manuscrits [1] (le millésime 1675 transformé en 1673) donne peu de valeur à son propre témoignage.
Quoiqu'il en soit, nous pensons que la majorité des écrivains modernes s'arrêteront à cette conclusion que, probablement, Leibnitz
et Newton ont inventé le calcul infinitésimal indépendamment l'un
de l'autre ; mais tout bien considéré, nous pensons que vraisemblablement, Leibnitz avait lu en partie ou peut-être complètement
le *De Analysi* de Newton avant 1677 ; jusqu'à quel point Leibnitz
a-t-il été influencé par cette lecture, c'est ce qu'il est difficile de
dire. On prétendait, rappelons-le, qu'il avait reçu non pas
un exposé complet du calcul, mais bien un certain nombre d'ins-

---

[1] Cantor qui défend la cause de Leibnitz, pense que cette falsification doit
lui être attribuée. Voir ses *Geschichte*, vol. III, p. 176.

pirations, et comme il ne publia pas avant 1684 ses résultats de 1677, et que la notation employée et les développements subséquents sont sans conteste de son invention, il est possible qu'il ait été conduit après une période de trente ans à regarder comme de peu d'importance les renseignements qu'il avait pu recueillir au début, et finalement à n'en tenir aucun compte.

Si nous devons nous borner à un seul système de notations, il n'est pas douteux que celui imaginé par Leibnitz se prête mieux que celui des fluxions aux applications du calcul infinitésimal, et pour certaines questions (telles que le calcul des variations) il est certainement presque indispensable. Il est nécessaire cependant d'ajouter qu'au commencement du xvii° siècle les méthodes du calcul indéfinitésimal n'avaient pas encore été exposées systématiquement, et que les deux notations étaient également bonnes. Le développement de ce calcul fut l'œuvre capitale des mathématiciens de la première moitié du xviii° siècle. La notation différentielle fut adoptée par les mathématiciens du continent. Son application par Euler, Lagrange et Laplace aux principes de la mécanique posés dans les *Principia* constitua l'œuvre importante de la seconde moitié de ce même siècle et établit finalement la supériorité du calcul différentiel sur celui des fluxions. La traduction des *Principia* dans le langage de l'analyse moderne et l'exposition détaillée de la théorie newtonienne à l'aide de cette même analyse, furent l'œuvre de Laplace.

On regarda en Angleterre les réclamations de Leibnitz comme une tentative faite pour enlever à Newton la gloire de son invention ; de part et d'autre, les jalousies nationales intervinrent pour embrouiller la question. On s'explique alors naturellement pourquoi les méthodes géométriques et la méthode des fluxions, telles que les employait Newton, furent seules, et cela malheureusement, étudiées et usitées en Angleterre. De ce fait l'Ecole anglaise demeura plus d'un siècle sans contact avec les mathématiciens du continent. La conséquence en fût que, malgré la brillante cohorte d'élèves formés par Newton, les perfectionnements successifs apportés sur le continent aux méthodes d'analyse furent presque ignorés en Grande Bretagne. La valeur de ces nouvelles méthodes analytiques ne fut complètement admise en Angleterre que vers 1820, et ce n'est qu'à partir de cette époque que l'on voit les compatriotes de

Newton prendre de nouveau une large part aux progrès des mathématiques.

Abandonnant maintenant cette longue controverse, passons à l'étude des mémoires mathématiques produits par Leibnitz et dont les plus importants furent publiés dans les *Acta Eruditorum*. Ils roulent principalement sur les applications du calcul infinitésimal et sur diverses questions de mécanique.

Les seuls mémoires ayant une importance de premier ordre sont relatifs au calcul différentiel. Le plus ancien fut publié en octobre 1684 dans le recueil précité. Leibnitz y expose une méthode générale pour trouver les maxima et les minima, et pour tracer les tangentes aux courbes. Un problème inverse, à savoir : trouver la courbe dont la sous-tangente est constante y est également discuté. La notation est celle que nous connaissons, les dérivées de x^m, des produits et des quotients sont calculés. En 1686 il écrit un mémoire sur les principes du nouveau calcul. Dans ces deux mémoires le principe de continuité est explicitement admis, l'exposition de la méthode est basée sur l'emploi des infiniment petits et non sur celui de la valeur limite des rapports. En réponse à quelques objections présentées en 1694 par Bernard Nieuwentyt qui avançait que $\frac{dy}{dx}$ représentait une quantité n'ayant comme $\frac{0}{0}$ aucun sens, Leibnitz expliqua comme Barrow l'avait déjà fait, que, géométriquement, la valeur de $\frac{dy}{dx}$ pouvait être regardée comme le rapport de deux quantités finies. Nous estimons que l'exposé du but et des méthodes du calcul infinitésimal, tel qu'on le trouve dans ces opuscules, qui sont les trois plus importants mémoires que Leibnitz ait publiés sur ce sujet, est quelque peu obscur, et que la tentative de l'auteur d'appuyer ses explications sur des bases métaphysiques, n'est pas de nature à remédier à ce défaut ; mais le fait, que dans les mathématiques modernes, tous les résultats sont exprimés au moyen de l'algorithme inventé par Leibnitz doit être considéré comme un magnifique témoignage en faveur de son œuvre.

En 1692, Leibnitz écrivit un mémoire dans lequel il posait les fondements de la théorie des enveloppes. Cette théorie fut de nouveau développée en 1694 dans un nouvel article où il introduisait pour la première fois les termes de « coordonnées » et « d'axes des coordonnées ».

Leibnitz publia également un grand nombre de notes sur des questions de mécanique ; mais quelques-unes contiennent des erreurs montrant qu'il n'avait pas compris les principes de cette science. Ainsi, en 1685, il écrivit un mémoire pour déterminer la pression qu'exerce une sphère de poids P appuyée sur deux plans ; il supposait les plans inclinés sur l'horizon d'angles complémentaires, et disposés de telle sorte que les lignes de plus grande pente soient perpendiculaires à leur intersection. Il avance à ce propos que la pression sur chaque plan doit donner lieu à deux composantes « unum quo decliviter descendere tendit, alterum quo planum declive premit ». Il dit ensuite que, pour des raisons métaphysiques, la somme des deux pressions doit être égale à P. De là, si R et R' sont les pressions demandées, et α et $\frac{1}{2}\pi - \alpha$ sont les inclinaisons des plans, il conclut que

$$R = \frac{1}{2}P(1 - \sin\alpha + \cos\alpha) \text{ et } R' = \frac{1}{2}P(1 - \cos\alpha + \sin\alpha).$$

Les vraies valeurs sont

$$R = P\cos\alpha, \text{ et } R' = P\sin\alpha.$$

Néanmoins quelques-unes de ses notes sur la mécanique ont de la valeur. Nous citerons les plus importantes ; deux, en 1689 et 1694, où il résout le problème consistant à trouver une courbe isochrone ; une en 1697, sur la courbe de plus rapide descente (c'était le problème envoyé en défi à Newton) ; et deux en 1694 et 1692 dans lesquelles il fait connaître l'équation intrinsèque de la courbe formée par une corde flexible suspendue librement par ses deux extrémités, c'est-à-dire de la chaînette, mais sans donner la démonstration. Ce dernier problème avait été, à l'origine, proposé par Galilée.

En 1689, c'est-à-dire deux ans après la publication des *Principia*, il étudia les déplacements des planètes, qui, prétendait-il étaient

produits par le mouvement de l'éther. Non seulement les équations
du mouvement auxquelles il arriva sont erronées, mais les déduc-
tions qu'il en tirait ne concordaient même pas avec ses propres
axiômes. Dans un autre mémoire publié en 1706, c'est-à-dire environ vingt ans après la composition des *Principia*, il reconnaissait
que quelques erreurs s'étaient glissées dans sa première note, mais il
maintenait ses conclusions précédentes, et résumait le sujet en disant
« il est certain que la gravitation engendre à chaque instant une
nouvelle force vers le centre, mais la force centrifuge également
en engendre une autre éloignant du centre... La force centrifuge
peut être considérée sous deux aspects, suivant que le mouvement
est traité comme s'effectuant sur la tangente à la courbe ou sur
l'arc de cercle lui-même ». Il paraît évident, d'après ce mémoire,
qu'il ne saisissait pas réellement les principes de la dynamique, et
il est à peine nécessaire d'examiner plus complètement ses travaux
sur ce sujet. Beaucoup de ses recherches sont rendues défectueuses
par la confusion constante qu'il fait entre la quantité de mouvement et l'énergie cinétique. Quand la force est « passive » il emploie le premier algorithme qu'il appelle *vis mortua*, comme mesure
d'une force ; quand la force est « active » il se sert du dernier,
dont il appelle le double de la valeur « *vis viva* ».

Les séries étudiées par Leibnitz comprennent le développement
de $\log(1 + x)$, $\sin x$, $\arcsin x$ et $\operatorname{arctg} x$, qui tous avaient déjà
été donnés. Leibnitz (comme Newton) reconnut l'importance des
remarques que Jacques Grégory avait faites concernant la nécessité
de s'assurer de la convergence ou de la divergence des séries infinies, et il proposa une règle pour reconnaître si les séries al-
ternées convergent ou non. En 1693, il expliqua la méthode de développement en séries par les coefficients indéterminés, mais les
applications qu'il en donne contiennent certaines erreurs.

Leibnitz a fait preuve dans ses œuvres d'une grande habileté d'analyste, mais il a laissé beaucoup de sujets inachevés ; enfin il a commis
fréquemment des erreurs lorsque, abandonnant ses symboles, il a
tenté d'interpréter ses résultats. Il est hors de doute que les exigences

de la politique, de la philosophie et de la littérature lui prirent beaucoup de temps et l'empêchèrent d'étudier d'une façon complète les
problèmes qu'il abordait ou d'écrire un exposé systématique de ses
vues ; à vrai dire, cela n'excuse pas les erreurs de principes qui se
rencontrent dans ses écrits. Dans quelques-uns de ses mémoires se
trouvent les germes de méthodes devenues de nos jours des instruments précieux d'analyse, telles que l'emploi des déterminants
et des coefficients indéterminés : mais lorsqu'un écrivain d'un génie
si varié que Leibnitz émet des idées sans nombre, on doit présumer
que quelques-unes seulement d'entre elles seront heureuses, et,
faire l'énumération de ces dernières, sans mentionner les autres,
ne pourrait laisser qu'une impression fausse de la valeur de son
œuvre. Malgré cela, son titre à la renommée repose sur une base
solide, car son nom se trouve lié d'une façon inséparable à
l'un des principaux instruments de l'analyse moderne, le Haut
calcul, de même que celui de Descartes — un autre philosophe —
l'est à la Géométrie analytique.

Par ses mémoires dans les *Acta Eruditorum*, Leibnitz fut un des
auteurs du continent qui familiarisèrent les mathématiciens avec
l'emploi du calcul différentiel. Parmi les autres, les plus remarquables furent Jacques et Jean Bernoulli, qui tous deux étaient
amis et admirateurs de Leibnitz, et qui, par leur campagne dévouée, contribuèrent largement à sa réputation. Non
seulement ils prirent une part proéminente à la discussion de
presque toutes les questions mathématiques dont on s'occupait à
cette époque, mais presque tous les mathématiciens en renom sur
le continent, durant la première moitié du xviiie siècle, subirent
directement ou indirectement l'influence de l'un ou l'autre ou
même de l'un et l'autre.

Les Bernoulli ([1]) (ou Bernouilli comme on les appelle quelquefois, et peut-être plus correctement) descendaient d'une famille
hollandaise qui, chassée de son pays par les persécutions espagnoles
s'était établie à Bâle, en Suisse. Le premier membre de la famille
qui se créa un renom de mathématicien, fut Jacques.

([1]) Voir l'exposé donné dans *Allgemeine Deutsche Biographie*, vol. II ; Leipzig
1875, pp. 470-483.

Jacques Bernoulli ([1]). — *Jacques Bernoulli* naquit à Bâle le 27 décembre 1654 ; en 1686 il fut chargé d'une chaire de mathématiques à l'Université de cette ville. et il l'occupa jusqu'à sa mort, qui survint le 16 août 1705.

L'un des premiers, il sut apprécier le puissant instrument d'analyse qu'était le calcul infinitésimal et l'appliquer à plusieurs problèmes. Usant fort heureusement de sa grande influence, il préconisa avec succès l'emploi du calcul différentiel; ses leçons sur ce sujet, qui furent présentées sous la forme de deux essais composés en 1691, et se trouvent insérées dans le second volume de ses œuvres, montrent combien il avait, dès cette époque, saisi complètement les principes de la nouvelle analyse. Ces écrits, où le mot intégrale figure pour la première fois, constituent le plus ancien essai pédagogique de calcul intégral : car Leibnitz avait traité chaque problème indépendamment de résultats généraux établis par avance, et n'avait posé aucune règle générale sur le sujet.

Les découvertes les plus importantes de Jacques Bernoulli sont sa solution du problème de la courbe isochrone, sa démonstration de l'exactitude de la construction de la chaînette donnée par Leibnitz, et son extension à la construction de la courbe affectée par une corde extensible de densité variable. soumise en chaque point à l'action d'une force dirigée vers un centre fixe ; la détermination de la forme que prend une tige élastique fixée par l'une de ses extrémités et dont l'autre est actionnée par une force ([2]) ; celle de la figure que prend un rectangle fait d'une substance flexible dont deux côtés sont fixés horizontalement et qui est rempli d'un liquide pesant ([3]), et enfin la courbe dessinée par une voile enflée par le vent ([4]). En 1696, il proposa un prix pour la solution générale du problème des isopérimètres, c'est-à-dire des figures d'un périmètre donné présentant une aire minimum ; sa propre solution, publiée en 1701, est exacte pour tous les cas qu'il examine. En 1698, il publia un essai sur le calcul différentiel et ses applications

---

([1]) Voir son *Eloge* par B. DE FONTENELLE, Paris 1766, et MONTUCLA *Histoire*, Vol. II. Une édition des œuvres de JACQUES BERNOULLI a été publiée en deux volumes à Genève, en 1744, et l'histoire de sa vie se trouve en tête du 1er volume.

([2]) C'est l'*Elastica*.

([3]) C'est la *Lintearia*.

([4]) C'est la *Velaria*.

à la géométrie. Dans ce traité, il étudie les propriétés principales de la spirale équiangle (spirale logarithmique) et note spécialement la façon dont les courbes variées qui s'en déduisent reproduisent la courbe primitive ; frappé de ce fait, il demanda, à l'exemple d'Archimède, qu'une spirale équiangle fût gravée sur sa tombe avec cette inscription : « *eadem numero mutata resurgo* ». Il fit paraître également en 1695 une édition de la *Géométrie* de Descartes. Dans son Traité *Ars conjectandi*, publié en 1713, il établit les principes fondamentaux du calcul des probabilités ; dans le cours de l'ouvrage il définit les nombres qui portent son nom ([1]) et explique leur usage ; il donne également quelques théorèmes sur les différences finies. Il fit aussi, sur la théorie des séries, des leçons qui furent publiées en 1713 par Nicolas Bernoulli.

Jean Bernoulli ([2]). — *Jean Bernoulli*, frère de *Jacques*, naquit à Bâle le 7 août 1667, et mourut dans cette ville le 1ᵉʳ janvier 1748. Il occupa la chaire de mathématiques à l'Université de Groningue de 1695 à 1705, puis de 1705 à 1748, il remplaça son frère à Bâle. Il se comporta très injustement à l'égard de tous ceux qui n'admiraient pas son talent ; il avait de lui-même une opinion fort avantageuse. Comme exemple de son caractère, nous dirons seulement qu'il essaya de substituer à une solution erronée qu'il avait donnée du problème des courbes isopérimètres, une autre solution dérobée à son frère Jacques ; en même temps, il chassait de sa maison son fils Daniel, parce que l'Académie des sciences lui avait décerné un prix que lui-même comptait obtenir. C'était cependant le professeur de son époque qui avait le plus de succès, et il possédait le talent d'inspirer à ses élèves le goût passionné qu'il avait lui-même pour les mathématiques. L'adoption générale sur le continent de la notation différentielle et le rejet de la notation des fluxions fut grandement due à son influence.

([1]) Une bibliographie des nombres de BERNOULLI a été donnée par G. S. ELY dans la publication *American Journal of Mathematics*, 1882, Vol. V. pp. 228-235.

([2]) D'ALEMBERT écrivit un article élogieux sur les œuvres et l'influence de JEAN BERNOULLI, mais en s'abstenant complètement de parler de sa vie privée ou de ses discussions. Voir aussi *l'Histoire* de MONTUCLA, vol. II. Une édition des œuvres de JEAN BERNOULLI fut publiée en 4 volumes à Genève, en 1742, et sa correspondance avec LEIBNITZ, en 2 volumes parut également à Genève, en 1745.

Nous laisserons de côté les innombrables controverses engagées par Jean Bernoulli pour arriver à ses principales découvertes. Elles comprennent : le calcul exponentiel, l'étude fonctionnelle et non plus géométrique de la trigonométrie, les conditions qu'une ligne doit remplir pour être géodésique, la détermination des trajectoires orthogonales, la solution du problème de la brachistochrone, et l'énonciation du principe du travail virtuel. Ce fut lui qui le premier, croyons-nous, employa le signe algébrique g pour désigner l'accélération produite par la pesanteur, et il arrivait ainsi à la formule $V^2 = 2\,gh$: le même résultat aurait été antérieurement exprimé par la proportion

$$\frac{V_1^2}{V_2^2} = \frac{h_1}{h_2}.$$

En 1718, il remplaça la notation X ou ξ qu'il avait proposée en 1698 pour représenter une fonction ([1]), par le symbole φx : mais l'adoption générale des symboles tels que f, F, φ, ψ, ... pour représenter les fonctions, paraît être principalement due à Euler et à Lagrange.

Plusieurs membres de la même famille, enrichirent plus récemment les mathématiques de leurs écrits. Les plus célèbres d'entre eux furent les trois fils de Jean : Nicolas, Daniel et Jean le cadet, et les deux fils de ce dernier, qui portèrent les noms de Jean et de Jacques. Pour compléter notre exposé, nous ajoutons ici les dates respectives les concernant : *Nicolas Bernoulli*, l'aîné des trois fils de Jean, naquit le 27 janvier 1695 et se noya le 26 juillet 1726 à Saint-Pétersbourg où il était professeur. *Daniel Bernoulli*, le second fils, naquit le 9 février 1700 et mourut le 17 mars 1792 : il enseigna d'abord à Saint-Pétersbourg, puis à Bâle, et eut le rare mérite de partager avec Euler, et cela pas moins de dix fois, le prix proposé tous les ans par l'Académie des Sciences ; nous aurons l'occasion d'en parler de nouveau quelques pages plus loin. *Jean Bernoulli*, le cadet, frère de Nicolas et de Daniel, naquit le 18 mai 1710 et mourut en 1790 ; il fut également professeur à Bâle. Il laissa deux fils, *Jean et Jacques*, dont le premier, né le 4 décembre 1744 et mort le 10 juillet 1807,

---

([1]) Sur la signification donnée à l'origine au mot *fonction* voir une note de M. Cantor parue dans l'*Intermédiaire des mathématiciens*, janvier 1896, Vol. III. pp. 22-23.

fut Astronome Royal et Directeur des Etudes mathématiques à Berlin ; le second, né le 17 octobre 1759 et mort en juillet 1789, fut successivement professeur à Bâle, Vérone et Saint-Pétersbourg.

DÉVELOPPEMENT DE L'ANALYSE SUR LE CONTINENT

Négligeant pour le moment les mathématiciens anglais de la première moitié du XVIII⁰ siècle, nous nous occuperons ici d'un certain nombre d'écrivains du continent dont les travaux sortent de l'ordinaire. Pour quelques-uns, nous n'aurons que peu de mots à dire. Leurs écrits marquent les différentes étapes par lesquelles passèrent la géométrie analytique et le calcul intégral et différentiel avant qu'ils devinssent familiers aux mathématiciens. Presque tous furent des élèves de l'un ou l'autre des deux premiers Bernoulli ; ils se suivent de si près, qu'il est difficile de les présenter suivant un ordre chronologique. Les plus remarquables parmi eux furent *Cramer, de Gua, de Montmort, Fagnano, L'Hospital, Nicole, Parent, Riccati, Saurin et Varignon.*

L'Hospital. — *Guillaume-François-Antoine l'Hospital, marquis de Saint-Mesme*, né à Paris en 1661, et mort dans la même ville le 2 février 1704, comptait parmi les plus anciens élèves de Jean Bernoulli ; celui-ci avait passé en 1691 quelques mois chez l'Hospital, à Paris, afin de lui enseigner le *Nouveau calcul*. Il semble étrange, mais il n'en est pas moins réellement exact, que, seuls à cette époque, Newton, Leibnitz et les deux anciens Bernoulli connaissaient le calcul infinitésimal et pouvaient s'en servir. — Et il faut noter qu'ils ont été capables de résoudre les plus difficiles des problèmes proposés alors en défi. * C'est ainsi que l'Hospital donna en 1695 la solution du problème de la courbe le long de laquelle doit glisser le contre-poids d'un pont-levis pour qu'il y ait toujours équilibre (¹) ; qu'il résolut en 1697, avec Newton, Leibnitz et Jacques Bernoulli, le problème de la brachystochrone proposé par Jean Bernoulli ; qu'enfin il traita en même temps que Jean Bernoulli le problème du solide de moindre résistance, dont Newton avait

---

(¹) MAXIMILIEN MARIE (*Hist. des sc. mathém.*) a reproduit la curieuse solution de l'Hospital.

donné la solution dans son *Livre des Principia*, mais sans application à l'appui.

A cette époque, il n'existait aucun livre classique exposant le *Nouveau calcul**, et le mérite d'avoir amassé les matériaux du premier traité expliquant les principes et l'usage de la *Méthode* revient à l'Hospital : ce traité fut publié en 1696 sous le titre d'*Analyse des infiniment petits*. Il renferme une étude partielle de la valeur limite du rapport de deux fonctions qui, pour une certaine valeur de la variable prend la forme indéterminée $\frac{0}{0}$, problème résolu par Jean Bernoulli en 1704. ([1]) Cet ouvrage se répandit à profusion; il provoqua l'usage général en France de la notation différentielle et contribua à la faire connaître en Europe. Un supplément, contenant une semblable exposition du calcul intégral, avec des additions relatives aux progrès du calcul différentiel faits dans la seconde moitié du siècle, fut publié à Paris, en 1754-6, par L. A de Bougainville.

L'Hospital publia également en 1707, un traité concernant l'étude analytique des coniques qui fut considéré comme un ouvrage classique pendant près d'un siècle.

Varignon ([2]). — *Pierre Varignon*, né à Caen en 1654 membre de l'Académie des sciences et professeur au Collège de France, mourut à Paris le 22 décembre 1722 ; il était lié avec Newton, Leibnitz, les Bernoulli, et, après l'Hospital, il fut en France le plus ancien et le plus zélé propagateur du calcul différentiel. Il comprit la nécessité de vérifier la convergence des séries, mais fut arrêté par les difficultés analytiques du problème. Il simplifia les démonstrations des principales propositions de la mécanique, et, en 1687, reprit l'étude de cette branche des mathématiques en la basant sur la composition des forces. Ses œuvres furent publiées à Paris, en 1725.

* Ses principaux ouvrages sont : la *Nouvelle mécanique*, l'*Eclaircissement sur l'analyse des infiniment petits*, le *Traité du mouvement et de la mesure des eaux courantes*.

Son meilleur titre de gloire est d'avoir éclairci les principes et simplifié l'exposé de la Mécanique *.

---

*([1]) Cette question, étudiée dans tous les traités d'analyse infinitésimale porte le nom de règle de l'HOSPITAL *.

([2]) *Eloge de Varignon* par B. DE FONTENELLE, Paris, 1766.

De Montmort. — Nicole. — *Pierre Raymond de Montmort*, né à Paris le 27 octobre 1678 et mort dans cette ville le 7 octobre 1719, s'intéressa à la question des différences finies. En 1713, il détermina la somme de n termes d'une série finie de la forme

$$na + \frac{n(n-1)}{1 \cdot 2} \Delta a + \frac{n(n-1)(n-2)}{1 \cdot 2 \cdot 3} \Delta^2 a + \dots ;$$

théorème qui semble avoir été retrouvé d'une façon indépendante par Chr. Goldbach en 1718.

*Il est surtout connu par ses travaux sur le *Calcul des Probabilités*. Il fut le premier à résoudre complètement le *problème des partis* : deux joueurs, qui jouent l'un contre l'autre, se retirent du jeu sans achever la partie ; à ce moment, il manque à chacun d'eux un certain nombre de points ; on demande le *parti* de chaque joueur, c'est-à-dire la manière dont doit être partagé l'enjeu (¹) *.

François Nicole, qui naquit à Paris le 13 décembre 1683 et y mourut le 18 janvier 1758, publia en 1717 son *Traité du Calcul des différences finies* ; on y trouve des règles pour former les différences et aussi pour effectuer la sommation de séries données. Il écrivit en outre, en 1706, un ouvrage sur les roulettes, principalement les épicycloïdes sphériques, et en 1729 et 1731 il publia des mémoires sur les essais de Newton relatifs aux courbes du 3° degré.

Parent. — Saurin. — De Gua. — *Antoine Parent*, né à Paris le 16 septembre 1666 et mort dans la même ville le 26 septembre 1716, écrivit en 1700 sur la géométrie analytique à trois dimensions. Ses œuvres furent réunies et publiées en trois volumes à Paris en 1713.

Joseph Saurin, né à Courtaison en 1659 et mort à Paris le 18 décembre 1737, montra le premier comment les tangentes aux points multiples des courbes pouvaient être déterminées par l'analyse.

Jean-Paul de Gua de Malves naquit à Carcassonne en 1713 et mourut à Paris le 2 juin 1785. Il publia en 1740 un ouvrage sur la géométrie analytique dans lequel, sans faire intervenir le calcul différentiel, il déterminait les tangentes, les asymptotes et divers

(¹) *Encyclopédie des Sciences mathématiques pures et appliquées*, tome I, vol. 4, p. 13.

points singuliers d'une courbe algébrique. Il montra de plus comment les points singuliers et les boucles isolées étaient modifiés par la projection conique. Il donna la démonstration de la règle des signes de Descartes que l'on trouve dans la plupart des livres modernes : il n'est pas clairement établi qu'elle ait été démontrée d'une façon rigoureuse par Descartes, et Newton semble l'avoir regardée comme évidente.

Cramer. — *Gabriel Cramer*, né à Genève en 1704 et mort à Bagnols en 1752, enseigna à Genève. L'ouvrage par lequel il est le mieux connu est son *Traité sur les courbes algébriques* (¹), publié en 1750, et qui passe pour le plus complet du genre. Cet ouvrage est encore consulté ; il contient la plus ancienne démonstration de cette proposition qu'une courbe de n° degré est en général déterminée lorsqu'on en donne $\frac{1}{2} n (n + 3)$ points. Il édita, en outre, les œuvres des deux premiers Bernoulli, et écrivit sur la cause physique de la forme sphéroïdale des planètes, sur le mouvement de leurs apsides, 1730, et sur l'essai de Newton relatif aux cubiques, 1746.

Riccati, — *Jacopo Francesco, comte Riccati*, né à Venise le 23 mai 1676 et mort à Trèves le 15 avril 1754, fit beaucoup pour répandre en Italie la connaissance de la physique Newtonienne. En dehors de l'équation qui porte son nom et qu'il parvint à intégrer dans certains cas, *équation qui a fait l'objet de travaux récents fort remarquables*, il examina la question de la possibilité d'abaisser l'ordre d'une équation différentielle donnée. Ses œuvres, qui forment quatre volumes, furent publiées à Trèves en 1758. Il eut deux fils qui écrivirent sur différents points moins importants touchant le calcul intégral et les équations différentielles : l'aîné *Vincenzo* naquit en 1707 et mourut en 1775, le second *Giordano* naquit en 1709 et mourut en 1790.

Fagnano. — *Giulio Carlo, Conde Fagnano, et Marchese di Toschi*, né à Sinigaglia le 6 décembre 1682 et mort le 26 septembre

---

(¹) Voir Cantor. Chap. cxvi.

1766, peut être considéré comme le premier écrivain ayant attiré l'attention sur la théorie des fonctions elliptiques. N'ayant pas réussi à rectifier l'ellipse ou l'hyperbole, Fagnano chercha à en déterminer des arcs dont la différence fût rectifiable. Il signala également l'analogie remarquable qui existe entre les intégrales représentant l'arc d'un cercle et l'arc d'une lemniscate. Enfin il établit la formule

$$\pi = 2\,i \log \left\{ \frac{1-i}{1+i} \right\}$$

dans laquelle i représente $\sqrt{-1}$. Ses écrits furent réunis en deux volumes et publiés à Pesaro en 1750.

Il était à prévoir que quelques mathématiciens feraient de l'opposition aux méthodes d'analyse fondées sur le calcul infinitésimal. Les plus renommés d'entre eux furent *Viviani*, *De la Hire* et *Rolle*, dont les noms ont été mentionnés à la fin du Chapitre XV.

Jusqu'ici on ne voit apparaître aucun élève de Leibnitz et des deux premiers Bernoulli qui ait un talent exceptionnel, mais vers 1740 et sous l'influence d'un certain nombre d'écrivains de second ordre, les méthodes et le langage de la géométrie analytique et du calcul différentiel s'étaient vulgarisées. Nous allons parler maintenant de Clairaut, d'Alembert et Daniel Bernoulli. Chronologiquement, ces savants appartiennent à la période qui fait l'objet du chapitre suivant, mais bien qu'il soit difficile de tracer nettement une ligne de démarcation entre les mathématiciens que nous rencontrons dans le chapitre en question et ceux dont nous avons examiné les écrits jusqu'ici, nous pensons, tout bien considéré, qu'il est préférable de parler ici des œuvres de ces trois écrivains.

Clairaut. — *Alexis-Claude Clairaut*, naquit à Paris le 13 mai 1713 et y mourut le 17 mai 1765. Il appartient à ce groupe peu nombreux d'enfants qui, doués d'une précocité exceptionnelle, accroissent encore en grandissant leur puissance intellectuelle. Dès l'âge de 12 ans, il composa un mémoire sur quatre courbes géométriques, mais son premier écrit important fut un *Traité sur les courbes à double courbure* qui le fit entrer à l'Académie des

sciences. Dans ce mémoire, Clairaut étend aux courbes gauches
certaines propriétés alors connues des courbes planes concernant
leurs tangentes et leur rectification ; il étudie aussi la quadrature
des cylindres qui les projettent sur les plans coordonnés. Les solutions qu'il donne sont encore enseignées aujourd'hui. En 1731,
il démontra cette proposition indiquée par Newton : que toutes
les courbes du 3° ordre étaient les projections d'une courbe faisant
partie d'un groupe de cinq paraboles cubiques déterminées.

En 1741, Clairaut fit partie d'une expédition scientifique chargée
de mesurer la longueur d'un degré du méridien terrestre, et à son
retour, en 1743, il publia sa *Théorie de la figure de la terre*. Ce
travail est basé sur une note de Maclaurin où ce dernier établissait qu'une masse fluide homogène, animée d'un mouvement de
rotation autour d'une droite passant par son centre de gravité,
doit prendre la forme d'un sphéroïde sous l'action de l'attraction
mutuelle de ses points. Dans son ouvrage, Clairaut traite la question des sphéroïdes hétérogènes, et il donne la valeur de la pesanteur en un point de latitude l, à savoir :

$$ g = G \left\{ 1 + \left(\frac{5}{2} m - \varepsilon \right) \sin^2 l \right\} ; $$

G est la valeur de la gravité à l'équateur, m le rapport de la force
centrifuge à la gravité à l'équateur, et ε l'excentricité d'une section
méridienne de la terre. En 1849, Stokes [1] montra qu'on arrivait
au même résultat, quelle que soit la constitution intérieure ou la
densité de la terre, à la condition que la surface soit un sphéroïde
d'équilibre de parfaite ellipticité.

Captivé par la puissance de la géométrie telle qu'elle apparaissait
dans les écrits de Newton et de Maclaurin, Clairaut abandonna l'a-
nalyse : l'ouvrage qu'il publia en 1752, la *Théorie de la Lune*, est
composé dans un esprit complètement newtonien. On y trouve
l'explication du mouvement de l'apside, qui avait jusqu'alors
embarrassé les astronomes ; Clairaut l'avait tout d'abord tenu pour
si mystérieux qu'il était sur le point d'admettre une nouvelle hypothèse relative à la loi de l'attraction, quand ayant eu l'idée de pousser
l'approximation jusqu'au 3° ordre, il constata que le résultat obtenu
était en concordance avec les observations.

(1) Voir *Cambridge Philosophical Transactions*, vol. VIII, pp. 672-695.

Comme suite à cet ouvrage, il publia en 1754 des *Tables de la Lune*. Clairaut composa en outre différents mémoires sur l'orbite lunaire, et sur l'influence perturbatrice des planètes sur le mouvement des comètes, et en particulier sur le passage de la comète de Halley. L'un d'eux obtint le grand prix proposé à ce sujet par l'Académie de St-Pétersbourg. Sa grande popularité dans le monde entrava ses travaux scientifiques : « engagé, dit Bossut, à des soupers, à des veilles, entraîné par un goût vif pour les femmes, voulant allier le plaisir à ses travaux ordinaires, il perdit le repos, la santé, enfin la vie à l'âge de cinquante deux ans. »

D'Alembert (¹). — *Jean-le-Rond d'Alembert* naquit à Paris le 16 novembre 1717 et mourut dans cette même ville le 29 octobre 1783. Fils naturel du Chevalier Destouches, *général d'artillerie, et de Mme de Tencin, chanoinesse et sœur du futur cardinal-archevêque de Lyon*, il avait été abandonné par sa mère, qui avait réservé à son père le moyen de le retrouver, sur les marches de la petite église de Saint-Jean-le-Rond, située à cette époque à l'angle septentrional du grand porche de Notre-Dame. Recueilli là, il fut porté chez le commissaire paroissial qui, suivant l'usage adopté pour les cas semblables, lui donna le nom chrétien de Jean-le-Rond. Nous ignorons pourquoi il s'annoblit par la suite. La paroisse le confia aux soins de la femme d'un vitrier ayant un petit fonds de commerce non loin de la cathédrale, où il semble avoir trouvé un intérieur agréable bien que modeste. Son père, paraît-il, s'en serait occupé à un certain moment; il aurait fait les frais de ses études; il reçut dès lors de bons principes mathématiques. *Il lui légua en mourant, d'Alembert était alors âgé de neuf ans, une **pension** de 1200 livres et le recommanda à ses proches, qui ne le perdirent jamais de vue.

Tout enfant, on le plaça dans le pensionnat de Bérée, au faubourg St-Antoine ; il profita beaucoup des leçons de ce maître qui, dès l'âge de dix ans, déclarait n'avoir plus rien à lui apprendre.

(¹) CONDORCET, BERTRAND et S. BASTIEN ont laissé des esquisses de la vie de d'ALEMBERT : ses œuvres littéraires ont été publiées, mais il n'existe pas encore une édition complète de ses écrits scientifiques. Quelques notes et lettres découvertes à une époque relativement récente, furent publiées par C. HENRY à Paris, en 1887.

Agé de 12 ans, il fut admis, par grande faveur, au collège des Quatre-Nations fondé par Mazarin; on n'y recevait que des boursiers choisis par la famille du cardinal, de préférence de familles nobles, et originaires de l'une des provinces récemment annexées à la France. Jean Lerond y fut admis comme gentilhomme.

Ses études y furent brillantes, mais il n'y apprit point l'équitation, l'escrime et la danse, comme l'eût voulu Mazarin ; l'Université de Paris refusa toujours de se conformer sur ce point aux volontés du cardinal. Et d'Alembert, qui n'apprit pas les belles manières dans son enfance, ne les connut jamais.

A la fin de l'année 1735, le jeune écolier, alors âgé de 18 ans, fut reçu bachelier ès-arts. Il était devenu excellent latiniste, il savait assez le grec pour lire plus tard dans le texte Archimède et Ptolémée, il savait tourner une phrase en excellent français... sans plus : là se bornait l'instruction des « honnêtes gens » de son temps.

Ses maîtres, presque tous prêtres, et jansénistes fervents, auraient voulu l'enrôler sous leur bannière ; il s'y refusa, effrayé qu'il fût d'une pieuse ferveur qui n'engendrait que la haine, et se livra tout entier aux études qui l'attiraient, médecine, droit et surtout mathématiques qui devaient bientôt l'absorber tout entier (¹) *.

Un essai qu'il composa en 1739 sur le calcul intégral et un autre sur les ricochets, paru en 1740, attirèrent sur lui l'attention, et deux ans plus tard, il entra à l'Académie des sciences, grâce en partie à l'influence de sa famille. Trait qui lui fait honneur, il refusa absolument d'abandonner sa mère adoptive, avec laquelle il demeura jusqu'à sa mort, en 1757. Sa mère adoptive ne voyait pas d'un bon œil ses succès car, lorsqu'il fut parvenu au faîte de la renommée, elle lui reprochait de perdre ses facultés dans des recherches inutiles : « vous ne serez jamais qu'un philosophe lui disait-« elle, et qu'est-ce qu'un philosophe ? c'est un fou qui se tourmente « pendant sa vie, pour qu'on parle de lui lorsqu'il n'y sera plus ».

Il produisit presque toutes ses œuvres mathématiques au cours de la période qui va de 1743 à 1754. La première fut son *Traité de dynamique* publié en 1743; on y trouve énoncé le principe qui porte son nom, à savoir que « les forces internes d'inertie » (c'est-à-dire les forces qui s'opposent à l'accélération) doivent être égales et opposées aux forces produisant l'accélération. Il pouvait être

(¹) Nous empruntons ces détails à M. BERTRAND. *Loc. cit.*

déduit du second texte de la 3ᵉ loi de Newton sur le mouvement, mais les conséquences complètes de cette loi n'avaient pas été envisagées jusqu'alors. L'application de ce principe permet d'obtenir les équations différentielles du mouvement de tout système rigide.

* Cet ouvrage plaça immédiatement son auteur au nombre des premiers géomètres de l'Europe. La matière, difficile et nouvelle, était traitée de main de maître, Lagrange en a dit :

« Le traité de dynamique de d'Alembert, mit fin à ces espèces de défis (que se posaient les mathématiciens du temps sur diverses questions de mécanique) en offrant une méthode directe et générale pour résoudre ou du moins pour mettre en équations tous les problèmes de dynamique qu'on peut imaginer. Cette méthode réduit les lois du mouvement des corps à celle de leur équilibre et ramène ainsi la dynamique à la statique. »

Les idées de d'Alembert ont subsisté dans la mécanique actuelle. C'est dire quelle valeur leur doit être attribuée*.

En 1744, d'Alembert publia son *Traité de l'Équilibre et du mouvement des fluides* dans lequel il appliquait son principe aux fluides. Il obtint ainsi des équations aux dérivées partielles qu'il ne pouvait pas intégrer. En 1745 il développa dans sa *Théorie générale des vents*, la partie du sujet qui se rapporte aux mouvements de l'air, et, là encore, il fut amené aux dérivées partielles. C'est à propos de ces deux questions qu'il jeta les bases de la théorie si féconde des équations aux dérivées partielles. Une seconde édition de cet ouvrage, dédiée en 1746 à Frédéric-le-Grand, roi de Prusse, lui valut l'invitation de venir s'établir à Berlin et l'offre d'une pension ; il déclina l'une et l'autre, mais dans la suite, cédant aux sollicitations, il fit taire sa fierté et accepta la pension. En 1747, il appliqua le calcul différentiel au problème des cordes vibrantes, et arriva encore à une équation différentielle partielle.

Son analyse l'avait par trois fois conduit à une équation de la forme :

$$\frac{\partial^2 u}{\partial t^2} = \frac{\partial^2 u}{\partial x^2}$$

et il réussit alors à prouver qu'elle était satisfaite pour

$$u = \varphi\,(x + t) + \psi\,(x - t)$$

φ et ψ étant des fonctions arbitraires. Nous croyons devoir reproduire ici sa solution, qui parut dans les Mémoires de l'Académie de Berlin pour 1747.

Il commence par dire qu'en représentant $\frac{\partial u}{\partial x}$ par p et $\frac{\partial u}{\partial t}$ par q, on a

$$du = qdt + pdx$$

Mais d'après l'équation donnée

$$\frac{\partial q}{\partial t} = \frac{\partial p}{\partial x};$$

par conséquent

$$pdt + qdx$$

est une différentielle exacte. Si on la représente par dv,

$$dv = pdt + qdx.$$

Il résulte de là

$$du + dv = (pdx + qdt) + (pdt + qdx) = (p + q)(dx - dt),$$

et

$$du - dv = (pdx + qdt) - (pdt + qdx) = (p - q)(dx + dt).$$

Ainsi $u + v$ doit être une fonction de $x + t$ et $u - v$, une fonction de $x - t$. Nous pouvons par conséquent poser

$$u + v = 2\varphi(x + t),$$

et

$$u - v = 2\psi(x - t);$$

d'où

$$u = \varphi(x + t) + \psi(x - t).$$

D'Alembert ajoutait que les conditions du problème physique des cordes vibrantes exigent que pour $x = 0$, u s'annule pour toutes les valeurs de t. On a donc identiquement

$$\varphi(t) + \psi(-t) = 0,$$

En admettant que les deux fonctions puissent-être développées suivant des puissances entières de t, ce qui exige qu'elles ne contiennent que des puissances impaires de cette variable, on a

$$\psi(-t) = -\varphi(t) = \varphi(x-t)$$

et par conséquent

$$u = \varphi(x+t) + \psi(x-t).$$

Euler, à son tour, aborda le sujet, et montra que l'équation de la figure de la corde était

$$\frac{\partial^2 u}{\partial t^2} = a^2 \frac{\partial^2 u}{\partial x^2}$$

et que l'intégrale générale de cette équation avait la forme

$$u = \varphi(x-at) + \psi(x+at)$$

où φ et ψ sont des fonctions arbitraires :

Les principales recherches mathématiques de d'Alembert sont surtout relatives à l'astronomie ; il s'est occupé spécialement de la précession des équinoxes et des variations de l'obliquité de l'écliptique. Ses études sur ces questions ont été réunies dans son *Système du monde* publié en trois volumes en 1754.

*Le peu que nous avons dit des écrits scientifiques de d'Alembert, écrits de la plus haute valeur et en fort grand nombre, montre qu'il fut l'un des plus grands mathématiciens de son temps.

Il exerça donc à juste titre une influence considérable sur les esprits scientifiques du xviiie siècle, mais là ne se bornent pas ses titres à la célébrité*.

Dans ses dernières années il s'occupa tout particulièrement de la Grande Encyclopédie. Il en composa l'Introduction, et y collabora par de nombreux articles philosophiques et mathématiques ; les meilleurs sont ceux relatifs à la géométrie. Son style est brillant mais un peu libre, et reflète fidèlement son caractère hardi, honnête et franc. Il défendait un jour une critique sévère qu'il avait présentée d'un ouvrage médiocre par cette remarque ; « j'aime mieux être incivil qu'ennuyé » ; et, avec le mépris qu'il éprouvait pour les adulateurs et les fâcheux, il n'est pas surprenant qu'il ait eu, pendant sa vie, plus d'ennemis que d'amis *, et que son élection à l'Académie française ait été fort disputée.

D'Alembert ne se maria point. On ne sait si c'est pour ce motif que Mme Geoffrin et la célèbre Mme du Deffand, qui l'une et l'autre étaient ses aînées de vingt ans, s'intéressèrent à lui au point de lui accorder pleinement leur puissante protection.

Sa liaison avec Mlle de Lespinasse, fille illégitime de la comtesse d'Albon, qu'il rencontra chez Mme du Deffand, est restée célèbre *.

Daniel Bernoulli (¹). — *Daniel Bernoulli*, dont il a été déjà fait mention plus haut, était de beaucoup le mieux doué des deux jeunes Bernoulli ; il était contemporain et ami intime d'Euler dont il sera question dans le chapitre suivant.

Daniel Bernoulli naquit le 9 février 1700 et mourut le 17 mars 1782 à Bâle, où il enseignait l'histoire naturelle. En 1724, il se rendit à Saint-Pétersbourg, pour y occuper une chaire de mathématiques, mais il ne put se faire à la rudesse de la vie sociale dans ce pays et, saisissant en 1733 l'occasion d'une maladie temporaire, il quitta la Russie en donnant comme excuse l'état de sa santé. Il revint alors à Bâle où il professa successivement la médecine, la philosophie et enfin l'histoire naturelle.

Son premier ouvrage mathématique fut les *Exercitationes* publiés en 1724 et qui contiennent une solution de l'équation différentielle proposée par Riccati. Deux ans après, il signala pour la première fois l'avantage fréquent que l'on trouve à transformer un mouvement composé en mouvements de translation et en mouvements de rotation. Son œuvre principale est son *Hydrodynamique* publiée en 1738 ; ce traité, comme la *Mécanique analytique* de Lagrange, est disposé

(¹) Le seul aperçu de la vie de DANIEL BERNOULLI dont nous ayons eu connaissance est son *éloge* par son ami CONDORCET. *Marie-Jean-Antoine-Nicolas Caritat, marquis de Condorcet*, naquit en Picardie le 17 septembre 1743 et périt le 28 mars 1794, victime de la Terreur. Il était secrétaire de l'Académie des Sciences et composa de nombreux *Éloges*. Il est peut-être plus célèbre par ses études philosophiques, littéraires et politiques que par ses travaux mathématiques, mais son exposition de la théorie des probabilités et la discussion qu'il a présentée des équations différentielles et aux différences finies, prouvent un talent qui aurait pu l'amener au premier rang, si toute son attention s'était concentrée sur les mathématiques. Il tenta sans succès d'arrêter le torrent révolutionnaire pour arriver à établir une constitution.

de telle sorte que tous les résultats ressortent comme conséquences d'un seul principe qui, dans le cas actuel, est celui
de la conservation de l'énergie. Il fut suivi d'un mémoire
sur la Théorie des marées qui, conjointement avec des mémoires
d'Euler et de Maclaurin sur la même question, eut les honneurs
d'un prix décerné par l'Académie des sciences de Paris : ces trois
opuscules contiennent tout ce qui a été fait sur le sujet dans la
période qui va de la publication des *Principia* de Newton aux recherches de Laplace. Bernoulli composa également un grand nombre
de notes sur diverses questions de mécanique, principalement sur
des problèmes relatifs aux cordes vibrantes et sur les solutions
données par Taylor et d'Alembert. C'est le plus ancien écrivain qui
ait tenté de formuler une théorie cinétique des gaz ; il s'en servit
pour expliquer la loi qui porte les noms de Boyle et de Mariotte.

LES MATHÉMATICIENS ANGLAIS DU XVIIIᵉ SIECLE.

Nous avons consacré un paragraphe spécial aux mathématiciens
Anglais qui vinrent après Newton, afin de pouvoir examiner sans
discontinuité les travaux de l'Ecole anglaise. Naturellement, les
Anglais adoptèrent tout d'abord la notation de Newton pour le calcul infinitésimal, de préférence à celle de Leibnitz ; en conséquence, le développement de l'Ecole anglaise suivit nécessairement une route un peu différente de celle du continent,
où le calcul infinitésimal était propagé uniquement par Leibnitz
et les Bernoulli. Mais cette séparation en deux Ecoles distinctes
ne devint très accentuée que grâce à l'intervention de Leibnitz et
de Jean Bernoulli. Les amis de Newton en éprouvèrent quelque
ressentiment et, pendant quarante ou cinquante ans, au grand
désavantage de tous, la querelle fut très vive de part et d'autre.

Les principaux représentants de l'Ecole anglaise furent *Cotes, de
Moivre, Ditton, David Gregory, Halley, Maclaurin, Simpson et
Taylor.*

Rappelons encore à nos lecteurs que plus nous approchons des
temps modernes, plus le nombre des mathématiciens remarquables
en Angleterre, en France, en Allemagne et en Italie devient considérable ; mais dans un exposé sans prétention tel que celui-ci, nous
nous bornons à mentionner les hommes les plus marquants.

Nous ne consacrerons donc que quelques lignes à Gregory, Halley et Ditton.

David Gregory. — *David Gregory*, le neveu de Jacques Gregory dont il a déjà été parlé, né à Aberdeen le 24 juin 1661 et mort à Maidenhead le 10 octobre 1708, fut nommé professeur à Edinbourg en 1684 ; en 1691 il fut choisi sur la recommandation de Newton pour occuper à Oxford la chaire Savilian. Ses principaux ouvrages sont : un Traité de géométrie paru en 1684 ; un Traité d'Optique publié en 1695, dans lequel (p. 98) est envisagée pour la première fois la possibilité de former une combinaison achromatique de lentilles ; et une étude parue en 1702 sur la géométrie physique et l'astronomie newtonienne.

Halley. — *Edmond Halley*, né à Londres en 1656 et mort à Greenwich en 1742, fit ses études à Saint-Paul de Londres, et au Collège de la Reine, à Oxford ; en 1703 il succéda à Wallis, qui occupait la chaire Savilian, et en 1720, il fut nommé astronome Royal après Flamsteed dont il édita en 1712 l'*Historia Cœlestis Britannica* (première édition : on y constate quelques imperfections). On ne doit pas citer le nom de ce savant sans rappeler la façon généreuse dont il assura en 1687 la publication des *Principia* de Newton. La majeure partie de son œuvre personnelle est relative à l'astronomie et à d'autres sujets ne rentrant pas dans le cadre de cet ouvrage ; il faut ajouter cependant que ses travaux sont excellents ; Lalande et Mairan en parlent tous deux dans les meilleurs termes.

Halley restitua le 8ᵉ livre perdu d'Apollonius et fit paraître en 1710 une édition superbe de l'ouvrage complet ; il édita également ment les œuvres de Serenus, de Menelaus et quelques-uns des ouvrages peu importants d'Apollonius.

Il fut, à son tour, remplacé à Greenwich, comme Astronome Royal, par Bradley. (¹)

(¹) JAMES BRADLEY, né en 1692 à Chalford dans le Gloucestershire, et mort à Sherborne en 1762, fut l'astronome le plus distingué de la première moitié du xviiiᵉ siècle. Parmi ses plus importantes découvertes il faut citer : l'explication de l'aberration de la lumière (1729), la découverte de la cause de la nutation (1748) et sa formule empirique pour les corrections de la réfraction. On peut dire sans trop s'avancer qu'il fut le premier à faire de l'art des observations une science méthodique.

Ditton. — *Humphry Ditton* naquit à Salisbury le 19 mai 1675 et mourut à Londres en 1715 à Christ's Hospital, où il enseignait les mathématiques. Jusqu'à son arrivée à Londres vers 1705, il ne paraît pas avoir attaché une grande attention aux mathématiques, et sa mort prématurée fut une perte réelle pour la science anglaise. Il publia en 1706 un *Traité classique sur les Fluxions* qui eut, en Angleterre, avec un autre ouvrage du même genre de William Jones, paru en 1711, à peu près la même influence que le traité de l'Hospital en France. En 1709 Ditton fit paraître une Algèbre, et en 1712, un Traité de perspective. Il écrivit également de nombreux articles dans les « *Philosophical transactions* ». Il est le plus ancien auteur qui ait tenté d'expliquer le phénomène de la capillarité en s'appuyant sur des principes mathématiques, et il a imaginé pour la détermination de la longitude, une méthode qui depuis a été employée dans diverses occasions.

Taylor [1]. — *Brook Taylor*, né à Edmonton le 10 août 1685 et mort à Londres le 29 décembre 1731, fit ses études au collège Saint-Jean à Cambridge, et fut l'un des admirateurs les plus enthousiastes de Newton. A partir de l'année 1712, il fit paraître dans les « *Philosophical transactions* » de nombreux mémoires parmi lesquels on trouve : une discussion sur le mouvement des projectiles, une note sur le centre d'oscillation et une autre sur les formes prises par les liquides qui s'élèvent par capillarité. En 1719, il se démit de ses fonctions de secrétaire de la Société Royale et abandonna l'étude des mathématiques. Son premier travail lui procura une grande célébrité et fut publié à Londres en 1715, sous le titre *Methodus Incrementorum Directa et Inversa*. Il contient (prop. 7) une démonstration du théorème bien connu, et qui porte son nom,

$$f(x + h) = f(x) + hf'(x) + \frac{h^2}{1 \cdot 2} f''(x) + \ldots..$$

au moyen duquel une fonction d'une seule variable peut être développée suivant les puissances de cette variable. Il ne considère

---

[1] Un exposé de sa vie par Sir WILLIAM YOUNG se trouve en tête de l'ouvrage : « *Contemplatio philosophica* » qui, imprimé à Londres en 1793 à un très petit nombre d'exemplaires pour un public réservé, est aujourd'hui extrêmement rare.

pas la convergence de la série et il est inutile de reproduire sa démonstration qui repose sur de nombreuses hypothèses. Cet ouvrage
contient également plusieurs théorèmes sur l'interpolation. Taylor
fut le premier à s'occuper des théorèmes concernant le changement de variable indépendante ; il a peut-être aussi été le
premier à envisager la possibilité d'un développement symbolique, et de même qu'il représente la n^e dérivée de y par y_n,
il se sert aussi du symbole y_{-1} pour désigner l'intégrale de y.
Il est enfin regardé comme le créateur de la théorie des différences
finies.

Les applications du Nouveau calcul à diverses questions présentées dans son ouvrage *Methodus* ont à peine attiré l'attention
qu'elles méritent. La plus importante est la théorie des vibrations
transversales des cordes, problème qui avait dérouté ceux qui s'en
étaient occupé jusqu'alors.

Dans son étude, Taylor montre que le nombre des demi-vibra-
tions exécutées dans une seconde est donné par l'expression

$$\pi \sqrt{\frac{DP}{NL}},$$

dans laquelle L est la longueur de la corde, N son poids, P le
poids qui la tend et D la longueur du pendule à seconde. La formule
est exacte, mais, pour l'obtenir, il suppose que tous les points de la
corde passeront au même moment par leur position d'équilibre :
plus tard, d'Alembert montra que cette restriction n'était pas
nécessaire. Taylor détermina également la forme que prend la
corde à un instant quelconque.

La « *Methodus* » contient encore la détermination la plus ancienne de l'équation différentielle donnant la route suivie par un
rayon lumineux qui traverse un milieu hétérogène tel que l'air ; et
en supposant que la densité de l'air dépend seulement de la distance
à la surface de la terre, Taylor obtient au moyen de quadratures
la forme approximative de la courbe. Il s'est également occupé
dans le même ouvrage de la chaînette et de la détermination des
centres d'oscillation et de percussion.

Un traité de perspective qu'il publia en 1719 contient le plus
ancien énoncé général du principe des points de fuite, bien que

l'idée de ces points pour les lignes horizontales et parallèles d'un tableau vertical, ait été émise par Guïdo Ubaldi dans son *Perspectivæ Libri* (Pise 1600) et par Stevin dans sa *Sciagraphia*, publiée à Leyde en 1608.

Cotes. — *Roger Cotes* naquit près de Leicester le 10 juillet 1682 et mourut à Cambridge le 4 juin 1716. Il fit ses études au Trinity College de Cambridge, dont il devint membre, et en 1706 il fut choisi pour occuper la chaire d'astronomie nouvellement créée à l'université de cette ville, la chaire Plumian. De 1709 à 1713, il se consacra presque entièrement à la préparation de la seconde édition des *Principia*. Cette réflexion de Newton « si seulement Cotes eût vécu, nous aurions appris bien des choses de plus » montre l'excellente opinion que la plupart de ses contemporains avait de son talent.

Les écrits de Cotes furent réunis et publiés en 1722 sous les titres *Harmonia Mensurarum* et *Opera Miscellanea*. Ses leçons sur l'hydrostatique furent publiées en 1738. Une grande partie du premier ouvrage, *Harmonia Mensurarum*, est consacrée à la décomposition et à l'intégration des expressions rationnelles algébriques; la partie qui traite de la théorie des fractions composantes, laissée inachevée, a été complétée par Moivre. Le théorème de Cotes en trigonométrie, qui repose sur la formation des facteurs du second degré de $x^n - 1$, est bien connu. La proposition suivante est également due à Cotes : « Si par un point O on trace une droite coupant une courbe en $Q_1, Q_2, Q_3, ..., Q_n$, et si on prend sur cette ligne un point P tel que OP soit la moyenne arithmétique des inverses de $OQ_1, OQ_2, OQ_3, ..., OQ_n$, le lieu du point P est une droite » ; c'est ce théorème qui lui a suggéré le titre de son livre.

Dans ses *Opera Miscellanea* on trouve une note sur la méthode propre à déterminer la valeur la plus probable résultant d'un certain nombre d'observations : c'est le plus ancien essai tenté pour créer une théorie des erreurs. On y trouve également des essais sur l'ouvrage de Newton « *Methodus Differentialis* », sur la construction de tables par la méthode des différences, sur la chute des corps abandonnés à l'action de la gravité, sur le pendule cycloïdal et sur les projectiles.

Moivre. — *Abraham de Moivre* naquit en France à Vitry, le 26 mai 1667 et mourut à Londres le 27 novembre 1751. Lorsqu'il était encore enfant, ses parents vinrent s'établir en Angleterre ; il y fit ses études. On raconte que son goût pour les mathématiques supérieures eut pour origine la lecture faite par hasard d'un exemplaire des *Principia* de Newton. D'après son *éloge*, lu en 1754 devant l'Académie des sciences de Paris, il paraîtrait qu'étant précepteur chez le comte de Devonshire, il s'y était rencontré un jour avec Newton qui venait faire hommage au comte de ses *Principia*.

Saisi, en parcourant le livre, de l'immense portée des conclusions et de la simplicité apparente du raisonnement, Moivre pensa que rien n'était plus facile que de l'étudier, mais il constata avec surprise qu'il n'était pas en mesure d'en suivre les démonstrations. Il se procura cependant un exemplaire de l'ouvrage et, comme ses occupations lui laissaient peu de loisir, il en déchira les pages de façon à en avoir toujours une ou deux dans sa poche ; il les étudiait dès que ses fonctions lui laissaient un instant de loisir. Plus tard, il devint membre de la Société Royale et se lia intimement avec Newton, Halley et d'autres mathématiciens de l'École anglaise. La façon dont il mourut n'est pas sans intérêt pour les psychologues.

Dans les derniers jours de sa vie il avait déclaré qu'il lui était nécessaire de dormir chaque nuit dix minutes ou un quart d'heure de plus que la nuit précédente ; le lendemain du jour où il était arrivé ainsi à dormir un total d'environ vingt-trois heures, il reposa jusqu'à la limite des vingt-quatre heures et mourut sans reprendre connaissance.

Ce qui l'a fait le mieux connaître est la création, avec Lambert, de cette partie de la trigonométrie qui traite des quantités imaginaires. Deux théorèmes relatifs à ce sujet, portent encore son nom : l'un établit que $\sin nx + i \cos nx$ est l'égal à $(\sin x + i \cos x)^n$, et l'autre donne les divers facteurs du second degré de $x^{2n} - 2\,px^n + 1$.

Ses principaux écrits en dehors des nombreux articles insérés dans les *Philosophical Transactions*, sont *The Doctrine of Chances*, publiée en 1718, et les *Miscellanea Analytica* publiés en 1730. Dans le premier ouvrage, on trouve exposé pour la première fois la théorie des séries récurrentes. La règle permettant de calculer la probabilité d'un évènement composé s'y trouve également énoncée. Le second ouvrage, outre les propositions trigonométriques rappelées plus haut, contient quelques théorèmes d'astronomie; mais ceux-ci sont traités comme exercices d'analyse.

Maclaurin ([1]). — *Colin Maclaurin*, né en février 1698 à Kilmodan, dans le comté d'Argyll et mort à York le 14 juin 1746, fit ses études à l'Université de Glasgow. En 1717, il fut admis, bien qu'âgé de dix-neuf ans seulement, comme professeur de mathématiques à Aberdeen; en 1725 il fût désigné pour suppléer le professeur de mathématiques à Edimbourg, puis il lui succéda. Il était difficile de garantir le traitement d'un suppléant, et Newton écrivit d'une façon discrète, offrant de prendre la dépense à sa charge, afin de permettre à l'Université de s'assurer des services de Maclaurin. Maclaurin prit une part active à la lutte engagée pour arrêter en 1745 le jeune Prétendant dans sa marche en avant; à l'approche des Highlanders il dut fuir jusqu'à York, mais les fatigues endurées dans les retranchements autour d'Edinbourg et les privations qu'il eut à supporter dans sa fuite eurent pour lui une issue fatale.

Ses principaux ouvrages sont sa *Geometria Organica*, Londres 1720; ses *De Linearum Geometricarum proprietatibus*, Londres, 1720; son *Treatise on Fluxions*. Edinbourg. 1742; son *Algèbre*, Londres, 1748, et son *Account of Newton's Discoveries*, Londres, 1748.

La première section de la première partie de la *Geometria orga-nica* traite des coniques; la seconde des cubiques nodales; la troisième des autres cubiques et des quartiques; dans la quatrième section, il envisage les propriétés générales des courbes. Newton avait montré que si deux angles limités par des droites tournent autour de leurs sommets respectifs de telle sorte que le point d'intersection des deux autres côtés se déplace sur une droite, le point d'intersection des deux autres côtés décrira une conique, et que si le premier point d'intersection se déplace sur une conique, le second décrira une quartique. Maclaurin présenta la discussion analytique

([1]) Une autobiographie de MACLAURIN se trouve en tête de son exposé posthume des découvertes de NEWTON, Londres 1748.

du théorème général et fit voir comment diverses courbes pouvaient être pratiquement tracées par cette méthode. Cet ouvrage contient aussi une discussion bien étudiée des courbes et de leurs podaires, branche de la géométrie qu'il avait créée et exposée dans deux mémoires insérés en 1718 et 1719 dans les *Philosophical Transactions*.

La seconde partie de l'ouvrage comprend trois sections avec un appendice. La première contient une démonstration du théorème de Cotes dont il a été question plus haut, et de plus ce théorème analogue (qui lui est dû) : si on mène par un point donné o une ligne droite $OP_1 P_2,\ldots$ coupant une courbe de n^e degré en n points $P_1, P_2,\ldots, P_n$, et si les tangentes menées en ces points à la courbe coupent en $A_1, A_2, \ldots$ une ligne fixe Ox, la somme des inverses des distances $OA_1, OA_2, \ldots$ est constante pour toutes les positions de la droite $OP_1 P_2\ldots P_n$.

Ces deux théorèmes sont des généralisations de ceux présentés par Newton sur les diamètres et les asymptotes ; ils s'en déduisent tous deux et réciproquement. Dans la seconde et la troisième sections, ces propositions sont appliquées aux coniques et aux cubiques ; la plupart des propriétés harmoniques du quadrilatère inscrit dans une conique y sont indiquées, et, en particulier, le théorème sur l'hexagone inscrit qui porte le nom de théorème de Pascal en est déduit. L'essai de Pascal n'a pas été publié avant 1779 et le plus ancien énoncé imprimé de ce théorème est celui qu'on lit dans Maclaurin. Entre autres propositions, il montra que si les points d'intersection des côtés opposés d'un quadrilatère inscrit dans une cubique se trouvent sur cette même courbe, les tangentes aux deux sommets opposés du quadrilatère se couperont également sur la courbe. Dans la quatrième section il considère quelques propositions sur les forces centrales. La cinquième contient quelques théorèmes sur la description des courbes passant par des points donnés. L'un d'eux (qui comprend comme cas particulier, le théorème de Pascal) s'énonce ainsi : si un polygone se déforme de telle sorte que, chacun de ses côtés passant par un point fixe, ses sommets (sauf un) décrivent respectivement des courbes de degré $m, n, p, \ldots$; le sommet restant décrira une courbe de degré $2mnp \ldots$, mais si les points donnés sont en ligne droite, cette dernière courbe ne sera que du $mnp \ldots^{\text{ème}}$ degré. Cet essai a été réimprimé avec des additions dans les *Philosophical Transactions* de 1735.

Le *Traité des Fluxions*, publié en 1742, fût la première exposition logique et systématique de la méthode des fluxions. Sa publication fut une réponse à une attaque de Berkeley au sujet des principes du calcul infinitésimal. Dans cet ouvrage (art. 751, p. 610). Maclaurin donne une démonstration de la formule

$$f(x) = f(o) + xf'(o) + \frac{x^2}{1.2} f''(o) + \ldots$$

Il l'obtenait, comme on le voit exposé dans plusieurs livres classiques modernes, en supposant que $f(x)$ peut être développé sous une forme telle que

$$f(x) = A_0 + A_1 x + A_2 x^2 + \ldots ;$$

alors, en différentiant et en faisant $x = o$ dans les résultats successifs, on obtient les valeurs de A_0, A_1, A_2…; mais il n'étudia pas la convergence de la série. Ce résultat avait été donné antérieurement en 1730, par Jacques Stirling dans sa *Methodus Differentialis* (p. 102), et bien entendu se déduit immédiatement du théorème de Taylor. Maclaurin énonçait également dans son Traité (art. 350, p. 289) cet important théorème : si la fonction $\varphi(x)$ est positive et décroît lorsque x croit de $x = a$ à $x = \infty$, la série

$$\varphi(a) + \varphi(a+1) + \varphi(a+2) + \ldots$$

est convergente ou divergente suivant que l'intégrale

$$\int_a^\infty \varphi(x)\,dx$$

est finie ou infinie. Il donnait encore la théorie exacte des maxima et des minima, et des règles pour trouver et distinguer les points multiples.

Ce traité est fort précieux, car il renferme des solutions de nombreux problèmes sur la géométrie, la statique, la théorie de l'attraction et l'astronomie. Pour y arriver, Maclaurin était revenu aux méthodes classiques, et la façon dont il les employait en fait tellement ressortir la puissance que Clairaut, après avoir lu cet ouvrage, abandonna l'analyse et attaqua de nouveau par la géométrie pure le problème relatif à la figure de la terre. A une époque plus moderne, Lagrange parlant de cette partie du livre de Maclaurin disait que c'était « un chef-d'œuvre de géométrie qu'on peut comparer à tout ce qu'Archimède nous a laissé de plus beau et de plus ingénieux ». Maclaurin détermina également l'attraction d'un ellipsoïde homogène sur un point intérieur et donna quelques théorèmes relatifs à son attraction sur un point extérieur ; il introduisait à cet effet la conception des surfaces telles qu'en chaque point l'attraction résultante s'exerce suivant la normale. Aucun progrès ne survint dans la théorie de l'attraction jusqu'à ce que Lagrange eût introduit en 1773 l'idée du potentiel. Maclaurin montra encore qu'un sphéroïde était une forme possible d'équilibre d'une masse liquide homogène tournant autour d'un axe passant par le centre de gravité. Enfin il examina le phénomène des marées : cette dernière partie avait été publiée antérieurement en 1740 et avait valu à l'auteur un prix décerné par l'Académie des Sciences de Paris.

Parmi les ouvrages de Maclaurin ayant une importance moindre nous citerons son *Algèbre*, publiée en 1748 et fondée sur l'*Arithmétique Universelle* de Newton. Elle contient les résultats énoncés dans quelques notes anciennes de Maclaurin, en particulier dans deux qui furent écrites en 1726 et 1729, et qui se rapportent au nombre des racines imaginaires d'une équation ; elles avaient été inspirées par le théorème de Newton. L'Algèbre de Mac-Laurin reproduit encore une autre note de 1729, qui contient la règle bien connue pour trouver les racines réelles d'une équation au moyen de l'équation dérivée. Dans cet ouvrage, les quantités négatives sont traitées et considérées comme présentant le même caractère de réalité que les quantités positives. A ce livre était ajouté en appendice un traité intitulé : *De Linearum Geometricarum Proprietatibus Generalibus*, qui, outre la note de 1720 dont il a été question plus haut, renferme quelques nouveaux théorèmes élégants. Maclaurin fit également paraître en 1728 une exposition de la philosophie newtonienne ; on la trouve dans l'ouvrage posthume imprimé en 1748. Une de ses dernières notes fut celle insérée dans les *Philosophical Transactions* pour 1743, où il examine, au point de vue mathématique, la forme des alvéoles des abeilles.

Maclaurin fut un des mathématiciens les plus éminents du

XVIIIe siècle, mais on peut dire que son influence sur les progrès des mathématiques en Grande-Bretagne a été plutôt néfaste. En négligeant personnellement à la fois l'analyse et le calcul infinitésimal, il amena ses compatriotes à se limiter aux méthodes de Newton, et ce ne fut que vers 1820, lors de l'introduction dans les cours de Cambridge du calcul différentiel, que les mathématiciens anglais commencèrent à employer d'une façon générale les méthodes plus puissantes de l'analyse moderne.

Stewart. — Maclaurin fut remplacé dans sa chaire à Edimbourg par son élève *Matthew Stewart*, né à Rothesay en 1717 et mort à Edimbourg le 23 janvier 1785. Ce fut un mathématicien de talent, que nous citons en passant à propos de ses théorèmes sur le problème des trois corps et de sa discussion des propriétés du cercle et de la ligne droite fondées sur les transversales et l'involution.

Simpson (¹). — Le dernier membre de l'Ecole anglaise que nous croyons devoir nommer ici est *Thomas Simpson*, qui naquit dans le Leicestershire le 20 août 1610 et mourut le 13 mai 1761. Son père était tisserand, et Simpson ne dut son instruction qu'à lui-même. Il s'intéressa pour la première fois aux mathématiques lors de l'éclipse solaire qui survint en 1724, et avec l'aide d'un colporteur diseur de bonne aventure, il étudia l'*Arithmétique* de Cocker et les éléments de l'Algèbre. Il abandonna alors le métier de tisserand et entra comme sous-maître dans une école, où par des efforts constants et laborieux il perfectionna son instruction ; il en vint à pouvoir résoudre en 1735 plusieurs questions qui avaient été proposées récemment et qui exigeaient l'emploi du calcul infinitésimal. Plus tard il vint à Londres et, en 1743, il fut nommé professeur de mathématiques à Woolwich, poste qu'il occupa jusqu'à sa mort.

Simpson était non seulement un homme éminent, mais en outre, un travailleur infatigable. Les plus importants de ses ouvrages sont ses *Fluxions* (1737 à 1750) où l'on trouve de nom-

---

(¹) Un exposé de la vie de SIMPSON avec la bibliographie de ses écrits, par J. BEVIS et C. HUTTON, a été publié à Londres en 1764. Une courte notice se trouve également en tête des dernières divisions de son ouvrage sur les fluxions.

breuses applications à la physique et à l'astronomie ; ses *Laws of
Chances* et ses *Essays* 1740 ; sa théorie des *Annuities and Rever-
sions* (branche des mathématiques due à James Dodson, mort en
1757, et qui enseigna à Christ's Hospital à Londres) avec des
tables de mortalité, 1742 ; ses *Dissertations*, 1743, ouvrage dans
lequel il discute la forme de la terre, la force d'attraction à la surface d'un corps à peu près sphérique, la théorie des marées et la loi
de la réfraction astronomique ; son *Algèbre*, 1745 ; sa *Géométrie*
1747 ; sa *Trigonométrie*, 1748, dans laquelle il introduisit les abréviations courantes concernant les fonctions trigonométriques ; ses *Select
Exercises*, 1752, qui renferment les solutions de nombreux problèmes, et une théorie du tir ; et enfin ses *Miscellaneous Tracts*, 1754.

Dans cet ouvrage, on rencontre une collection de huit mémoires
renfermant ses recherches les plus connues. Les trois premiers ont
trait à divers problèmes d'astronomie, le quatrième est relatif à la
théorie des observations ; le cinquième et le sixième sont
consacrés à des problèmes sur les fluxions et sur l'algèbre ; le septième
contient une solution générale du problème des isopérimètres ;
dans la huitième se trouvent discutées les troisième et neuvième
sections des *Principia* et l'application de ces théories à l'étude de la
Lune. Dans ce dernier mémoire, Simpson obtenait une équation
différentielle pour le mouvement de l'apside de l'orbite lunaire
identique à celle que Clairaut avait obtenue, mais au lieu de la
résoudre par approximations successives, il en donnait une solution
générale par les coefficients indéterminés. Le résultat concorde avec
celui donné par Clairaut. Simpson avait résolu pour la première
fois ce problème en 1747, deux ans après la publication du mémoire
de Clairaut, mais il était arrivé à sa solution indépendamment des
recherches de ce dernier, dont il entendit parler pour la première
fois en 1748.

CHAPITRE XVIII

—

LAGRANGE,
LAPLACE ET LEURS CONTEMPORAINS.

(DE 1740 A 1830)

Le chapitre précédent contient l'histoire de deux Ecoles distinctes — l'Ecole continentale et l'Ecole britannique. Dans les premières années du XVIII° siècle, cette dernière se montre féconde et pleine de vigueur ; mais elle tombe rapidement en décadence et, après la mort de Maclaurin et Simpson, on ne voit apparaître aucun mathématicien anglais pouvant être comparé aux géomètres du continent de la seconde moitié du même siècle. Ce fait s'explique en partie par l'état d'isolement de l'Ecole anglaise, et en partie par sa tendance à adopter d'une façon trop exclusive les méthodes géométriques et la méthode des fluxions. Les applications scientifiques attirèrent cependant un peu l'attention ; mais, en dehors de quelques observations présentées à la fin de ce chapitre, nous ne pensons pas qu'il soit nécessaire d'étudier en détail les mathématiciens anglais antérieurs à 1820, époque à laquelle les méthodes analytiques reprirent vigueur en Grande-Bretagne.

Sur le continent, sous l'influence de Jean Bernoulli, le nouveau calcul était devenu un instrument d'une grande puissance ; grâce surtout à son admirable notation : pour les applications pratiques, une bonne notation est sans prix. Cependant les recherches mécaniques s'étaient maintenues au point où Newton les avait laissées, jusqu'à ce que d'Alembert en eut étendu les limites au moyen du calcul différentiel. La gravitation universelle, telle qu'elle se trouvait énoncée dans les *Principia*, était acceptée comme un fait établi, mais les méthodes géométriques adoptées pour les démonstrations étaient difficiles à suivre ou à employer dans les problèmes analogues ; Maclaurin, Simpson et Clairaut peuvent être regardés comme les derniers mathématiciens en renom qui en firent usage. Enfin la théorie Newtonienne de la lumière était généralement adoptée.

Les principaux mathématiciens de la période dans laquelle nous allons entrer sont Euler, Lagrange, Laplace et Legendre. D'une façon succincte, nous pouvons dire qu'Euler étendit, résuma et compléta l'œuvre de ses prédécesseurs ; et que Lagrange, avec un talent presque sans égal, développa le calcul infinitésimal et la mécanique théorique en leur donnant la forme sous laquelle nous les connaissons actuellement. En même temps, Laplace apporta quelques additions au calcul infinitésimal et l'appliqua à la théorie de la gravitation universelle ; il créa également le calcul des probabilités. Enfin Legendre créa l'analyse des sphériques harmoniques, les intégrales elliptiques, et compléta la théorie des nombres. Les œuvres de ces géomètres sont encore classiques. Nous nous contenterons de présenter un simple aperçu des principales découvertes qu'elles renferment, renvoyant aux ouvrages mêmes ceux qui désireraient étudier leurs travaux de manière plus approfondie.

Lagrange, Laplace et Legendre ont créé une École française dont nous répartirons les membres en deux groupes : l'un (comprenant Poisson et Fourier) commença à appliquer l'analyse mathématique à la physique ; l'autre (comprenant Monge, Carnot et Poncelet) créa la géométrie moderne. Rigoureusement parlant, quelques-uns des grands mathématiciens modernes, tels que Gauss et Abel, furent contemporains des géomètres dont nous venons de citer les noms ; nous avons pensé cependant qu'il était préférable de renvoyer au chapitre suivant l'étude de leurs travaux.

DÉVELOPPEMENT DE L'ANALYSE ET DE LA MÉCANIQUE

Euler ([1]). — *Léonard Euler* naquit à Bâle, le 15 avril 1707 et mourut à Saint-Pétersbourg le 7 septembre 1783. Fils d'un ministre luthérien qui s'était fixé à Bâle, il fit ses études dans sa ville natale sous la direction de Jean Bernoulli et s'y lia avec ses fils Daniel et Nicolas pour toute sa vie. Lorsque, sur l'invitation de l'impératrice, ceux-ci se rendirent en Russie, en 1725, ils lui procurèrent dans ce pays une situation qu'il échangea en 1733 pour la chaire de mathématiques laissée vacante par Daniel. La rigueur du climat lui causa une maladie des yeux et, en 1735, il perdit complètement l'usage d'un œil. En 1741 il se rendit à Berlin à la requête, ou plutôt sur l'ordre de Frédéric-le-Grand ; il y séjourna jusqu'en 1766, y fut remplacé par Lagrange et revint en Russie. Deux ou trois ans après son retour à Saint-Pétersbourg, il devint aveugle ; malgré cette infirmité et, bien que sa maison et beaucoup de ses mémoires eussent été brûlés en 1771, il y refit et perfectionna la plupart de ses anciens écrits. Il mourut d'apoplexie.

On peut résumer l'œuvre d'Euler en disant : qu'en analyse il créa beaucoup, qu'il reprit l'étude de presque toutes les branches des mathématiques pures alors connues, les complètant dans leurs détails, et dans leurs démonstrations, les disposant sous une forme bien ordonnée. Un pareil travail est très important et c'est une bonne fortune pour la science qu'un homme du talent d'Euler le mène à bonne fin.

Euler mit au jour un nombre immense de mémoires sur toutes sortes de sujets mathématiques. Voici ses principales œuvres.

En premier lieu il écrivit en 1748 son *Introductio in Analysin Infinitorum*, ouvrage composé pour servir d'introduction aux mathématiques pures. Il est divisé en deux parties.

([1]) Les principaux événements de la vie d'EULER sont exposés par N. FUSS, et une liste de ses écrits se trouve en tête de sa *Correspondance*, 2 vol. Saint-Pétersbourg, 1843. Voir aussi *Index Operum Euleri* par J. G. HAGEN, Berlin, 1896. Les premiers travaux d'EULER sont examinés par CANTOR ; chap. CXI, CXIII, CXV et CXVII. Une édition complète des œuvres d'Euler n'a pas encore été publiée, bien qu'à deux reprises différentes on ait tenté de le faire.

La première renferme l'ensemble des matières que l'on peut trouver dans les classiques modernes sur l'algèbre, la théorie des équations et la trigonométrie. En algèbre, il s'occupe particulièrement de développer en séries diverses fonctions et de sommer des séries données ; il montre explicitement qu'une série infinie ne peut être sûrement employée si elle n'est convergente. Dans sa Trigonométrie, inspirée en grande partie de l'ouvrage de Mayer, *Arithmetic of lines*, qui avait été publié en 1727, Euler développe cette idée de Jean Bernoulli que la trigonométrie est une branche de l'analyse et non un simple appendice à l'astronomie ou à la géométrie. Il y introduit (en même temps que Simpson) les abréviations courantes pour les fonctions trigonométriques, et montre que ces dernières et la fonction exponentielle sont liées par la relation

$$\cos \theta + i \sin \theta = e^{i\theta}.$$

Nous rencontrons ici le symbole e qui désigne la base des logarithmes Népériens, c'est-à-dire le nombre incommensurable 2,71828..., et le symbole π qui représente le nombre incommensurable 3,14159... L'emploi d'un symbole pour désigner le nombre 2.71828... semble dû à Cotes, qui se servait de la lettre M ; Euler, en 1731, le représentait par e. Autant que nous le sachions, Newton a été le premier à user de la notation littérale exponentielle, et Euler, employant la forme a^z, a pris a comme la base de tout système de logarithmes : il est probable que le choix de e pour une base particulière a été adopté parce que c'est la voyelle qui suit a. L'usage d'un simple symbole pour représenter le nombre 3,14159... ne paraît pas être antérieur au commencement du XVIIIᵉ siècle. En 1706, W. Jones représentait ce nombre par π, symbole qui avait été employé par Oughtred en 1647 et par Barrow quelques années plus tard pour désigner la périphérie d'un cercle. Jean Bernoulli se servait de la lettre c ; Euler en 1734 employait p et, dans une lettre de 1736, où il énonçait ce théorème que la somme des carrés des inverses des nombres naturels est $\frac{1}{6}\pi^2$, il utilisait la lettre c ; Chr. Goldbach employait π en 1742 ; après la publication de l'*Analyse* d'Euler, le symbole π fut généralement usité.

Les nombres e et π doivent entrer dans l'analyse mathématique de quelque côté que l'on aborde le sujet. Le dernier, entre autres choses, représente le rapport de la circonférence d'un cercle à son diamètre, mais ce n'est qu'accidentellement que cette propriété a été prise pour sa définition. Dans son *Budget of paradoxes*, De Morgan cite une anecdote qui montre combien la définition usuelle du nombre π rappelle peu son origine réelle. Il expliquait à un actuaire quelle chance une fraction déterminée d'un groupe de personnes avait d'être encore en vie à la fin d'un temps donné, et il indiquait la formule actuelle dans laquelle figure π qui, expliquait-il, représente le rapport de la circonférence d'un cercle à son diamètre. Son auditeur qui, jusque là, l'avait écouté avec intérêt, l'interrompit alors en ces termes : « Ce doit être une erreur, mon cher ami ; que peut bien faire un cercle avec le nombre de personnes encore en vie à une époque déterminée ? »

La seconde partie de l'*Analysis Infinitorum* roule sur la géométrie analytique. Euler commence par diviser les courbes en algébriques et transcendantes, puis il démontre une série de propositions concernant toutes les courbes algébriques. Il les applique alors à l'équation générale du second degré à deux variables, montre que celle-ci représente les diverses sections coniques, et établit la plupart de leurs propriétés à l'aide de l'équation générale. Il s'occupe également des courbes algébriques, cubiques, quartiques et autres. Il examine ensuite quelles sont les surfaces représentées par l'équation générale du second degré à trois variables et comment on peut les distinguer entre elles : quelques-unes de ces surfaces n'avaient pas encore été étudiées. Dans le cours de cette analyse, il donne les formules pour la transformation des coordonnées dans l'espace. Là encore nous trouvons la première tentative faite pour introduire la courbure des surfaces dans le domaine des mathématiques, et la première discussion complète des courbes à double courbure.

L'*Analysis Infinitorum* fut suivie en 1755 des *Institutiones Calculi Differentialis* auquel il devait servir d'introduction. C'est le premier livre classique sur le calcul différentiel qu'on puisse considérer comme complet, et l'on peut dire qu'il a servi de modèle à beaucoup de traités modernes concernant le même sujet. Il est regrettable que l'exposition des principes soit souvent prolixe et obscure, et parfois même peu rigoureuse.

Cette série d'ouvrages fut complétée par la publication en trois volumes, de 1768 à 1770, des *Institutiones Calculi Integralis* ; on y trouve insérés les résultats de plusieurs anciens mémoires d'Euler sur le calcul intégral et sur les équations différentielles.

Cet ouvrage, de même que le traité sur le calcul différentiel, résume tout ce que l'on savait alors ; Euler y complète beaucoup de théorèmes connus de son temps et en améliore les démonstrations. C'est ici que les fonctions Bêta et Gamma ([1]) sont pour la première fois introduites en analyse, mais Euler s'en sert seulement pour la réduction et la transformation des intégrales. L'exposé que fait l'auteur des intégrales elliptiques est superficiel : il lui fut suggéré par une relation entre les arcs d'une hyperbole et d'une ellipse qu'indiqua Jean Landen dans les *Philosophical transactions* pour 1775. Les ouvrages d'Euler précités eurent de nombreuses éditions.

Les problèmes classiques des courbes isopérimètres, de la brachistochrone dans un milieu résistant et la théorie des géodésiques (qui tous avaient été proposés par son maître Jean Bernoulli) avaient attiré de bonne heure l'attention d'Euler ; c'est en les résolvant qu'il fut amené au *Calcul des variations*. Il en exposa l'idée générale dans son *Curvarum maximi minimeve proprietate gaudentium inventio nova ac facilis*, publiée en 1744, mais le développement complet du nouveau calcul fut l'œuvre de Lagrange, 1759. La méthode employée par Lagrange est décrite dans le calcul intégral d'Euler ; on la rencontre dans la plupart des ouvrages modernes.

En 1770 Euler publia son *Einleitung zur Algebra* en deux volumes. Une traduction française, avec des additions nombreuses et importantes de Lagrange, parut en 1794 ; on y annexa un traité d'arithmétique d'Euler.

Le premier volume traite de l'algèbre ordinaire. Il contient l'un des plus anciens essais tenté pour établir les opérations fondamentales sur des bases rationnelles : le même sujet avait attiré l'attention de d'Alembert. Cet ouvrage renferme également la démonstration du théorème du binôme pour un exposant quelconque, théorème qui porte encore le nom d'Euler ; la démons-

([1]) L'histoire de la fonction Gamma est donnée dans une monographie de BRUNEL parue dans les *Mémoires de la société des Sciences*, Bordeaux, 1886.

tration, fondée sur le principe de la permanence des formes équivalentes est convenable, mais Euler ne chercha pas à étudier la convergence de la série. Il est surprenant qu'il ait omis ce point essentiel, car il avait lui-même reconnu la nécessité d'examiner la convergence des séries infinies. La démonstration de Vandermon, donnée en 1764, présente le même défaut.

Le second volume est consacré à l'analyse indéterminée ou algèbre de Diophante. Il contient les solutions de quelques questions proposées par Fermat et qui n'avaient pas encore été résolues.

Sa traduction française est suivie d'une note célèbre où Lagrange expose les très remarquables résultats qu'il obtint au sujet des fractions continues arithmétiques.

Comme exemple de la simplicité et de la rigueur des méthodes d'Euler nous résumons sa démonstration ([1]) de ce théorème : que tous les nombres parfaits pairs sont compris dans la formule d'Euclide $2^{n-1}p$, p étant un nombre premier de la forme $2^n - 1$ ([2]).

Soit N un nombre parfait pair. N étant pair peut être écrit sous la forme $2^{n-1}a$, a représentant un nombre impair. N est parfait, c'est-à-dire égal à la somme de tous ses diviseurs entiers ; par conséquent, (en considérant le nombre N lui-même comme un de ses diviseurs) il est égal à la moitié de la somme de tous ses diviseurs entiers, somme que nous pouvons représenter par ΣN.

De l'égalité $2N = \Sigma N$
on déduit :

$$2 \times 2^{n-1} a = \Sigma 2^{n-1} a = \Sigma 2^{n-1} \times \Sigma a$$

et

$$2^n a = (1 + 2 + \ldots + 2^{n-1}) \Sigma a = (2^n - 1) \Sigma a \,;$$

par conséquent

$$\frac{a}{\Sigma a} = \frac{2^n - 1}{2^n} = \frac{p}{p + 1} \,.$$

Dès lors $a = \lambda p$ et $\Sigma a = \lambda . (p + 1)$ et, puisque la fraction $\dfrac{p}{p + 1}$ est irréductile, λ doit être un entier positif. Les facteurs de λp sont $1, \lambda, p$ et λp, abstraction faite de l'hypothèse $\lambda = 1$; et de plus,

---

([1]) *Commentationes Arithmeticæ Collectæ*, Saint Pétersbourg, 1849, Vol. II. p. 514, art. 107 : Sylvester a fait paraître une analyse de cette démonstration dans le journal *Nature*, déc. 15, 1887, Vol. XXXVII, p. 152.

([2]) Eucl. IX, 36.

si p n'est pas un nombre premier, il y aura encore d'autres facteurs. Ainsi, à moins que $\lambda = 1$ et que p soit premier, nous avons

$$\Sigma \lambda p = 1 + \lambda + p + \lambda p + \ldots - (\lambda + 1)(p + 1) + \ldots$$

Mais cette dernière relation est en contradiction avec le résultat

$$\Sigma \lambda p = \Sigma a = \lambda (p + 1).$$

Donc nécessairement $\lambda = 1$ et p est un nombre premier.
Par suite

$$a = p \quad \text{et} \quad N = 2^{n-1} a = 2^{n-1}(2^n - 1).$$

Nous pouvons ajouter ce corollaire que, puisque p est un nombre premier, il en résulte que n est premier, et la détermination
des valeurs de n (moindres que 257) qui rendent p premier, ressort
de la règle de Mersenne.

Les quatre ouvrages que nous venons d'indiquer renferment la
majeure partie des travaux d'Euler sur les mathématiques pures.
Il écrivit également de nombreux mémoires sur presque toutes les
branches des mathématiques appliquées et de la physique mathématique. Nous signalerons quelques-unes des nouveautés qu'ils renferment.

Dans les applications de la mécanique à un système rigide, il détermine les équations générales du mouvement d'un corps autour
d'un point fixe ; ces équations sont ordinairement écrites sous la
forme :

$$A \frac{dp}{dt} + (C - B) qr = L ;$$

il donne aussi les équations générales du mouvement d'un corps
libre.

Enfin, il défend et étudie le principe de la « moindre action »
que Maupertuis avait proposée en 1751 dans son *Essai de Cos-
mologie* (p. 70).

En hydrodynamique, Euler établit les équations générales du
mouvement, qui sont communément exprimées sous la forme

$$\frac{1}{p} \frac{dp}{dx} = X - \frac{du}{dt} - u \frac{du}{dx} - v \frac{du}{dy} - w \frac{u}{dz}.$$

Peu de temps avant sa mort, il s'occupait de la préparation
d'un traité d'hydrodymanique, où il se proposait de reprendre
complètement l'exposé du sujet.

Ses ouvrages d'astronomie les plus importants sont : sa *Theoria Motuum Planetarum et Cometarum*, publiée en 1744 ; sa *Theoria Motus Lunaris*, publiée en 1753 ; et sa *Theoria Motuum Lunæ*, publiée en 1772.

Dans ces traités, il abordait le problème des trois corps : il supposait que le corps considéré (par exemple, la lune), entraînait dans son mouvement trois axes rectangulaires se déplaçant parallèlement à eux-mêmes et il rapportait tous les mouvements à ces axes. Cette méthode n'est pas avantageuse, mais c'est d'après les résultats obtenus par Euler que Mayer construisit ses tables lunaires, qui valurent à sa veuve, en 1770, un prix de 5.000 livres, accordé par le Parlement ; les services d'Euler furent également reconnus par une somme de 300 livres.

Euler s'intéressa beaucoup à l'étude de la lumière. En 1746 il examina les mérites relatifs de la théorie de l'émission et de la théorie des ondulations ; le tout bien considéré, cette dernière avait ses préférences. En 1770-71 il publia ses recherches sur l'optique, sous le titre *Dioptrica*. Elles comprennent trois volumes.

Euler composa également un ouvrage élémentaire sur la physique et les principes fondamentaux de la philosophie mathématique. L'origine de ce travail fut une invitation qu'il reçut, lors de son premier voyage à Berlin, de donner des leçons de physique à la princesse de Anhalt-Dessau. Ces leçons furent publiées en trois volumes, en 1768-1772, sous le titre : *Lettres..... sur quelques sujets de physique.....* et pendant un demi-siècle elles furent considérées comme constituant un livre classique.

Il va sans dire que les admirables productions d'Euler ne furent pas les seuls ouvrages contenant des notions nouvelles qui parurent à cette époque. Parmi les nombreux écrivains ayant contribué au développement des mathématiques nous signalerons en particulier *Daniel Bernoulli, Lambert, Bezout, Trembley et Arbogast*. Nous avons déjà parlé des deux premiers dans le chapitre précédent.

Lambert ([1]). — *Jean-Henri Lambert* naquit à Mulhouse le 28 août 1728, et mourut à Berlin, le 25 septembre 1777. Il était

---

[1] Voir *Lambert nach seinem Leben und Wirken* par D. HUBER, Bâle, 1829. La plupart des mémoires de LAMBERT sont réunis dans ses *Beiträge zum Gebrauche der Mathematik*, publiés en 4 volumes, Berlin 1765-1772.

fils d'un petit tailleur et ne dut compter que sur ses propres efforts pour s'instruire. Un employé dans une usine métallurgique lui procura une place dans le bureau d'un journal : par la suite, sur la recommandation du gérant il réussit à entrer comme précepteur dans une famille, où il eut à sa disposition une bonne bibliothèque et des loisirs suffisants pour étudier. En 1759 il s'établit à Augsbourg et, en 1763, il se rendit à Berlin, où il obtint une petite pension et fut enfin nommé rédacteur de l'almanach astronomique prussien.

Les ouvrages les plus importants de Lambert sont un Traité d'optique paru en 1759, qui suggéra à Arago l'idée de la marche qu'il suivit plus tard dans ses recherches ; un traité de perspective, publié en 1759 (auquel il ajouta en 1768 un appendice donnant des applications pratiques) ; un ouvrage sur les comètes, imprimé en 1761, qui contient l'expression bien connue de l'aire d'un secteur focal d'une conique en fonction de la corde et des rayons vecteurs aboutissant aux extrémités. Il adressa en outre de nombreux mémoires à l'Académie de Berlin. Les plus importants d'entre eux sont une note de 1768 sur les nombres transcendants, dans laquelle il démontre que π est incommensurable; cette démonstration se trouve dans la *Géométrie* de Legendre, et elle est étendue à π^2) ; un mémoire sur la trigonométrie de 1768, où il développe les théorèmes de Moivre sur la trigonométrie des variables complexes, et introduit les sinus et cosinus hyperboliques que représentent les symboles *Shx, Chx* ([1]) ; un essai intitulé observations analytiques, publié en 1771, qui constitue la plus ancienne tentative faite pour former des équations fonctionnelles en exprimant les données au moyen de l'algorithme du calcul différentiel, puis en intégrant; enfin une note sur la force vive, publiée en 1783, où le premier il exprime au moyen des notations différentielles la seconde loi de Newton sur le mouvement.

Bezout. — Trembley. — Arbogast. — Disons ici quelques mots des autres mathématiciens dont les noms viennent d'être rappelés.

([1]) Ces fonctions auraient été, dit-on, proposées antérieurement par F. C. MAYER, voir *Die Lehre von den Hyperbelfunktionen* par S. GÜNTHER, Halle, 1881. et *Beiträge zur Geschichte der neueren Mathematik*, Ansbach, 1881.

Etienne Bezout, né à Nemours le 31 mars 1730 et mort le 27 septembre 1783, composa, outre de nombreux ouvrages de faible importance, une *Théorie générale des équations algébriques*, publiée à Paris en 1779 ; on y trouve en particulier beaucoup de considérations nouvelles et importantes concernant la théorie de l'élimination et les fonctions symétriques des racines d'une équation. Il employa les déterminants dans son *Histoire de l'académie royale*, 1764, mais sans en présenter une théorie générale.

Jean Trembley, né à Genève en 1749 et mort le 18 septembre 1811, s'occupa de la théorie des Equations différentielles, de la Théorie des différences finies et du Calcul des probabilités.

Louis-François-Antoine Arbogast, né en Alsace le 4 octobre 1759 et mort à Strasbourg, où il était professeur, le 8 avril 1803, perfectionna la théorie des séries, et fut le créateur du calcul des dérivations, auquel son nom est resté attaché.

Nous pensons inutile de grossir ce volume en mentionnant les noms de tous ceux qui n'ont pas contribué d'une façon effective aux progrès des mathématiques, et nous n'avons parlé des auteurs précédents que parce que leurs noms sont bien connus. Nous pouvons dire cependant que les découvertes d'Euler et de Lagrange dans les diverses branches qu'ils abordèrent furent si complètes et s'étendirent si loin, que ce qui a été ajouté par leurs contemporains moins bien doués ne présente guère une importance telle qu'il soit nécessaire d'en faire mention dans un livre tel que celui-ci.

Lagrange ([1]). — *Joseph Louis Lagrange*, le plus grand mathématicien du XVIIIᵉ siècle, naquit à Turin le 25 janvier 1736 et mourut à Paris le 10 avril 1813.

Son père, qui occupait la charge de trésorier de l'armée sarde, avait de la fortune et occupait une bonne situation sociale, mais il perdit la plupart de ses biens en spéculations, lorsque son fils était encore tout enfant ; le jeune Lagrange ne dut donc compter que sur

---

([1]) Des résumés de la vie et des œuvres de LAGRANGE sont donnés dans l'*Englisch Cyclopaedia* et l'*Encyclopaedia Britannica* (9ᵉ édition) ; nous en avons fait largement usage. La première contient une bibliographie de ses écrits. Les œuvres de Lagrange éditées bar J. A. SERRET et G. DARBOUX. ont été publiées, à Paris en 14 volumes, 1867-1892. L'histoire de sa vie par DELAMBRE se trouve dans le premier volume.

ses propres moyens pour se créer une position. Il fit ses études au collège de Turin et ce ne fut que vers l'âge de dix-sept ans qu'il montra du goût pour les mathématiques ; son attention fut attirée sur ce sujet par un mémoire de Halley (¹), qui lui était tombé par hasard entre les mains. Seul et sans aide, il se plongea dans l'étude des mathématiques et après un an de labeur incessant, il était déjà un mathématicien accompli pour son temps ; il fut alors nommé professeur à l'école d'artillerie.

Le premier travail de Lagrange fut une lettre à Euler, écrite lorsqu'il n'avait encore que dix-neuf ans ; il y résolvait le problème des isopérimètres, qui pendant plus d'un demi-siècle avait été l'objet de diverses recherches. Pour arriver à la solution, il cherchait à former une fonction telle qu'une formule où elle figurait devait satisfaire à une certaine condition et il énonçait là les principes du calcul des variations. Euler reconnut la généralité de la méthode adoptée, et sa supériorité sur celle qu'il avait lui-même employée ; avec une rare courtoisie, il laissa de côté un mémoire qu'il avait composé antérieurement et dans lequel il abordait le même ordre d'idées ; il voulait ainsi donner au jeune savant italien le temps de compléter son œuvre et de revendiquer sans conteste possible l'invention du nouveau calcul. Le nom donné à cette branche d'analyse fut proposé par Euler. Ce mémoire plaça aussitôt Lagrange au premier rang des mathématiciens de l'époque.

En 1758 Lagrange créa avec l'aide de ses élèves une société privée, qui devint dans la suite l'académie des sciences de Turin ; la plupart de ses premiers mémoires se trouvent insérés dans les cinq volumes des comptes-rendus des travaux de cette société, généralement connus sous le titre de *Miscellanea Taurinensia*. Le premier volume contient un mémoire sur la théorie de la propagation du son : il y signale une erreur commise par Newton, obtient l'équation différentielle générale du mouvement, et en effectue l'intégration pour le mouvement en ligne droite. Ce volume contient aussi la solution complète du problème de la corde vibrant transversalement ; dans sa note, il fait ressortir le manque de géné-

---

(¹) **Sur la supériorité de l'Algèbre moderne dans certains problèmes d'optique** *Philosophical Transactions*, 1693, Vol. XVIII, p. 960.

ralité des solutions données antérieurement par Taylor, d'Alembert et Euler, et arrive à la conclusion que la forme de la courbe à un instant quelconque t est donnée par l'équation $y = a \sin mx \sin nt$.

L'article est terminé par une discussion, faite de main de maître, des échos, des battements et des sons composés. D'autres articles du même volume traitent des séries récurrentes, des probabilités et du calcul des variations.

Le second volume renferme un long article dans lequel se trouvent rappelés les résultats de plusieurs mémoires du premier volume sur la théorie et la notation du calcul des variations ; comme applications, il en déduit le principe de la moindre action et les solutions de divers problèmes de dynamique.

Le troisième volume comprend encore la solution de plusieurs problèmes de dynamique au moyen du calcul des variations ; quelques notes sur le calcul intégral ; une solution de ce problème de Fermat déjà signalé : trouver un nombre x tel que l'expression $(x^2 n + 1)$ dans laquelle n représente un nombre entier quelconque non carré, soit un carré parfait ; et enfin les équations différentielles générales du mouvement de trois corps se déplaçant sous l'influence de leurs attractions mutuelles.

En 1761, Lagrange occupait sans rival le premier rang parmi les mathématiciens de l'époque ; mais le labeur incessant auquel il s'était astreint durant les neuf années précédentes avait sérieusement affecté sa santé, et les médecins déclaraient ne pouvoir répondre de sa raison ou de sa vie s'il ne voulait consentir à prendre du repos et de l'exercice. Bien qu'il eut recouvré temporairement la santé, son système nerveux ne se remit jamais complètement et, depuis cette époque, il eut constamment des attaques de profonde neurasthénie.

Dans le premier ouvrage qu'il produisit ensuite, en 1764, il s'occupe de la libration de la lune, et explique pourquoi c'est toujours le même hémisphère de cet astre qui est tourné du côté de la terre, problème qu'il traite à l'aide du principe du travail virtuel. Sa solution est particulièrement intéressante ; elle contient en germe l'idée des équations du mouvement généralisées, équations qu'il établit le premier d'une façon rigoureuse en 1780.

Il quitta alors son pays pour se rendre à Londres, mais il tomba malade à Paris. Là il fut accueilli avec tous les honneurs possibles, et il abandonna à regret la brillante société de cette capitale, pour reprendre sa vie de province à Turin. Son séjour dans le Piémont fut cependant de courte durée. En 1766 Euler quitta Berlin, et Frédéric-le-Grand écrivit immédiatement à Lagrange en exprimant le désir « que le plus grand roi de l'Europe » eût à sa cour « le plus grand mathématicien de l'Europe ». Lagrange accepta l'offre qui lui était faite, et il passa les vingt années qui suivirent en Prusse, où il composa, non seulement la longue série de mémoires insérés dans les comptes-rendus des Académies de Berlin et de Turin, mais encore son œuvre monumentale, la *Mécanique analytique*. Son séjour à Berlin débuta par une fâcheuse méprise. Ayant trouvé la plupart de ses collègues mariés, et les épouses de ces messieurs lui ayant assuré que c'était la seule manière d'être heureux, il se maria à son tour ; sa femme mourut peu après, mais son union ne fut pas heureuse.

Lagrange avait la faveur du roi, qui souvent dans ses conversations, l'entretenait des avantages résultant d'une vie parfaitement réglée. Il prit note de l'observation, et, à partir de ce moment étudia son corps et son intelligence comme s'il s'agissait de machines, et détermina par expérience la somme totale de travail qu'il pouvait produire sans être épuisé. Chaque nuit il se fixait pour le jour suivant une tache définie et, en terminant une partie quelconque d'un sujet, il en écrivait une courte analyse, pour voir quels points dans les démonstrations ou dans le sujet traité étaient susceptibles de perfectionnement. Il préparait toujours dans son esprit le sujet d'un mémoire avant d'en commencer la rédaction, et il avait l'habitude de l'écrire d'un seul jet sans aucune rature ni correction.

Son activité mentale durant ces vingt années fut surprenante. Non seulement il produisit son admirable Mécanique analytique, mais il fournit aux Académies de Berlin, de Turin et de Paris entre cent et deux cents mémoires. Quelques uns sont de véritables traités et tous, sans exception, sont d'une grande valeur. En dehors d'une courte période de temps pendant laquelle il fut malade, sa production moyenne était d'un mémoire par mois. Parmi les plus importants nous noterons les suivants.

Tout d'abord, ses articles insérés dans les quatrième et cinquième volumes, 1766-1773, des Miscellanea Taurinensia ; le plus im-

portant est celui, daté de 1771, où il examine le nombre des observations astronomiques qu'il est nécessaire de faire pour obtenir le
résultat le plus probable. Et plus tard, ses articles dans les deux
premiers volumes, 1784-1785, des comptes rendus de l'Académie
de Turin : dans le premier il inséra une note sur la pression exercée
par les fluides en mouvement, et dans le second une autre note
sur l'intégration par séries infinies, avec le genre de problèmes
auxquels cette méthode est applicable.

La plupart des mémoires qu'il envoya à Paris traitent de questions astronomiques ; ici, nous devons particulièrement citer : ses
recherches sur les inégalités des satellites de Jupiter, en 1766 ; son
essai sur le problème des trois corps, en 1772 ; son travail sur
l'équation séculaire de la lune, en 1776, et son traité sur les perturbations des comètes, en 1778. Tous ces écrits roulent sur des
sujets proposés par l'Académie des sciences et chaque fois ses
mémoires furent couronnés.

La plupart des travaux qu'il mit au jour au cours de cette période, allèrent cependant à l'Académie de Berlin. Plusieurs d'entre
eux ont trait à des questions d'algèbre. Nous pouvons indiquer en
particulier les suivants : Sa discussion de la solution en nombres
entiers des équations du second degré indéterminées, 1769, et
plus généralement des équations indéterminées, 1770 ; son traité
sur la théorie de l'élimination, 1770 ; ses mémoires sur un procédé
général de résolution d'une équation algébrique d'un degré quelconque, 1770 et 1771 ; il donne toutes les solutions de ses prédécesseurs et les déduit d'un même principe ; mais sa méthode est
en défaut pour les équations d'un degré supérieur au quatrième,
parce qu'elle suppose alors la résolution d'une équation dont le degré surpasse celui de l'équation proposée ; puis, la résolution complète de l'équation binôme d'un degré quelconque ; enfin, en
1773, son exposition de la théorie des déterminants du second
et du troisième ordre, et des invariants.

Plusieurs de ses premiers mémoires traitent de questions relatives
à la *théorie des nombres*, sujet négligé mais présentant cependant
un singulier attrait. Nous citerons entre autres : la démonstration
de ce théorème que tout nombre entier non carré peut toujours
être décomposé en deux, trois, ou quatre carrés entiers, 1770 ; sa
démonstration du théorème de Wilson dont voici l'énoncé : si n

est un nombre premier quelconque, le nombre $1.2.3 \ldots (n - 1) + 1$ est toujours un multiple de n, 1771 ; ses mémoires de 1773, 1775 et 1777 qui donnent les démonstrations de plusieurs résultats énoncés par Fermat et non encore démontrés ; et enfin sa méthode pour déterminer les diviseurs des nombres de la forme $x^2 + ay^2$.

On a également de lui de nombreux articles sur divers points de géométrie analytique. Dans deux d'entre eux, écrits dans les dernières années de sa vie, en 1792 et 1793, il réduisait les équations des quadriques à leurs formes canoniques.

De 1772 à 1785 Lagrange rédigea une longue série de mémoires qui créèrent la science des équations différentielles partielles. Nul, à notre connaissance, ne l'a devancé en ce qui concerne les équations de cette forme. La majeure partie des résultats obtenus furent insérés dans la seconde édition du calcul intégral qu'Euler publia en 1794.

Nous ne parlerons pas ici des notes de Lagrange sur la *mécanique* : les résultats auxquels il est arrivé se trouvent dans la *Mécanique analytique* dont il est question un peu plus loin.

Ses mémoires sur l'*Astronomie* sont nombreux. Voici les plus importants : sur l'Attraction des ellipsoïdes, 1773 : ce mémoire est basé sur un travail de Maclaurin ; sur l'équation séculaire de la lune, 1773, notice remarquable parce qu'on y trouve, introduite pour la première fois, l'idée de potentiel. Le potentiel d'un corps en un point quelconque est la somme de la masse de chaque élément du corps divisée par sa distance au point considéré. Lagrange montra que si le potentiel d'un corps en un point extérieur était connu, l'attraction suivant une direction quelconque pouvait être immédiatement obtenue. La théorie du potentiel fut étudiée dans une note envoyée à Berlin en 1777 ; sur le mouvement des nœuds de l'orbite d'une planète, 1774 ; sur la stabilité des orbites planétaires, 1776 ; deux mémoires dans lesquels il étudia complètement une méthode permettant de déterminer l'orbite d'une comète au moyen de trois observations, 1778 et 1783 ; en réalité cette méthode n'a pas été reconnue pratique, mais la manière de Lagrange de calculer les perturbations à l'aide des quadratures mécaniques a servi de base à la plupart des recherches ultérieures sur ce sujet ; sa détermination des variations séculaires et périodiques des éléments des planètes, 1781 1784. Les limites extrêmes qu'assignait Lagrange concordent exactement avec celles obtenues plus tard par Leverrier, et il alla aussi loin que le lui permettait la connaissance que l'on avait alors des masses des planètes ; trois mémoires sur la méthode d'interpolation, 1783, 1792 et 1783 ; la partie relative aux différences finies est encore aujourd'hui dans l'état où Lagrange l'a laissée.

Outre ces divers mémoires, Lagrange composa son grand traité de *Mécanique analytique*. Dans cet ouvrage, il établit la loi du travail virtuel, et de ce seul principe fondamental il déduit, à l'aide du calcul des variations, toute la mécanique des solides et des fluides.

L'objet du livre est de montrer que la mécanique entière est implicitement comprise dans un simple principe, et de donner des formules générales permettant d'obtenir un résultat particulier quelconque. La méthode des coordonnées généralisées dont il fit usage est peut-être le résultat le plus brillant de son analyse.

Au lieu de suivre le mouvement de chaque partie individuelle d'un système matériel, comme l'avaient fait d'Alembert et Euler, il montre que si la configuration du système est déterminée par un nombre suffisant de variables, nombre précisément égal à celui des degrés d'indépendance que possède le système, les énergies cinétique et potentielle de ce système peuvent être obtenues en fonction de ces variables, et alors les équations différentielles du mouvement s'en déduisent par une simple différentiation.

Parmi les autres théorèmes, d'importance moindre, donnés dans cet ouvrage, nous pouvons citer cette proposition : que l'énergie cinétique communiquée par des impulsions données à un système matériel soumis à des liaisons données, est un maximum ; enfin, le principe de la moindre action. L'analyse est présentée d'une façon si élégante que sir William Rowan Hamilton appelait cet ouvrage un poème scientifique. Il peut être intéressant de noter cette idée de Lagrange, que la mécanique était en réalité une branche des mathématiques pures comparable à la géométrie à quatre dimensions, à savoir : le temps et les trois coordonnées d'un point de l'espace ; et on raconte que lui-même se vantait de n'avoir pas introduit une seule figure dans l'ouvrage. Tout d'abord aucun éditeur ne voulut se charger de publier le traité de Lagrange ; mais enfin Legendre réussit à persuader une maison de Paris d'entreprendre cette publication, et l'ouvrage parut en 1788.

Frédéric mourut en 1787, et Lagrange qui avait trouvé dûr le climat de Berlin, accepta de grand cœur l'offre que lui faisait Louis XVI de venir s'établir à Paris. Il reçut en même temps des invitations semblables de l'Espagne et de Naples mais les refusa. Il fut accueilli en France avec de grands honneurs et on lui ménagea un appartement spécial au Louvre. Au début de son séjour il eut une attaque de neurasthénie telle, qu'il laissa pendant plus de deux ans sur son bureau, sans même l'ouvrir, un exemplaire imprimé de cette mécanique qui lui avait couté près d'un quart de siècle de labeur. Le désir de connaître les résultats de la Révolution le fit sortir de cette léthargie, mais sa curiosité ne tarda pas à se changer en frayeur quand il vit le développement qu'elle avait pris. Ce fut vers cette époque, 1792, que l'inconcevable tristesse de son existence et sa timidité excitèrent la compassion d'une jeune personne qui voulut se marier avec lui ; elle fut pour lui une femme dévouée, à qui il s'attacha profondément. Bien que le décret d'octobre 1793, qui ordonnait à tous les étrangers de quitter la France, fît une exception nominale en sa faveur, il se préparait à fuir, quand on lui offrit la présidence de la Commission chargée de la réforme des poids et mesures. Il contribua grandement au choix des unités finalement adoptées et c'est grâce à son influence que la subdivision décimale fut acceptée par la Commission de 1799.

Bien que Lagrange ait eu l'intention de quitter la France lorsqu'il en était encore temps, il ne courut jamais aucun danger, et les différents gouvernements révolutionnaires, puis l'Empire, le comblèrent d'honneurs et de distinctions. Comme témoignage frappant du respect dont il était entouré, rappelons qu'en 1796 le Commissaire français d'Italie reçut l'ordre de se rendre en grand apparat auprès du père de Lagrange et de le remercier, au nom de la République, des œuvres de ce fils « qui faisait l'honneur de l'humanité par son génie, et que le Piémont avait la gloire spéciale de le compter parmi ses enfants ». Il faut ajouter que Napoléon, lorsqu'il parvint au pouvoir, encouragea fortement les études scientifiques en France et fut pour la science un généreux bienfaiteur.

En 1795, Lagrange fut désigné pour occuper une chaire de mathématiques à l'École normale nouvellement créée, et qui n'eut qu'une courte existence de quatre mois. Ses cours étaient absolument élémentaires ; ils ne renferment rien présentant une importance spéciale. Ils furent recueillis au moyen de la sténographie et publiés, pour que les députés puissent être ainsi en mesure de se rendre compte de la façon dont les professeurs s'acquittaient de leurs fonctions.

Lors de la création de l'Ecole polytechnique, en 1797, Lagrange y fut nommé professeur ; les mathématiciens qui eurent la bonne fortune de suivre alors son enseignement disent qu'il était absolument parfait quant à la forme et quant au fond. Partant des principes les plus simples, il conduisait ses auditeurs aux limites du sujet sans même qu'ils s'en aperçussent : par-dessus tout, il insistait auprès de ses élèves sur l'avantage d'employer toujours des méthodes générales et d'user de notations symétriques.

Ses leçons sur le calcul différentiel forment la base de sa *Théorie des fonctions analytiques*, publiée en 1797. Cet ouvrage est le développement d'une idée contenue dans une note qu'il avait envoyée en 1772 aux *Mémoires de Berlin*, et son objet est de substituer au calcul différentiel un groupe de théorèmes basés sur le développement en séries des fonctions algébriques. Une méthode à peu près semblable avait été antérieurement employée par Jean Landen dans son *Residual Analysis*, publié à Londres en 1758. Lagrange pensait pouvoir ainsi éviter les difficultés que les philosophes croyaient voir dans l'exposition alors admise du calcul différentiel, et qui avaient trait à l'emploi des quantités infiniment grandes et infiniment petites. Le livre est divisé en trois parties : dans la première, il traite de la théorie générale des fonctions, et donne une démonstration algébrique du théorème de Taylor ; on a longtemps discuté la rigueur de cette démonstration ; dans la seconde, se trouvent exposées des applications à la géométrie et, dans la troisième, des applications à la mécanique. Un autre traité composé dans le même ordre d'idées, ses *Leçons sur le calcul des fonctions*, parut en 1804. Ces ouvrages peuvent être considérés comme les points de départ des recherches de Cauchy, Jacobi et Weierstrass. Plus tard, Lagrange renonçant à fonder le calcul différentiel sur l'étude des formes algébriques ([1]) revint aux infini-

---

* ([1]) Récemment, M. MÉRAY, dans son *Traité d'Analyse*, a tenté de remettre en honneur la méthode algébrique. Les résultats modernes ont prouvé qu'une

ment petits : et dans la préface de la seconde édition de la *Méca-nique*, qui parut en 1811, il en justifia l'emploi et conclut en disant que « lorsqu'on a bien conçu l'esprit de ce système, et qu'on s'est convaincu de l'exactitude de ses résultats par la mé-thode géométrique des premières et dernières raisons, ou par la méthode analytique des fonctions dérivées. on peut employer les infiniment petits comme un instrument sûr et commode pour abréger et simplifier les démonstrations ».

Sa *Résolution des équations numériques*, publiée en 1798, fut également le résultat de ses leçons à l'École polytechnique. Dans cet ouvrage, il donne la méthode permettant d'obtenir des valeurs approchées des racines réelles d'une équation au moyen des frac-tions continues, et il énonce plusieurs autres théorèmes. Une note, qui se trouve à la fin, montre comment le théorème de Fermat, exprimé par la congruence $a^{p-1} - 1 \equiv 0 \pmod p$ où p est un nom-bre premier et a un nombre premier avec p, peut servir à donner la solution complète de toute équation binôme algébrique. Il y explique aussi comment l'équation, ayant pour racines les carrés des différences des racines de l'équation primitive, peut être utilisée pour fournir des indications précieuses sur la position et la nature de ces racines.

La théorie des mouvements des planètes avait fait l'objet de quelques-uns de ses plus remarquables *Mémoires de Berlin*. En 1806, le sujet fut repris par Poisson qui, dans une note lue devant l'Académie des Sciences, montra que les formules de Lagrange con-duisaient à certaines limites pour la stabilité des orbites. Lagrange, qui était présent, discuta alors la question de nouveau et d'une façon complète, et, dans un mémoire communiqué à l'Académie, en 1808, il expliqua comment on pouvait déterminer par la varia-tion de constantes arbitraires les inégalités périodiques et séculaires de tout système de corps agissant mutuellement les uns sur les autres.

En 1810, Lagrange entreprit une revision complète de la *méca-nique analytique*, mais il mourut avant d'avoir pu achever son tra-vail, dont il n'avait fait que les deux tiers environ.

Au physique, Lagrange était de taille moyenne, d'une constitu-tion faible, avait des yeux bleus pâles et un teint très coloré. Comme

telle tentative était vaine. Elle est d'ailleurs sans objet depuis que les mathéma-ticiens contemporains ont réussi à dégager l'analyse infinitésimale de l'intuition géométrique. *

caractère il était nerveux et timide, il détestait la controverse, et pour l'éviter, il autorisait volontiers les autres à prendre pour eux le mérite d'un travail que lui même avait fait.

Lagrange s'intéressa d'une façon toute spéciale à l'étude des mathématiques pures : il chercha et obtint des résultats abstraits d'un ordre supérieur, et fut heureux d'en abandonner les applications aux autres. En fait, une part relativement importante des découvertes de son grand contemporain, Laplace, résulte de l'application des formules de Lagrange aux phénomènes de la nature ; par exemple, les conclusions formulées par Laplace sur la vitesse du son et l'accélération séculaire de la lune, sont implicitement comprises dans les travaux de Lagrange. La seule difficulté pour comprendre Lagrange est de bien saisir le sujet qu'il traite et l'extrême généralité de ses procédés ; mais son analyse est « aussi lucide et lumineuse que symétrique et ingénieuse ».

Un écrivain récent parlant de cet illustre savant dit, avec raison, qu'il prit une part proéminente au progrès de presque toutes les branches des mathématiques pures. Comme Diophante et Fermat, il possédait un génie spécial pour ce qui touche à la théorie des nombres ; il donna les solutions de plusieurs problèmes proposés par Fermat, et fit connaître quelques théorèmes nouveaux. Il créa le calcul des variations. C'est lui qui fit de la théorie des équations différentielles une véritable science, et non une collection d'artifices ingénieux pour la solution de problèmes particuliers. Il perfectionna le calcul des différences finies en donnant la formule d'interpolation qui porte son nom. Mais, par-dessus tout, il dota la mécanique (qu'il considérait, nous l'avons déjà dit, comme une branche des mathématiques pures) de cette généralité et de cette perfection qui furent l'objet constant de tous ses efforts.

Laplace (¹). — *Pierre-Simon Laplace* naquit en Beaumont -en-

(¹) L'exposé que nous donnons de la vie et des écrits de LAPLACE est basé principalement sur les articles parus dans l'*Englisch Cyclopœdia* et l'*Encyclopedia Britannica*.

Les œuvres de LAPLACE ont été publiées en 7 volumes, par le gouvernement français en 1843-47 ; une nouvelle édition soigneusement revue a été publiée à Paris, en 13 vol. 1878-1905.

* Nous ferons remarquer que cet ouvrage est une traduction, nous laissons à M. Rouse Ball l'appréciation qu'il fait du caractère et de la conduite de Laplace *.

Auge, en Normandie, le 23 mars 1749 et mourut à Paris, le 5 mars 1827. Il était fils d'un petit villageois, peut-être simple laboureur, on ne sait, et il dut son instruction à quelques riches voisins que son intelligence et sa gentillesse intéressèrent. On ne sait rien de son enfance, car lorsqu'il eut acquis la célébrité, il eut la petitesse de caractère de fuir ses proches et ceux qui lui étaient venus en aide. Il paraîtrait que d'élève il devint sous-maître à l'école de Beaumont ; mais s'étant procuré une lettre d'introduction auprès de d'Alembert, il vint à Paris pour tenter la fortune. Une note de Laplace sur les principes de la mécanique attira l'attention de d'Alembert et, sur sa recommandation, il entra comme professeur de mathématiques à l'École militaire.

Son existence étant assurée, Laplace se lança dans des recherches nouvelles et dans les dix-sept années qui suivirent, 1771-1787, il fit paraître la plus grande partie de ses travaux sur l'Astronomie. Il débuta par un mémoire lu devant l'Académie des Sciences de Paris, en 1773, dans lequel il montrait que les mouvements des planètes sont stables ; il y poussait ses calculs jusqu'aux cubes des excentricités et des inclinaisons. Plusieurs notes suivirent, traitant du calcul intégral, des différences finies, des équations différentielles et de questions d'astronomie.

Durant la période de 1784 à 1787, il produisit quelques travaux révélant un génie exceptionnel. Le plus remarquable fut mis au jour en 1784 et inséré dans le troisième volume de la *Mécanique céleste* ; il y détermine d'une façon complète l'attraction d'un sphéroïde sur un point extérieur. Ce mémoire est célèbre, car c'est là que Laplace introduisit en analyse les coefficients qui portent son nom et fit emploi du potentiel ; le nom de potentiel a été introduit dans la science par Green, en 1828.

Si les coordonnées de deux points sont (r, μ, ω) et (r', μ', ω'), et si $r' < r$, l'inverse de leur distance peut être développée suivant les puissances de $\frac{r}{r'}$ et les coefficients respectifs sont les coefficients de Laplace. Leur utilité tient à ce que chaque fonction des coordonnées d'un point sur une sphère peut être développée en une série ordonnée suivant les puissances de $\frac{r}{r'}$. Il faut noter ici que des coefficients semblables, mais pour l'espace à deux dimensions seulement, avaient déjà été signalés par Legendre, avec quelques-unes de leurs propriétés, dans un mémoire envoyé à l'Académie des Sciences de Paris en 1783. Legendre avait donc de bonnes raisons de se plaindre des procédés de Laplace à son égard, puisqu'il n'est pas nommé dans ce mémoire.

La note signalée plus haut est encore remarquable à cause du développement de l'idée de potentiel empruntée à Lagrange ([1]), qui en avait fait usage dans ses mémoires de 1773, 1777 et 1780. Laplace montra que le potentiel satisfait toujours à l'équation différentielle

$$\Delta^2 V = \frac{\partial^2 V}{\partial x^2} + \frac{\partial^2 V}{\partial y^2} + \frac{\partial^2 V}{\partial z^2} = 0,$$

et le travail qu'il entreprit plus tard sur l'attraction est basé sur ce résultat. La valeur de la quantité $\Delta^2 V$ en un point quelconque indique l'excès de la valeur de V en ce point sur sa valeur moyenne dans le voisinage du point. L'équation de Laplace, ou sa forme plus générale $\Delta^2 V = -4\pi\rho$, apparaît dans toutes les branches de la physique mathématique.

Ce mémoire fut suivi d'un autre sur les inégalités planétaires, formant trois parties publiées en 1774, 1785 et 1786. Son objet principal est l'explication de la « grande inégalité » de Jupiter et de Saturne. Laplace montre, par des considérations générales, que l'action mutuelle de deux planètes ne peut jamais grandement affecter les excentricités et les inclinaisons de leurs orbites ; et que les particularités du système de Jupiter tiennent à ce que les mouvements moyens de Jupiter et de Saturne sont presque proportionnels ; de nouveaux développements sur ces considérations astronomiques firent l'objet de ses deux mémoires de 1788 et de 1789. C'est avec ces données que Delambre a calculé ses tables astronomiques.

En 1787, Laplace donna l'analyse et l'explication de la relation qui existe entre l'accélération lunaire et les changements séculaires de l'excentricité de l'orbite terrestre : cette magnifique étude complétait la démonstration de la stabilité de tout le système solaire, en partant de l'hypothèse qu'il est formé de corps rigides se déplaçant dans le vide.

([1]) Voir le *Bulletin* de la Société mathématique de New-York, 1892. Vol. 1. pp. 66-74.

* Laplace, et surtout Lagrange, puis Poisson, ont démontré la *stabilité du système solaire*. D'autres démonstrations sont venues ensuite, d'autres viendront encore. Peut-être même montrera-t-on que le système solaire est instable. Et cependant les démonstrations de stabilité ne seront pas convaincues d'erreurs, car elles sont approximatives. Elles n'ont pas la prétention d'enfermer les éléments des orbites planétaires en des limites infranchissables, mais seulement de montrer que certaines causes paraissent à tort devoir entraîner des variations rapides de ces éléments.

Telle est, comme l'a montré Lagrange, l'action de Jupiter.

Lagrange et Laplace ont montré, de plus, que les excentricités et les inclinaisons des orbites planétaires ne peuvent qu'osciller de façon limitée autour de leurs valeurs moyennes.

Poisson a fait voir ensuite que les lents changements éprouvés par ces valeurs moyennes se réduisaient encore à des oscillations autour d'une valeur moyenne n'éprouvant que des variations mille fois plus lentes.

Delaunay, Tisserand et Gylden ont été plus loin encore que Poisson.

M. Poincaré a fait voir que, en fin de compte, le système solaire fût-il mathématiquement stable, les lois de la thermodynamique entraîneraient sa ruine dans un avenir plus ou moins lointain *.

Tous les mémoires de Laplace auxquels nous venons de faire allusion furent présentés à l'Académie des Sciences de Paris et ils ont été insérés dans les *Mémoires présentés par divers savants*.

Laplace se proposa alors d'écrire un ouvrage qui devait « donner une solution complète du grand problème de mécanique présenté par le système solaire, et amener la théorie à coïncider d'une façon si étroite avec l'observation que les équations empiriques se trouveraient exclues à jamais des tables astronomiques. » Il arriva à ce résultat dans son *Exposition du système du monde* et sa *Mécanique céleste*.

Le premier ouvrage, publié en 1796, donne une explication exacte des phénomènes en négligeant tous les détails. Il contient un sommaire de l'histoire de l'astronomie. Cet ouvrage lui ouvrit les portes de l'Académie Française. On le considère généralement comme un chef-d'œuvre, bien que les dernières parties ne soient pas irréprochables.

L'hypothèse des nébuleuses s'y trouve énoncée. D'après cette hypothèse, le système solaire émane d'une masse globulaire de gaz incandescents tournant autour d'un axe passant par son centre de gravité. A mesure qu'elle refroidissait, cette masse se contractait et des anneaux se détachaient de la périphérie. Ces anneaux à leur tour se refroidirent, et finalement se condensèrent sous forme de planètes, tandis que le noyau central restait et formait le soleil. Certaines corrections imposées par la science moderne ont été apportées à ce système par M. Roche et récemment R. Wolf a présenté une exposition critique de cette théorie. Faye a donné quelques arguments contre l'hypothèse des nébuleuses, dans son ouvrage *Origine du monde*, Paris, 1884. Il y propose une ingénieuse modification ayant pour but d'expliquer les particularités des rotations de Neptune et d'Uranus, et le mouvement rétrograde des satellites de cette dernière planète. La question, d'ailleurs, présente de grandes difficultés ; mais l'opinion moderne incline à accepter l'hypothèse des nébuleuses comme un fait certain ; on reconnaît toutefois que d'autres causes (et principalement les agrégations météoriques et le frottement des marées) ont contribué au développement du système planétaire. L'hypothèse de la nébuleuse avait été esquissée par Kant, en 1755, qui avait également suggéré, comme causes ayant influé sur la formation du système solaire, les agrégations météoriques et le frottement des marées : il est probable que Laplace avait connaissance de la théorie de Kant.

D'après la règle donnée en 1766 par Titius de Wittemberg — mais connue généralement sous le nom de loi de Bode, parce que c'est Johann Elert Bode qui, en 1778, attira l'attention sur elle — les distances des planètes au soleil sont entre elles à peu près dans le rapport des nombres $0+4$, $3+4$, $6+4$, $12+4$, etc, le $n+2^{\text{ième}}$ terme étant $(2^n \times 3) + 4$. Il eût été intéressant de savoir si cette loi peut être déduite de l'hypothèse de la nébuleuse ou de toute autre, mais à notre connaissance, un seul écrivain aurait tenté quelques essais sérieux de vérification, et sa conclusion serait que la loi n'est pas suffisamment exacte et ne peut être regardée que comme un moyen commode de se rappeler le résultat général.

Dans sa *Mécanique céleste*, qui forme cinq volumes, Laplace a fait l'étude analytique du système solaire. Les deux premiers volumes,

publiés en 1799, contiennent des méthodes pour calculer les mouvements des planètes, pour déterminer la configuration de leurs
orbites, et pour résoudre les problèmes des marées. Le troisième et
le quatrième, publiés en 1802 et 1805, donnent l'application de
ces méthodes à la construction de plusieurs tables astronomiques.
Le cinquième, publié en 1825, est principalement réservé à la partie historique ; il présente cependant en appendices, les résultats
des dernières recherches de Laplace. Les découvertes appartenant
en propre à Laplace et exposées dans cet ouvrage sont très nombreuses et des plus importantes, mais nous devons dire que beaucoup des résultats donnés sont empruntés à des auteurs qui ne
sont pas, ou à peine, mentionnés, et que les conclusions — fruit
d'un siècle de patient labeur — sont fréquemment citées comme
si elles étaient dues à Laplace seul.

La *Mécanique céleste* est une œuvre admirable, mais l'ouvrage n'est rien moins que facile à lire. Biot, qui aidait Laplace
dans la correction des épreuves, raconte que Laplace lui-même
était fréquemment dans l'impossibilité de reconstituer les détails
reliant la chaîne des raisonnements ; il se contentait quand les
conclusions étaient correctes, d'insérer cette formule qui se reproduit constamment : « Il est aisé à voir ». La *Mécanique céleste*
n'est pas seulement la traduction des *Principia* dans le langage
du calcul différentiel, elle complète, en outre, les parties que
Newton n'avait pu qu'esquisser. L'ouvrage récent de F. Tisserand
peut être considéré comme l'exposition moderne et classique de
l'astronomie, mais le Traité de Laplace restera toujours un modèle
et une autorité.

Laplace vint un jour faire hommage à Napoléon d'un exemplaire
de son ouvrage, et le récit suivant, absolument authentique, de
l'entrevue, peint d'une façon si caractéristique les caractères des
deux hommes que nous le donnons en entier. On avait dit
à Napoléon que l'ouvrage ne faisait nulle part mention du nom de
Dieu et, comme Napoléon aimait à poser des questions embarras-
santes, il fit, en acceptant l'ouvrage, cette remarque, « M. Laplace,
on me dit que vous avez écrit ce volumineux ouvrage sur le système
de l'Univers sans faire une seule fois mention de son Créateur ».
Laplace, bien que souple courtisan, avait sur tous les points qui
touchaient à sa philosophie, l'obstination du martyr ; il se redressa

aussitôt et répondit brusquement : « Je n'avais pas besoin de cette hypothèse-là. » Napoléon, grandement amusé, fit part de cette réponse à Lagrange, qui s'écria : « Ah ! c'est une belle hypothèse ; elle explique beaucoup de choses. »

En 1812, Laplace fit paraître sa *Théorie analytique des probabilités*. Cette théorie est tout simplement l'expression, en langage mathématique, des lois du sens commun. On sait que la probabilité d'un évènement est le rapport du nombre des cas favorables au nombre total des cas possibles ; la méthode de Laplace revient à traiter les valeurs successives d'une fonction quelconque comme les coefficients du développement d'une autre fonction avec renvoi à une variable différente.

Cette dernière est appelée, par conséquent, la fonction génératrice de la première. Laplace montre comment ces coefficients peuvent être déduits de la fonction génératrice au moyen de l'interpolation. Puis il aborde le problème inverse et des coefficients, il déduit la fonction génératrice, ce qui exige la solution d'une équation aux différences finies. La méthode est lourde et, par suite des progrès de l'analyse, elle est rarement employée aujourd'hui.

Ce traité renferme une exposition de la méthode des moindres carrés, qui témoigne avec quelle maîtrise Laplace maniait l'analyse.

La méthode des moindres carrés, qui a trait à la combinaison des observations répétées avait été donnée, mais sous forme empirique, par Gauss et Legendre ; on trouve, dans le quatrième chapitre du Traité de Laplace, la démonstration exacte du principe qui a depuis servi de base à toute la théorie des erreurs. Elle repose sur une analyse des plus compliquées, imaginée spécialement dans ce but, mais la forme sous laquelle elle est présentée est si peu satisfaisante que, malgré la constatation de l'exactitude constante des résultats, on s'est demandé si Laplace avait réellement triomphé des difficultés d'une question qu'il traite si brièvement et même si peu correctement.

En 1819, Laplace publia un exposé populaire de son ouvrage sur les probabilités. Ce livre remplit, par rapport à la *Théorie des probabilités*, le même rôle que le *Système du monde*, par rapport à la *Mécanique céleste*.

Parmi les découvertes de moindre importance que fit Laplace en mathématiques pures, nous pouvons rappeler sa discussion (en même temps que Vandermonde, en 1772), de la théorie générale des déterminants ; sa démonstration de ce théorème que : toute équation de degré pair doit avoir au moins un facteur réel du second degré, sa méthode pour ramener l'intégration des équations différentielles linéaires au calcul d'intégrales définies, sa méthode pour l'intégration de l'équation différentielle linéaire du second ordre. Il a été également le premier à examiner les problèmes difficiles impliquant les équations aux différences mêlées, et à démontrer que la solution d'une équation aux différences finies du premier degré et du second ordre pouvait toujours être obtenue sous la forme d'une fraction continue. Outre ces découvertes originales, il détermina, dans sa théorie des probabilités, les valeurs d'un certain nombre d'intégrales définies les plus communes ; et dans le même ouvrage, il donna la démonstration générale du théorème énoncé par Lagrange pour le développement en série de toute fonction implicite au moyen de dérivées.

En physique théorique, la théorie de l'attraction capillaire est due à Laplace. Il accepta l'hypothèse émise par Hauksbee, dans les *Philosophical transactions* pour 1709, que le phénomène est la conséquence d'une force d'attraction insensible aux distances sensibles. L'action d'un solide sur un liquide et l'action mutuelle de deux liquides n'a pas été étudiée à fond par Laplace, mais par Gauss : Neumann en dernier lieu s'occupa de quelques détails. En 1862, Lord Kelvin (Sir William Thomson) fit voir qu'en admettant la constitution moléculaire de la matière, les lois de l'attraction capillaire peuvent se déduire de la loi de Newton sur la gravitation.

Laplace, en 1816, fut le premier à expliquer pourquoi la théorie du mouvement vibratoire de Newton donnait pour la vitesse du son une valeur inexacte. La vitesse réelle est plus grande que celle calculée par Newton : la chaleur développée par la compression subite de l'air en augmente l'élasticité et augmente, par conséquent, la vitesse du son transmis. Les recherches de Laplace en physique expérimentale sont limitées aux expériences qu'il fit, de concert avec Lavoisier, de 1782 à 1784, sur la chaleur spécifique de différents corps.

Il semble que Laplace ait considéré l'analyse uniquement comme un moyen d'aborder les problèmes de la physique, encore que l'habileté dont il fit preuve pour créer des méthodes analytiques se prêtant aux questions qu'il étudiait soit en quelque sorte phénoménale. Quand les résultats trouvés étaient reconnus exacts, il ne prenait pas la peine d'expliquer la marche suivie pour y arriver ; dans ses calculs il ne s'attachait ni à l'élégance ni à la symétrie, et il trouvait suffisant d'arriver, par n'importe quelle voie, à la solution de la question particulière qu'il étudiait.

La réputation de Laplace n'aurait pas eu à souffrir s'il s'était contenté de son œuvre scientifique ; mais il convoitait les honneurs de la vie politique. La rapidité avec laquelle il changeait d'opinion politique quand l'occasion l'exigeait, et le talent dont il faisait preuve en la circonstance prêteraient à rire s'il n'avait pas été si servile. A mesure que la puissance de Napoléon croissait, Laplace abandonnait ses principes républicains (qui avaient d'ailleurs passé par bien des nuances, depuis qu'ils reflétaient fidèlement les opinions du parti au pouvoir) et il pria le Premier Consul de lui confier le poste de Ministre de l'Intérieur. Napoléon qui désirait l'appui des savants accueillit favorablement sa requête ; mais la carrière politique de Laplace prit fin au bout de six semaines environ. Le mémorial de Napoléon porte cette mention : « Géomètre de premier rang, Laplace ne tarda pas à se montrer administrateur plus que médiocre ; dès son premier travail nous reconnumes que nous nous étions trompés. Laplace ne saisissait aucune question sous son véritable point de vue : il cherchait des subtilités partout, n'avait que des idées problématiques, et portait enfin l'esprit des *infiniment petits* jusque dans l'administration. » Bien que Laplace ne fût plus ministre, il était avantageux pour le gouvernement de conserver son attachement ; il fut donc nommé sénateur et en tête du troisième volume de la *Mécanique céleste* il inséra une note pour dire que, de toutes les vérités exposées dans l'ouvrage, la plus précieuse, pour l'auteur, était la déclaration qu'il faisait en ce moment de son dévouement pour le puissant protecteur de la paix de l'Europe. Cette note disparut des exemplaires vendus après la Restauration. En 1814, la chute de l'empire était imminente ; Laplace se hâta d'offrir ses services aux Bourbons, et lors de la Restauration, il fut récompensé par le titre de Marquis : on peut se rendre compte, en lisant Paul-Louis Courier, du mépris que ses collègues plus loyaux éprouvèrent pour sa conduite.

Ses connaissances servirent utilement les nombreuses commissions scientifiques dont il fit partie et contribuèrent probablement à faire oublier son peu de fidélité politique ; la petitesse de son caractère ne saurait cependant nous faire perdre de vue les services immenses qu'il rendit à la science.

Que Laplace ait été vain et égoïste, ses plus chauds admirateurs eux-mêmes ne le nient pas ; sa conduite à l'égard des bienfaiteurs de sa jeunesse et de ses amis politiques fut ingrate et méprisable ; mais le fait de s'être approprié les résultats obtenus par ceux qui étaient relativement peu connus, et qui paraît parfaitement établi, est absolument sans excuse. Trois de ceux qu'il traita ainsi se firent plus tard un brillant renom (Legendre et Fourier en France, Young en Angleterre) et n'oublièrent jamais l'injustice dont ils avaient été victimes. D'un autre côté, on peut dire que dans certaines circonstances Laplace fit preuve d'indépendance de caractère, et qu'il ne dissimula jamais ses idées religieuses, philosophiques ou scientifiques, si blâmables qu'elles pussent paraître aux yeux des détenteurs du pouvoir. Ajoutons encore que sur la fin de sa vie, et surtout pour ses élèves, Laplace se montra à la fois généreux et juste ; il lui arriva même une fois de détruire une note pour laisser à un de ses élèves le mérite d'une découverte.

Legendre. — *Adrien-Marie Legendre* naquit à Toulouse le 18 septembre 1752, et mourut à Paris le 10 janvier 1833. Les principaux événements de sa vie sont très simples et peuvent se résumer brièvement. Il fit ses études au Collège Mazarin, à Paris, et fut nommé, en 1777, professeur à l'Ecole militaire de Paris ; choisi ensuite pour faire partie de la Commission anglo-française de 1787, chargée de relier géodésiquement Greenwich et Paris ; devenu membre de plusieurs des commissions publiques qui fonctionnèrent de 1792 à 1810, il fut nommé professeur à l'Ecole normale en 1795 ; plus tard, il occupa quelques emplois gouvernementaux de peu d'importance.

Laplace s'employa avec acharnement à l'empêcher d'obtenir un emploi public quelconque et Legendre, qui était un timide, accepta l'obscurité à laquelle l'hostilité de son collègue le condamnait.

Les travaux de Legendre sont d'un ordre supérieur ; ils se classent immédiatement après ceux de Lagrange et de Laplace, bien qu'ils ne présentent pas le même caractère d'originalité. Ses principaux ouvrages sont : sa *Géométrie*, modèle du genre * mais défigurée par d'obscurs commentateurs *, sa *Théorie des nombres*, son *Calcul Intégral* et ses *Fonctions elliptiques*. Ils renferment la substance de divers mémoires qu'il présenta sur ces sujets. Il écrivit, en outre, un traité où il donna la règle des moindres carrés, et deux groupes de mémoires, l'un sur la théorie des attractions et l'autre sur les opérations géodésiques.

Les mémoires sur les attractions sont analysés et discutés dans l'ouvrage de Todhunter, *History of the theories of Attraction*. Le plus ancien, qui fut présenté en 1783, traite de l'attraction des sphéroïdes. On y trouve introduits les coefficients de Legendre qui sont des cas particuliers des coefficients de Laplace ; il contient également la solution d'un problème où il fait usage du potentiel. Le second mémoire parut en 1784, et traite de la forme d'équilibre d'une masse liquide à peu près sphérique, animée d'un mouvement de rotation. Le troisième, écrit en 1786, traite de l'attraction des ellipsoïdes de mêmes foyers. Dans le quatrième, il étudie la forme que prendrait une planète fluide et la loi de variation de sa densité.

Ses notes sur la géodésie sont au nombre de trois et furent présentées à l'Académie en 1787 et 1788. Le résultat le plus important auquel il arrive est celui qui permet de traiter un triangle sphérique comme un triangle plan, sous condition d'apporter aux angles certaines corrections. En corrélation avec ce sujet, il s'occupe beaucoup des lignes géodésiques.

La méthode des moindres carrés se trouve énoncée dans ses *Nouvelles Méthodes* publiées en 1806, ouvrage auquel des suppléments ont été ajoutés en 1810 et 1820. Gauss était arrivé indépendamment au même résultat, l'avait utilisé en 1795, et l'avait publié en 1809. Laplace est le plus ancien auteur qui en ait donné une démonstration, en 1812.

Des autres ouvrages de Legendre, le plus connu est celui intitulé : *Eléments de géométrie*, qui fut publié en 1794, et qui, à une certaine époque, était très répandu sur le Continent où il avait remplacé Euclide. La dernière édition contient les éléments de la trigonométrie et des démonstrations de l'incommensurabilité de π et de π^2. Un appendice sur la question difficile de la théorie des parallèles, paru en 1803, a été incorporé dans la plupart des éditions qui suivirent.

Sa *Théorie des nombres* fut publiée en 1798 et des appendices y furent ajoutés en 1816 et 1825 : la troisième édition parut en deux volumes en 1830 : elle contient l'ensemble de ses recherches sur ce sujet ; elle est restée toujours classique ([1]). On peut dire que Legendre a conduit la théorie des nombres aussi loin qu'il était possible de le faire au moyen de l'algèbre ordinaire ; la création d'une arithmétique supérieure, formant une branche distincte des mathématiques, devait être l'œuvre de ses successeurs.

La loi de réciprocité quadratique, qui établit une relation entre deux nombres premiers impairs quelconques, se trouve démontrée pour la première fois dans cet ouvrage, mais ce résultat avait déjà été énoncé dans un mémoire de 1785. Gauss appelait cette proposition « le joyau de l'arithmétique » et on n'en trouve pas moins de six démonstrations différentes dans ses œuvres. Voici le théorème en question.

Si p est un nombre premier et n un nombre premier avec p, nous savons que l'expression $n^{\frac{1}{2}(p-1)}$ divisée par p donne pour reste $+ 1$ ou $- 1$. Legendre représentait ce reste par $\left(\dfrac{n}{p}\right)$. Quand le reste est $+ 1$, il est possible de trouver un nombre carré parfait qui, divisé par p, donne pour reste n, c'est-à-dire que n est un résidu quadratique de p. Quand le reste est $- 1$, un tel nombre carré parfait n'existe pas, et n est un non-résidu de p. La loi de réciprocité quadratique est exprimée par ce théorème que, si a et b sont deux nombres premiers impairs quelconques, on a :

$$\left(\frac{a}{b}\right)\left(\frac{b}{a}\right) = (-1)^{\frac{1}{4}(a-1)(b-1)}.$$

Ainsi, si b est un résidu de a, a est également résidu de b, à moins que les nombres premiers a et b soient tous les deux de la forme $4m + 3$. En d'autres termes, si a et b sont des premiers impairs, nous savons que

$$a^{\frac{1}{2}(b-1)} \equiv \pm 1 \,(\text{mod. } b), \qquad \text{et} \qquad b^{\frac{1}{2}(a-1)} \equiv \pm 1 \,(\text{mod. } a);$$

et que, par la loi de Legendre, les deux signes seront ensemble

([1]) Réimprimée en 1900. Paris, Hermann, 2 vol. in 4°.

plus ou *moins*, hors le cas où *a* et *b* seraient tous deux de la forme
$4m + 3$. Dès lors, si un nombre premier impair est un non-
résidu d'un autre, ce dernier sera à son tour un non-résidu du
premier. Gauss et Kummer ont, plus tard, démontré des lois semblables de réciprocité cubique et biquadratique : on a basé sur
leurs recherches une branche importante de la théorie des nombres.

L'ouvrage de Legendre contient encore cette utile proposition
qui permet, quand la chose est possible, de réduire une équation
indéterminée du second degré à la forme $ax^2 + by^2 + cz^2 = 0$.
Legendre examine aussi les nombres qui sont les sommes de trois
carrés ; et il démontre enfin (art. 404) que le nombre des nombres
premiers moindres que *n* est approximativement.

$$\frac{n}{\log_e n - 1,08366}.$$

Les *Exercices de calcul intégral* parurent en trois volumes en
1811, 1817 et 1826. Le troisième volume est consacré aux fonctions elliptiques ainsi que la plus grande partie du premier ; toutes
ces matières se trouvent finalement reproduites dans les *Fonctions
elliptiques*. Le reste de l'ouvrage se rapporte à des sujets de caractères variés. On y trouve, entre autres, l'intégration par séries des
intégrales définies et, en particulier, une discussion bien étudiée
des fonctions Bêta et Gamma.

Le *Traité des fonctions elliptiques* fut publié en deux volumes
en 1825 et 1826 ; et c'est le plus important des ouvrages de Legendre. Quelques semaines avant sa mort, il compléta l'œuvre
par un troisième volume qui contient trois mémoires sur les recherches d'Abel et de Jacobi. Les premières études de Legendre
sur ce sujet se trouvent dans une note écrite en 1786, sur les arcs
elliptiques, mais là, comme dans plusieurs autres notes, il traitait
simplement la question comme problème de calcul intégral, sans
voir qu'elle pouvait être considérée comme une trigonométrie supérieure, constituant une branche distincte de l'analyse. Il construisit des tables d'intégrales elliptiques. L'exposition moderne du
sujet est basée sur les travaux d'Abel et de Jacobi. La supériorité
de leurs méthodes fut reconnue de suite par Legendre, et l'un des
derniers actes de sa vie fut de préconiser ces découvertes malgré
qu'elles dussent avoir pour effet, il s'en rendait bien compte, de
faire oublier ses propres recherches.

Ce que nous venons de dire doit nous rappeler, et nous insistons à dessein sur ce point, que Gauss, Abel, Jacobi et quelques autres des mathématiciens mentionnés dans le chapitre suivant furent contemporains de l'École Française.

Meusnier. — *Jean-Baptiste-Marie-Charles Meusnier de la Place*, naquit à Paris le 19 juin 1754 et mourut à Cassel le 17 juin 1793. Il fut officier du génie et entra en 1784 à l'Académie des sciences. On lui doit d'importants travaux géométriques et tout particulièrement un théorème bien connu qui complète les recherches d'Euler sur la courbure des sections normales à une surface : le rayon de courbure d'une section oblique d'une surface est la projection sur le plan de cette section du rayon de courbure de la section normale faite par la tangente à la section oblique. Il a fait de beaux travaux sur la navigation aérienne qui doivent être prochainement mis en lumière par un savant français.

Lhuillier. — *Simon–Antoine-Jean Lhuillier*, naquit à Genève le 24 avril 1750 et mourut le 28 mars 1840. Il fut d'abord précepteur en Pologne des enfants du prince Czartoriski et obtint en 1786 un prix sur un sujet proposé par l'Académie de Berlin ; il s'agissait de donner une définition claire et précise de l'infini mathématique.

On lui doit un nombre considérable de mémoires concernant la théorie des polygones et des polyèdres, les séries, les questions de probabilité, la géométrie du cercle et de la sphère et aussi deux ouvrages remarquables : *Eléments d'arithmétique et de géométrie*, *Eléments d'analyse géométrique*.

Pfaff. — Citons encore un autre savant dont les travaux se rapportent surtout au calcul intégral, *Jean-Frédéric Pfaff*, né à Stuttgart le 22 décembre 1765, et mort à Halle, le 21 avril 1825, Laplace en parle comme du mathématicien le plus éminent de l'Allemagne au commencement du XIXe siècle, appréciation qui aurait été assez exacte si Gauss n'avait pas existé.

Pfaff fut le précurseur de l'École allemande qui, avec Gauss et ses successeurs, ouvrit de nouvelles voies au développement des mathématiques au XIXe siècle. Il était ami intime de Gauss, et en fait, ces deux mathématiciens vécurent ensemble à Helmstad pendant l'année 1798, lorsque Gauss, eut fini ses cours universitaires. L'œuvre capitale de Pfaff fut ses *Disquisitiones Analyticæ*, ouvrage inachevé sur le calcul intégral publié en 1797 ; et ses plus importants mémoires traitent soit du calcul différentiel, soit des équations différentielles : sur ce dernier sujet, sa note lue devant l'Académie de Berlin, en 1814, est remarquable.

* **Agnesi.** — *Marie-Gaétane Agnesi* naquit à Milan en 1718 et mourut en 1799. Elle était douée d'une remarquable facilité pour les mathématiques. Elle suppléa son père dans sa chaire de mathématiques à Bologne. Elle publia plusieurs ouvrages qui furent traduits en français *.

* **Lacroix.** — *Sylvestre-François Lacroix* naquit à Paris en 1765 et y mourut en 1841. Il obtint à dix-sept ans une chaire à l'école des gardes de marine à Rochefort et devint, en 1799, professeur à l'École polytechnique. Il a laissé divers ouvrages estimés, entre autres un Traité de calcul différentiel et intégral en 3 volumes, où il expose la science de son temps *.

* **Waring.** — *Edouard Waring* naquit en 1734 et mourut en 1798. Il fut nommé, à vingt-sept ans à la chaire Lucasian, que Newton avait illustrée. Il continua avec bonheur l'œuvre des Bernouilli et d'Euler. Ses principaux travaux sont : les *Miscellanea analytica* (1762), *Proprietates algebricarum curvarum* (1762), *Meditationes algebraïcæ* (1772), *Meditationes analyticæ* (1776). Il donna une formule, qui porte son nom et qui exprime la somme $x^n + y^n$ en fonction, $x + y$ et de xy *.

* **Malfatti.** — *Jean-François-Joseph Malfatti* naquit à Trente en 1731 et mourut à Ferrare à 1807. Il a laissé plusieurs travaux importants : *De æquationibus quadratocubicis diquisitio analytica*, où il introduisit l'idée des résolvants ; *Memoria sopra uno problema stereometrico*, où il s'agit de pratiquer dans un prisme triangulaire trois cavités cylindriques, telles que les trois cylindres aient même hauteur que le prisme et que leurs volumes soient maximum *.

CRÉATION DE LA GÉOMÉTRIE MODERNE

Tandis que Euler, Lagrange, Laplace et Legendre perfectionnaient l'analyse, d'autres membres de l'Ecole française étendaient le champ de la géométrie par des méthodes semblables à celles employées antérieurement par Desargues et Pascal. La renaissance de l'étude de la géométrie synthétique est due surtout à Poncelet, mais il ne faut oublier ni Carnot ni surtout l'illustre Monge. Son grand développement dans des temps plus récents est principalement dû à Steiner, von Staudt et Cremona.

Monge ([1]). — *Gaspard Monge*, comte de Péluse, naquit à Beaune le 10 mai 1746, et mourut à Paris le 28 juillet 1818. Il était fils d'un petit marchand ambulant, et fit ses études chez les Oratoriens, où plus tard, il revint comme sous-maître. Un plan de la ville de Beaune qu'il avait fait tomba entre les mains d'un officier et celui-ci usa de son influence auprès des autorités militaires pour le faire entrer à l'Ecole de Mézières, destinée à former les officiers du génie. Cependant sa naissance s'opposant à ce qu'il reçut une commission d'officier, on l'autorisa à suivre les cours de l'Ecole annexe où on enseignait l'arpentage, le nivellement et le dessin. Il eut enfin un jour l'occasion de se faire connaître. Ayant eu à dresser le plan d'une forteresse d'après des données résultant de certaines observations, il fit son travail en se servant de constructions géométriques. Tout d'abord l'officier de service refusa de l'accepter, parce qu'il n'avait pas fait usage des méthodes usitées, mais la supériorité de la méthode de Monge parut si évidente qu'il revint sur sa première décision. Plus tard, en 1768, Monge fut nommé professeur mais il était entendu que son enseignement de la géométrie descriptive devait rester secret et limité aux officiers d'un certain grade.

En 1780, il fut désigné pour une chaire de mathématiques à Paris, ce qui lui procura, avec les fonctions qu'il exerçait en pro-

(1) Voir *Essai historique sur les travaux... de Monge*, par F. P. C. Dupin, Paris 1819 ; également la *Notice historique sur Monge* par B. Brisson, Paris, 1818.

vince, un honnête revenu. Le plus ancien mémoire ayant quelque importance qu'il ait communiqué à l'Académie des sciences de Paris, date de 1781 et a pour objet la discussion des *lignes de courbure* d'une surface. Elles avaient été étudiées pour la première fois en 1760 par Euler, qui les définissait comme « les sections normales dont la courbure était un maximum ou un minimum ». Monge les considérait comme le lieu des points de la surface où les normales successives se rencontrent, et en obtenait ainsi l'équation différentielle générale. En 1795, il appliqua ses résultats aux quadriques à centre. En 1786, il publia son ouvrage bien connu sur la statique.

Monge fut un ardent partisan des doctrines de la révolution. En 1792, il devint ministre de la Marine et aida le Comité du Salut public en utilisant sa science pour la défense de la République. Dénoncé quand les Terroristes arrivèrent au pouvoir, il n'échappa à la guillotine que par une fuite hâtive. A son retour, en 1794, il fut nommé professeur à l'Ecole normale, dont l'existence fût si éphémère, et où il enseigna la géométrie descriptive ; ses leçons furent publiées conformément au règlement de l'école. Il se rendit en Italie en 1796 comme membre de la Commission chargée de visiter les diverses villes de ce pays pour les contraindre à offrir à la République française, au lieu de contributions, les tableaux, les sculptures et les autres ouvrages d'art qu'elles pouvaient posséder. En 1798, il accepta une mission à Rome et, l'ayant remplie, il rejoignit Napoléon en Egypte. Enfin, il se réfugia en France après la victoire navale de l'Angleterre.

Monge s'établit alors à Paris et fut nommé professeur à l'Ecole polytechnique où il fit des cours sur la géométrie descriptive ; ses leçons furent publiées en 1800. Cet ouvrage contient des propositions sur la forme et la position relative des figures géométriques obtenues à l'aide des transversales. La théorie de la perspective y est étudiée ; elle comprend l'art de représenter, suivant deux dimensions, les objets géométriques à trois dimensions, problème résolu ordinairement par Monge au moyen de deux figures, le plan et l'élévation. Il montra également que la solution d'un problème subsiste, même si certaines quantités introduites subsidiairement deviennent imaginaires. A l'avènement de la Restauration, on lui enleva toutes ses fonctions et il fut privé des honneurs qui lui avaient été accordés ; cette disgrâce agit profondément sur sa santé et il n'y survécut pas longtemps.

La plupart de ses mémoires sont insérés dans son ouvrage *Application de l'algèbre à la géométrie*, publié en 1805 et dont la quatrième édition, de 1819, avait été revue par lui peu de temps avant sa mort. Il contient de beaux travaux sur l'intégration des équations aux différentielles partielles du second ordre, et sa détermination des lignes de courbure de l'ellipsoïde qui faisait l'admiration de Lagrange.

Carnot (¹). — *Lazare-Nicolas-Marguerite Carnot*, né à Nolay le 13 mai 1753 et mort à Magdebourg, le 22 août 1823, fit ses études en Bourgogne, et obtint une Commission dans le corps du génie à l'armée de Condé. Tout en étant à l'armée, il continuait ses études mathématiques, qui avaient pour lui beaucoup d'attrait. Son premier ouvrage, publié en 1784, traite des machines. Le principe de l'énergie appliqué à la chute des corps y est entrevu, et la plus ancienne démonstration de ce théorème, que l'énergie cinétique est perdue dans le choc des corps mous, y est donnée. Lorsque la Révolution éclata en 1789, il se lança dans la politique. En 1793, il fut élu membre du Comité du Salut public et les victoires de l'armée française sont en grande partie dues à l'organisation puissante et à la discipline qu'il sut développer dans l'armée. Il continua à faire partie de tous les gouvernements, jusqu'en 1796 ; s'étant alors opposé au Coup d'État de Napoléon, il dut quitter la France. Il se réfugia à Genève, et fit paraître en 1797 *La Métaphysique du calcul infinitésimal*. En 1802, il prêta son concours à Napoléon, mais ses convictions républicaines ne lui permirent pas de conserver ses fonctions. En 1803, il publia sa *Géométrie de position*. Cet ouvrage est plutôt un traité de géométrie projective que de géométrie descriptive ; il contient aussi une discussion approfondie de la signification géométrique des racines négatives d'une équation algébrique. En 1814, il offrit ses services pour défendre la France, mais non l'Empire ; et lors de la Restauration il fut exilé.

(¹) Voir son *Éloge* par Arago, qui, comme la plupart des notices nécrologiques, est plutôt un panégirique qu'une biographie impartiale.

Poncelet ([1]). — *Jean-Victor Poncelet*, né à Metz le 1er juillet 1788 et mort à Paris le 22 décembre 1867, était officier du génie. Prisonnier de guerre lors de la retraite de Moscou en 1812, il occupa ses loisirs forcés à retrouver les éléments de géométrie qui, bien des années auparavant lui avaient été enseignés, et à approfondir quelques idées neuves que ce travail lui avait suggérées. Ses très remarquables découvertes furent exposées plus tard dans son *Traité des propriétés projectives des figures*, publié en 1822, et qui fut pendant de longues années le seul ouvrage propre à initier les mathématiciens à cette géométrie moderne que Poncelet a la gloire d'avoir fondée.

* L'objet principal de ce grand ouvrage est d'établir certaines relations entre deux figures qui sont la perspective l'une de l'autre, ce qui permet de ramener la recherche des propriétés d'une figure à celle des propriétés d'une figure plus simple. Par exemple, deux cercles donnent par projection conique deux courbes du second ordre, dont les propriétés découlent de celles des cercles.

En perspective, ces figures sont situées dans deux plans différents. Il est plus simple de supposer l'un des plans rabattus sur l'autre. Les deux figures sont alors dites *homologiques l'une de l'autre* ; le point de concours des droites qui joignent les points correspondants est le *centre* d'homologie et l'arête commune l'*axe d'homologie*. Le centre et l'axe d'homologie définissent la figure homologique d'une figure donnée.

Les principales propriétés des coniques que Poncelet découvrit au moyen de l'homologie sont celles-ci : *les foyers d'une conique peuvent être considérés comme des cercles de rayon nul ayant un double contact avec la conique*, définition qui a permis à Plücker de généraliser la notion de foyer ; *lorsque plusieurs coniques ont mêmes sécantes communes, si l'on inscrit dans l'une de ces courbes un polygone dont tous les côtés moins un soient tangents aux autres courbes puis que l'on déforme le polygone en faisant glisser ses sommets sur la première conique et ses côtés sur les autres coniques, le côté libre et toutes les diagonales du polygone rouleront sur d'autres coniques ayant mêmes sécantes communes avec les proposées.* Jacobi

---

([1]) Voir *La vie et les ouvrages de Poncelet*, par I. DIDION et C. DUPIN, Paris. 1869.

a fait une heureuse application de ce théorème aux fonctions elliptiques.

L'ouvrage de Poncelet renferme en outre l'exposé de la *théorie
des polaires réciproques*, fondée sur une loi qui reçut de Gergonne
le nom de *principe de dualité*.

Poncelet publia dans la suite plusieurs mémoires destinés à
compléter son grand traité *.

Dans un ordre d'idées tout différent, on lui doit encore un
traité de Mécanique pratique, 1826 ; un mémoire sur les moulins
à eau, 1826 ; et un rapport sur les machines et les instruments
exposés par l'industrie anglaise lors de l'Exposition internationale
ouverte à Londres en 1851. Il fit paraître de nombreux articles
dans le *Journal de Crelle* : le plus remarquable d'entre eux donne
l'explication, à l'aide du principe de continuité, des solutions
imaginaires qui se présentent dans la résolution des problèmes de
géométrie.

* La vie intime de Poncelet peut, sur plusieurs points, être
rapprochée de celle de d'Alembert. Il serait toutefois prématuré de
s'appesantir sur ce sujet *.

DÉVELOPPEMENT DE LA PHYSIQUE MATHÉMATIQUE

Lagrange, Laplace et Legendre se sont principalement occupés
d'analyse, de géométrie et d'astronomie. Cauchy et les mathématiciens français de notre époque nous paraissent appartenir à une
autre École et nous les classons parmi les mathématiciens modernes ; mais nous croyons que Fourier et Poisson sont, avec la majorité de leurs contemporains, les successeurs directs de Lagrange
et de Laplace. Si notre appréciation est exacte, il semblerait que
les derniers membres de l'École française dirigèrent principalement
leurs recherches vers l'application de l'analyse mathématique à la
physique. Mais, avant de nous en occuper, nous devons parler
des savants anglais, leurs contemporains, qui se sont distingués
par leurs travaux sur la physique expérimentale, et dont la valeur
n'a été appréciée d'une façon équitable que tout récemment. Les
plus remarquables sont Cavendish et Young.

Cavendish (¹). — *Henry Cavendish* naquit à Nice le 10 octobre 1731, et mourut à Londres, le 4 février 1810. Son goût pour les recherches scientifiques et mathématiques prit naissance à Cambridge, où il résida de 1749 à 1753. Il est surtout célèbre par les expériences qu'il fit en 1798 pour déterminer la densité de la terre par la comparaison de l'attraction terrestre avec celle de deux balles de plomb : il trouva ainsi que la densité de la terre vaut environ cinq fois et demie celle de l'eau. Ces expériences réalisèrent une idée de Jean Michell (1724-1793), membre du collège de la Reine à Cambridge, qui mourut avant d'avoir pu la mettre à exécution.

Rumford (²). — *Sir Benjamin Thomson, Comte Rumford*, né à Concord le 26 mars 1753 et mort à Auteuil le 21 août 1815, était de descendance anglaise et combattit avec les royalistes dans la guerre de Sécession, en Amérique. La paix une fois conclue, il s'établit en Angleterre, mais il entra dans la suite au service de la Bavière, où son talent d'organisation le fit grandement apprécier dans les affaires civiles et militaires. Plus tard, il résida de nouveau en Angleterre et y fonda l'Institution Royale. Ses notes ont été communiquées en majeure partie à la Société Royale de Londres ; la plus importante est celle où il montre que la chaleur se convertit en travail, et réciproquement que le travail engendre de la chaleur.

Young (¹). — *Thomas Young*, qui naquit à Milverton le 13 juin 1773 et mourut à Londres le 10 mai 1829, est un des physiciens les plus éminents de son époque. Il fut un enfant prodige versé dans les langues modernes et la littérature, aussi bien que dans les sciences ; il conserva toujours ses goûts littéraires et ce fut lui qui, en 1819, donna le premier l'idée de la méthode permettant de déchiffrer les hiéroglyphes égyptiens ; on sait

---

(¹) Un récit de sa vie par G. Wilson se trouve dans le premier volume de la publication de la société Cavendish, Londres, 1851.

Ses *Electrical Researches* furent éditées par J.-C. Maxwell et publiées à Cambridge en 1879.

(²) Une édition des œuvres de Rumford, préparée par George Ellis et accompagnée d'une biographie, fut publiée par l'Académie américaine des sciences à Boston en 1872.

quel heureux usage en fit J.-F. Champollion. Young se destinait à
la médecine et, après avoir suivi des cours à Edimbourg et à Göttingue, il entra au Collège Emmanuel à Cambridge, où il prit ses
grades en 1799. Sa carrière comme médecin ne fut pas particulièrement heureuse et sa maxime favorite « qu'un diagnostic mé-
dical est simplement une balance de probabilité » n'était pas très
goûtée de ses malades, qui demandaient une certitude en échange
des honoraires payés. Fort heureusement pour lui, il possédait une
grande fortune. Plusieurs mémoires, adressés à diverses sociétés
savantes en 1798 et les années suivantes, prouvent qu'il a été un
mathématicien de grand talent ; mais les recherches qui l'ont rendu
célèbre sont celles où il établit la loi de l'interférence des ondes
lumineuses. Il suggéra ainsi le moyen de surmonter les principales
difficultés qui s'étaient opposées jusqu'alors à l'adoption de la
théorie des ondulations.

Dalton (²). — Un autre savant renommé de la même période
fut *Jean Dalton*, qui naquit dans le Cumberland le 5 septembre
1766 et mourut à Manchester le 27 juillet 1844. Dalton étudia la
tension des vapeurs et la loi de dilatation des gaz soumis à des
changements de température. En chimie, il est le créateur de la
théorie atomique.

On peut conclure de cet aperçu qu'au commencement du
xixᵉ siècle l'Ecole, des physiciens anglais s'intéressait surtout à la
science expérimentale. En réalité, aucune théorie satisfaisante ne
pouvait être établie sans une observation soigneuse des faits. Les
plus éminents physiciens français de la même époque furent Fourier, Poisson, Ampère et Fresnel.

Fourier (³). — Le premier de ceux-ci fut *Jean-Baptiste-Joseph
Fourier*, qui naquit à Auxerre le 21 mars 1768 et mourut à Paris,

---

(¹) Ses œuvres réunies avec un mémoire sur sa vie furent publiées par
G. Peacock, 4 volumes, Londres, 1855.
(²) Voir l'ouvrage *Memoir of Dalton*, par R. A. Smith, Londres, 1856 ; et la
notice de W. C. Henry dans les *Cavendish Society transactions*, Londres, 1854.
(³) Une édition de ses œuvres, préparée par G. Darboux, a été publiée en
2 volumes, Paris 1888-1890.

le 16 mai 1830. Il était fils d'un tailleur et fit ses études chez les Bénédictins. A cette époque, comme c'est encore le cas en Russie, les commissions des corps scientifiques de l'armée étaient réservées aux fils de famille ; Fourier ne pouvant, par le fait de sa naissance, aspirer à un pareil emploi, accepta une chaire de mathématiques à l'Ecole militaire. Il prit une part active au mouvement révolutionnaire, et fut récompensé par sa nomination en 1795 comme professeur à l'Ecole normale et, dans la suite, à l'Ecole polytechnique.

Fourier accompagna Napoléon dans son expédition d'Egypte, en 1798, et fut nommé gouverneur de la Basse-Egypte. Les communications avec la France étant coupées par la flotte anglaise, il organisa des ateliers où l'armée française pouvait s'approvisionner de munitions de guerre. Il adressa également plusieurs mémoires mathématiques à l'Institut d'Egypte, que Napoléon avait fondé au Caire. L'Angleterre étant victorieuse après la capitulation du général Menou en 1801, Fourier revint en France, où il fut nommé préfet de Grenoble, et c'est là qu'il fit ses expériences sur la propagation de la chaleur. Il se rendit à Paris en 1816. En 1822, il publia sa *Théorie analytique de la chaleur* basée sur la loi de refroidissement de Newton : à savoir, que la diffusion de la chaleur entre deux molécules adjacentes est proportionnelle à la différence infiniment petite de leurs températures. Il montre dans cet ouvrage, * mais avec une rigueur contestable *, que toute fonction continue ou discontinue d'une variable peut être développée en une série des sinus des multiples de la variable, résultat qui est constamment utilisé dans l'analyse moderne. Lagrange avait donné des cas particuliers du théorème, et avait laissé entendre que la méthode était générale, mais il n'avait pas poursuivi l'étude du sujet. Dirichlet, le premier, donna une démonstration satisfaisante de cette proposition.

Fourier laissa un travail inachevé sur les équations, qui fut repris par Navier et publié en 1831 ; il contient beaucoup de questions originales et on y trouve, en particulier, un théorème important sur les racines d'une équation algébrique. Lagrange avait montré comment les racines d'une équation algébrique pouvaient être séparées à l'aide d'une équation ayant pour racines les carrés des différences des racines de l'équation primitive. Budan,

en 1807 et 1811, avait énoncé le théorème généralement connu
sous le nom de Fourier, mais sa démonstration n'était pas absolument satisfaisante. La démonstration de Fourier est généralement
donnée dans les livres classiques sur la théorie des équations. La
solution définitive du problème fut donnée en 1829 par Jacques-
Charles-François Sturm (1803-1855).

Sadi Carnot (¹). — Parmi les contemporains de Fourier qui
s'occupèrent de la théorie de la chaleur, le plus remarquable
fut *Sadi Carnot*, fils du géomètre éminent dont il a été question
plus haut. Sadi Carnot naquit à Paris en 1796 et y mourut,
en 1832, d'une attaque de choléra ; il fut officier dans l'armée
française. En 1824, il fit paraître un ouvrage peu étendu intitulé
Réflexions sur la puissance motrice du feu dans lequel il cherchait à déterminer de quelle façon la chaleur produisait son effet
mécanique. Il commit l'erreur d'admettre la matérialité de la chaleur, mais son essai peut être considéré comme une introduction à
la thermodynamique moderne.

Poisson (²). — Siméon-Denis Poisson, né à Pithiviers le 21 juin
1771 et mort à Paris, le 25 avril 1840, est presque aussi remarquable que Fourier pour les applications qu'il sut faire des mathématiques, soit à la mécanique, soit à la physique. Son père, qui avait
été simple soldat, fut chargé, en se retirant du service, d'un petit emploi administratif dans son village natal ; quand la révolution éclata,
il semble s'être chargé de l'administration du pays. Il ne fut pas
inquiété, et jouissait même d'une certaine importance locale.
L'enfant fut placé en nourrice, et il avait l'habitude de ra-
conter que son père étant venu un jour le voir, le trouva suspendu
à une corde attachée à un clou ; la nourrice, pour aller se prome-
ner, s'en était ainsi débarrassé. En rentrant, elle expliqua que
c'était une précaution indispensable, pour l'empêcher d'être dévoré
par les porcs qui erraient sur le plancher. Poisson ajoutait en plai-
santant que les efforts qu'il faisait le balançaient constamment d'un

_____

(¹) Un récit de sa vie et une traduction anglaise de ses *Réflexions* ont été publiés par R. H. Thurston, Londres et New-York, 1890.
(²) Arago a publié une biographie de Poisson, à la suite de laquelle se trouve
la liste de ses mémoires.

côté et d'autre et qu'il avait ainsi commencé, dès sa plus tendre enfance, ses études sur le pendule qui devaient tant l'occuper pendant son âge mûr.

Son père commença son instruction. Son oncle offrit de l'initier à l'art de la médecine, et comme début lui apprit à piquer les veines de feuilles de choux avec une lancette. Quand il eut acquis une habileté suffisante, on l'autorisa à poser des vésicatoires ; mais une des premières fois qu'il lui arriva d'opérer seul, le patient mourut au bout de quelques heures et, bien que tous les praticiens de l'endroit lui aient donné l'assurance que « l'événement était des plus fréquents », il déclara qu'il ne voulait plus exercer cette profession.

A son retour chez lui après cette aventure, Poisson découvrit parmi les papiers officiels envoyés à son père une copie des questions posées à l'Ecole polytechnique, et aussitôt il entrevit sa voie. A l'âge de dix-sept ans, il entra à l'Ecole polytechnique et son intelligence excita l'intérêt de Lagrange et de Laplace qui restèrent toujours ses amis. Un mémoire sur les différences finies qu'il composa lorsqu'il n'avait que dix-huit ans, donna lieu à un rapport si favorable de Legendre, qu'on en ordonna la publication dans le *Recueil des savants* étrangers. Aussitôt qu'il eut terminé ses études, il fut nommé professeur à l'Ecole et durant sa vie il continua à occuper divers emplois scientifiques officiels sans négliger pour cela l'enseignement. Il était quelque peu socialiste, et demeura républicain rigide jusqu'en 1815, époque à laquelle il se rallia au parti légitimiste. Cependant il ne prit aucune part active à la politique et fit de l'étude des mathématiques à la fois l'amusement et l'occupation de toute sa vie. Ses ouvrages et mémoires sont au nombre d'environ trois ou quatre cents. Les principaux sont : un *Traité de mécanique*, publié en deux volumes, 1811 et 1833, et qui longtemps fut classique ; sa *Théorie nouvelle de l'action capillaire*, 1831 ; sa *Théorie mathématique de la chaleur*, 1835 ; un supplément y fut ajouté en 1837 ; enfin ses *Recherches sur la probabilité des jugements*, 1837. Il avait l'intention, s'il avait vécu, d'écrire un ouvrage embrassant toute la physique mathématique et dans lequel il aurait inséré la substance des trois livres que nous venons de citer.

De ses mémoires mathématiques, les plus importants sont ceux qui traitent des intégrales définies et des séries de Fourier ; leur application aux problèmes de la physique constitue un de ses plus beaux titres à la célébrité. Rappelons encore son *Essai sur le calcul des variations* ; et ses notes sur la probabilité des résultats moyens des observations ([1]).

Ses mémoires les plus remarquables de mathématiques appliquées sont peut-être ceux qui concernent l'électrostatique et le magnétisme ; ils donnèrent naissance à une nouvelle branche de la physique mathématique. Il y supposait que les résultats observés étaient dus aux attractions et aux répulsions de particules impondérables. Les plus intéressants qu'il ait écrits sur l'Astronomie physique furent mis au jour en 1806 et imprimés en 1809 ; il y est question des inégalités séculaires des mouvements moyens des planètes et de la variation des constantes arbitraires, qui s'introduisent dans les solutions des questions de mécanique ; dans ces mémoires, Poisson discute la question de la stabilité des orbites planétaires, que Lagrange avait déjà établie au premier degré d'approximation pour les forces perturbatrices, et montre que le résultat peut être poussé jusqu'aux infiniment petits du troisième ordre : ce furent ces mémoires qui inspirèrent celui de Lagrange, de 1808, qui est resté célèbre. Poisson publia également, en 1821, une note sur la libration de la lune ; et une autre, en 1827, sur le mouvement de la terre autour de son centre de gravité. Ses plus importants mémoires sur la théorie de l'attraction sont : l'un, de 1829, sur l'attraction des sphéroïdes et un autre, de 1835, sur l'attraction d'un ellipsoïde homogène : la substitution de l'équation exacte relative au potentiel, à savoir : $\Delta^2 V = -4\pi\rho$, à la forme $\Delta^2 V = 0$, qui avait été donnée par Laplace, parut pour la première fois en 1813 dans le *Bulletin des sciences* de la *Société philomatique*. Enfin, nous mentionnerons son mémoire de 1825 sur la théorie des ondes.

Ampère([2]). — *André-Marie Ampère* naquit à Lyon, le 22 janvier 1775. A 18 ans, il perdit son père, victime du tribunal révo-

---

([1]) Voir le *Journal de l'École polytechnique* de 1813 à 1823 et les *Mémoires de l'Académie* pour 1823 ; les *Mémoires de l'Académie*, 1833 ; et *La Connaissance des Temps*, année 1827 et suivantes.

([2]) Voir C.-A. VALSON, *Étude sur la vie et les ouvrages d'Ampère*, Lyon, 1885.

lutionnaire. Cette mort fut pour lui un coup terrible dont il resta
pour ainsi dire anéanti. Ses facultés intellectuelles, si actives, si
ardentes, si développées, firent subitement place à un véritable
idiotisme qui, heureusement, ne fut que momentané. Nous ne
voulons pas nous étendre ici sur la vie d'Ampère si bien racontée
par Arago et nous ne parlerons que de ses recherches scientifiques. Comme géomètre, on peut le placer à côté des plus
grands mathématiciens ; comme physicien, il occupe un rang hors
pair : il a presque égalé Newton. Son premier ouvrage, paru en
1802, est intitulé : *Considérations sur la théorie mathématique du
Jeu*, mais ses travaux mathématiques importants sont relatifs à
l'intégration des équations différentielles du premier et du second
ordre. Il publia sur ce sujet deux mémoires remarquables parus
dans le 17ᵉ et le 18ᵉ cahier du *Journal de l'École polytechnique*.

La découverte capitale d'Ampère est celle qui lui a permis de
créer pour ainsi dire à lui seul une science nouvelle : « l'électrodynamique. »

Cette science, il la fit surgir comme corollaire de la mémorable
expérience d'OErsted. Nous n'avons pas à l'exposer ici. Elle se
trouve dans tous les traités de Physique ainsi que la description des appareils ingénieux qu'il a imaginés pour démontrer les
lois qu'il avait découvertes. Il fit plus encore : il montra que
l'analyse mathématique était assez puissante pour en rendre compte,
dans un ouvrage célèbre, publié en 1826, et qu'on peut placer à
côté du livre des principes de Newton.

Ampère aurait certainement fait d'autres découvertes s'il avait
pu se vouer entièrement à la science, mais la nécessité de gagner
sa vie le força à accepter des fonctions multiples dans l'enseignement. Il passa aussi beaucoup de temps à composer un ouvrage
sur la philosophie des sciences, ouvrage qui n'est pas sans mérite,
mais dont l'absence aurait peut-être été compensée par des découvertes nouvelles en électricité ou en optique.

Fresnel-Biot. — *Augustin-Jean Fresnel*, né à Broglie, le
10 mai 1788, et mort à Ville-d'Avray, le 14 juillet 1827, était ingénieur des ponts-et-chaussées ; il consacra ses loisirs à l'étude de
l'optique physique.

La théorie ondulatoire de la lumière, que Hooke, Huygens et
Euler avaient appuyée sur des raisonnements *à priori*, a été fondée
sur l'expérience par les recherches de Young. Fresnel déduisit les
conséquences mathématiques de ces expériences et expliqua le
phénomène de l'interférence de la lumière ordinaire et polarisée.

Nous devons dire quelques mots, en passant, de l'ami et du contemporain de Fresnel, *Jean-Baptiste Biot*, né à Paris, le 21 avril
1774, et mort dans la même ville en 1862. La majeure partie de
ses recherches mathématiques roulent sur l'optique et spécialement sur la polarisation de la lumière. Ses travaux datent de la
période 1805 à 1817 : un choix de ses mémoires les plus remarquables fut publié à Paris, en 1858.

Arago ([1]). — *François-Jean-Dominique Arago* naquit à Esta-
gel, dans les Pyrénées, le 26 février 1786, et mourut à Paris, le
2 octobre 1853. Il suivit les cours de l'École Polytechnique et, en
1804, il fut attaché à l'Observatoire comme secrétaire du bureau
des longitudes ; de 1805 à 1809, il s'occupa de la mesure d'un arc
de méridien pour arriver à la détermination exacte de la longueur
du mètre. Il fut ensuite chargé d'un emploi important à l'Observatoire, et nommé professeur à l'École Polytechnique où ses cours
eurent beaucoup de succès. Plus tard, il fit sur l'astronomie des
leçons populaires qui étaient à la fois claires et exactes, ensemble
de qualités plus rare à cette époque que de nos jours. Il réorganisa
l'Observatoire national, qui laissait depuis longtemps à désirer.
Il demeura jusqu'à la fin de sa vie républicain ardent et, après le
Coup d'État de 1852, bien qu'à demi aveugle et mourant, il se
démit de son poste d'astronome plutôt que de prêter serment à
l'empire. Il faut dire, à la louange de Napoléon III, qu'il donna
des ordres pour que le vieillard ne fût pas inquiété et fût main-
tenu dans ses fonctions.

Les plus anciennes recherches physiques d'Arago ont trait à la
pression des vapeurs à différentes températures et à la vitesse du
son, 1818 à 1822. La plupart de ses observations magnétiques
furent faites de 1823 à 1826. Il découvrit ce qui a été appelé le

---

([1]) Les *Œuvres* d'Arago ont été éditées par J.-A. Barral et publiées en
17 volumes, Paris, 1856-7. Le premier volume est précédé d'une autobiographie.

magnétisme de rotation et le fait que la plupart des corps pouvaient être aimantés : ces découvertes furent complétées et expliquées par Faraday. Il soutint énergiquement les théories optiques de Fresnel et les deux savants dirigèrent ensemble ces expériences sur la polarisation de la lumière, qui conduisirent à cette conclusion : que les vibrations de l'éther luminifère sont transversales à la direction du mouvement et que la polarisation consiste dans la décomposition d'un mouvement rectiligne suivant deux composantes à angle droit. L'invention subséquente du polariscope et la découverte de la polarisation rotatoire sont dues à Arago. Il suggéra, en 1838, l'idée générale de la détermination expérimentale de la vitesse de la lumière d'après la méthode suivie, plus tard, par Fizeau et Foucault ; mais par suite de l'affaiblissement de sa vue, il ne put en étudier les détails et faire les expériences.

On remarquera que quelques-uns des derniers membres de cette Ecole française ont vécu jusqu'à une époque relativement récente, mais ils produisirent presque tous leurs travaux mathématiques avant l'année 1830. Ils ont été les successeurs directs des savants français qui fleurirent au commencement du xixᵉ siècle et paraissent n'avoir eu aucun contact avec les grands mathématiciens allemands dont les recherches ont inspiré beaucoup des meilleurs travaux du siècle. C'est pourquoi nous les avons placés ici, bien que leurs écrits soient, dans quelques cas, d'une date postérieure à ceux de Gauss, Abel, Jacobi et d'autres mathématiciens des temps récents*. On peut leur adjoindre *Delambre, Montucla* et *Poinsot**.

* **Delambre**. — *Jean-Baptiste-Joseph Delambre* naquit à Amiens, le 19 septembre 1749 et mourut le 19 août 1822 ; il a laissé des travaux astronomiques de valeur : *Tables de Jupiter et de Saturne, Mesure de l'arc méridien, Histoire de l'astronomie, Astronomie ancienne, du Moyen Age et moderne*, etc.. ; certaines formules de trigonométrie sphérique portent son nom *.

* **Montucla**. — Nous ne saurions oublier ici *Jean-Etienne Montucla*, né à Lyon le 5 septembre 1725, mort à Paris, le 18 décembre 1799, et auteur de la célèbre *Histoire des mathématiques*, ouvrage fort remarquable pour l'époque *.

* **Poinsot**. — *Louis Poinsot* naquit à Paris, en 1777, et mourut
en 1859. Elève à l'École Polytechnique, professeur au lycée Bonaparte, puis examinateur à l'École Polytechnique, il succéda à Lagrange, à l'Académie des Sciences. Il a publié des travaux remarquables concernant la mécanique rationnelle : citons sa *Théorie des
couples*, sa *Théorie de la rotation des corps* et son *Mémoire sur
les cônes circulaires roulants* *.

INTRODUCTION DE L'ANALYSE EN ANGLETERRE

L'isolement complet de l'École anglaise et son attachement aux
méthodes géométriques constituent les faits les plus saillants de
son histoire durant la dernière moitié du xviiie siècle ; comme conséquence naturelle, cette École ne contribua que fort peu aux progrès de la science mathématique. Un autre résultat fut que les savants anglais se consacrèrent principalement à la physique et à
l'astronomie pratique, qui firent peut-être plus de progrès en Angleterre que dans les pays du continent.

Ivory. — Ivory, à qui l'on doit le célèbre théorème sur l'attraction, est presque le seul mathématicien anglais du commencement de ce siècle qui ait employé les méthodes analytiques et dont
les travaux méritent de figurer ici. *Sir James Ivory* naquit à Dun-
dee, en 1765, et mourut le 21 septembre 1842. Après avoir pris
ses grades à Saint-André, il devint directeur gérant d'une filature
de lin, dans le Forfarshire, mais il continua à consacrer aux mathématiques la majeure partie de ses loisirs. En 1804, il fut
nommé professeur au Collège Royal militaire de Marlow, transféré
plus tard à Sandhurst ; il fut annobli en 1831. Il fournit de nombreux mémoires aux *Philosophical Transactions*, et les plus remarquables sont ceux qui concernent l'attraction. Dans l'un d'eux,
en 1809, il montra que l'attraction d'un ellipsoïde homogène
sur un point extérieur est multiple de celle d'un autre ellipsoïde
sur un point intérieur : et cette dernière peut être obtenue aisément. Il critiqua la solution de la méthode des moindres carrés
donnée par Laplace, avec une sévérité inutile et dans des termes
qui montraient qu'il ne l'avait pas bien comprise.

L'Ecole analytique de Cambridge. — Vers la fin du dernier siècle, les membres les plus éminents du Collège mathématique de Cambridge commencèrent à reconnaître que l'état d'isolement dans lequel ils se maintenaient à l'égard de leurs contemporains du continent, présentait de sérieux inconvénients. Le mérite du plus ancien essai tenté en Angleterre pour expliquer la notation et les méthodes du calcul telles qu'elles étaient employées sur le Continent revient à Woodhouse, qui doit être considéré comme l'apôtre de ce mouvement. Il est douteux qu'il eût pu, de lui-même, mettre en vogue les méthodes analytiques ; mais ses idées furent adoptées avec enthousiasme par trois étudiants, Peacock, Babbage et Herschel, qui réussirent à faire triompher les réformes qu'il avait suggérées.

Woodhouse. — *Robert Woodhouse* naquit à Norwich, le 28 avril 1773 ; fit ses études au Collège Caius, à Cambridge, en devint membre par la suite, occupa la chaire Plumian à l'Université et continua à vivre à Cambridge jusqu'à sa mort, qui survint le 23 décembre 1827.

Le plus ancien ouvrage de Woodhouse, intitulé *Principles of Analytical Calculation*, fut publié à Cambridge, en 1803. Il y expliquait la notation différentielle et en recommandait fortement l'emploi, mais il y critiquait sévèrement les méthodes employées par les écrivains du Continent et l'usage continuel qu'ils faisaient de principes non évidents. Cet ouvrage fut suivi, en 1809, d'une trigonométrie plane et sphérique et, en 1810, d'un Traité historique sur le calcul des variations et le problème des isopérimètres. Il composa ensuite une astronomie, dont le premier volume, Astronomie pratique et descriptive, parut en 1812 ; le second qui contenait une exposition de l'astronomie physique, d'après Laplace et d'autres écrivains du continent, parut en 1818. Tous ces ouvrages se distinguent par une sévère critique scientifique.

Un homme tel que Woodhouse, d'une honorabilité scrupuleuse, universellement respecté, logicien exercé, d'un esprit caustique, était bien celui qui convenait pour introduire un nouveau système ; le fait qu'en appelant pour la première fois l'attention sur l'analyse continentale, il exposait les faiblesses de quelques-unes de ses méthodes plutôt en adversaire qu'en partisan, était aussi politique qu'honnête. Woodhouse n'exerça pas beaucoup d'influence sur la majorité de ses contemporains, et le mouvement aurait échoué à ce moment, s'il n'avait été soutenu par Peacock, Babbage et Herschel, qui créèrent une Société analytique ayant pour objet de préconiser l'usage général dans l'Université anglaise des méthodes analytiques et de la notation différentielle.

Peacock. — *George Peacock*, qui fut le plus influent des premiers membres de la nouvelle École, naquit à Denton, le 9 avril 1791. Il fit ses études au Collège de la Trinité, à Cambridge, où il devint répétiteur, puis professeur. L'établissement de l'Observatoire de l'Université fut en grande partie dû à ses efforts et, en 1836, il fut chargé de la chaire Lowndeau d'astronomie et de géométrie. En 1839, il fut nommé doyen d'Ely, où il résida jusqu'à sa mort, le 8 novembre 1858. Bien que l'influence de Peacock sur les mathématiciens anglais fût considérable, il a laissé peu de traces de ses travaux : nous ferons observer cependant que son rapport sur les progrès récents de l'analyse, 1833, fut le début de ces résumés précieux sur les progrès de la science qui enrichissent plusieurs des volumes annuels des *Transactions* de l'Association Britannique.

Babbage. — Un autre membre important de la Société Analytique fut *Charles Babbage*, qui naquit à Totnes, le 26 décembre 1792 ; il entra au Collège de la Trinité, à Cambridge, en 1810, occupa ensuite à l'Université la chaire Lucasian, mourut à Londres, le 18 octobre 1871. Ce fut lui qui dénomma la Société Analytique, qui, déclarait-il, était constituée pour soutenir « les principes du pur *d*-ism en opposition au *dot*-age de l'Université ([1]). »

La fondation de la Société Astronomique, en 1820, est, en grande partie, due à ses efforts ; plus tard, en 1830 et 1832, il prit une part prééminente à la création de l'Association Britannique. Babbage est l'auteur de divers mémoires sur le calcul des fonctions et l'inventeur d'une machine analytique qui, non seule-

---

([1]) Il est impossible de rendre en français le jeu de mots contenu dans cette phrase. C'est une opposition entre la notation de Leibnitz et celle de Newton au moyen d'un point, *dot*.

ment permet d'effectuer toutes les opérations ordinaires de l'arithmétique, mais encore peut calculer les valeurs d'une fonction quelconque et imprimer les résultats obtenus.

Herschel. — Avec Peacock et Babbage, *Sir John Frederick William Herschel* chercha à répandre en Angleterre l'usage des méthodes analytiques. Il naquit le 7 mars 1792, fit ses études au Collège Saint-Jean, à Cambridge, et mourut le 11 mai 1871. Son père était Sir William Herschel (1738-1822), astronome le plus illustre de la dernière moitié du dernier siècle et créateur de l'astronomie stellaire moderne. J. F. W. Herschel débuta dans ses travaux mathématiques par une note sur le théorème de Cotes, qui fut suivie par d'autres sur l'analyse mathématique ; mais son désir de compléter l'œuvre de son père, le conduisit finalement à s'occuper exclusivement d'astronomie. Ses mémoires sur la lumière et l'astronomie contiennent une exposition claire des principes qui servent de base à la théorie mathématique de ces sujets.

En 1813, la Société Analytique publia un volume de mémoires, dont la préface et le premier article (sur les produits continus) sont dûs à Babbage ; trois ans plus tard elle fit paraître une traduction de l'ouvrage de Lacroix : *Traité élémentaire de calcul différentiel et de calcul intégral* ; la notation différentielle fut employée dans les examens universitaires en 1817 et encore en 1819 ; après 1820 elle fut définitivement adoptée. La Société Analytique compléta sa rapide victoire par la publication, en 1820, de deux volumes d'exemples d'applications de la nouvelle méthode ; l'un par Peacock, sur le calcul différentiel et intégral, et l'autre par Herschel, sur le calcul des différences finies. Depuis, la notation des fluxions ne figure plus d'une façon exclusive dans les ouvrages anglais sur le calcul infinitésimal. Il faut noter, en passant, que Lagrange et Laplace, de même que la majorité des autres écrivains modernes, employaient à la fois les notations fluxionnelle et différentielle, et c'était l'usage exclusif de la première qui présentait tant de difficultés.

Parmi ceux qui contribuèrent de façon importante à étendre en Angleterre l'usage de l'analyse nouvelle, on doit compter William Whewell (1794-1866) et George Biddell Airy (1801-1802), tous deux membres de Trinite Collyge, à Cambridge.

Le premier publia, en 1819, un ouvrage sur la mécanique et le second, élève de Peacock, fit paraître, en 1826, ses *Traités*, où il appliquait, avec beaucoup de succès, la nouvelle méthode à divers problèmes de physique. La Société fut aidée dans ses efforts par la rapide publication de bons ouvrages classiques dans lesquels la méthode analytique de Leibnitz était franchement adoptée. L'emploi des nouvelles méthodes analytiques s'étendit de Cambridge à toute la Grande Bretagne et, vers 1830, ces méthodes étaient devenues d'un usage général dans le pays.

CHAPITRE XIX

—

LES MATHÉMATIQUES AU XIXᵉ SIÈCLE

Le xixᵉ siècle a vu surgir, en mathémathiques pures, de nombreuses branches nouvelles. Notamment la théorie des nombres ou arithmétique supérieure ; la théorie des formes et des groupes ; la théorie des fonctions de périodicité multiple ou trigonométrie supérieure ; enfin la théorie générale des fonctions, embrassant les vastes régions de l'analyse supérieure. Les développements de la géométrie analytique et synthétique ont également engendré de nouveaux sujets d'études. Enfin l'application des mathématiques aux problèmes de la physique a révolutionné les fondements et l'exposition de cette science.

Une pareille extension peut, à juste titre, être considérée comme ouvrant une nouvelle période dans l'histoire, ; un futur écrivain, qui envisagerait l'histoire comme nous l'avons fait, aurait tout lieu de traiter les mathématiques des xviiᵉ et xviiiᵉ siècles comme formant une période distincte, et de considérer le xixᵉ siècle comme l'origine d'une nouvelle période. Une pareille division impliquerait alors une étude à peu près complète et systématique des mathématiciens du xixᵉ siècle. Mais il nous est évidemment impossible de discuter d'une façon impartiale les œuvres mathématiques d'une époque aussi rapprochée et les travaux de mathématiciens dont quelques-uns vivent encore et dont d'autres nous sont personnellement connus. C'est pourquoi nous n'avons pas la prétention de faire l'histoire complète des mathématiques au cours du xixᵉ siècle ; nous nous contenterons de mentionner les faits les plus saillants de l'histoire contemporaine des mathématiques pures en y compre-

nant la dynamique théorique et l'astronomie ; nous ne nous occuperons qu'incidemment des récentes applications des mathématiques à la physique.

Dans quelques cas seulement nous donnons des détails sur la
vie et les œuvres des mathématiciens, et nous complétons par
quelques courtes notes nos renseignements sur ceux d'entre eux
qui ont étendu quelque branche nouvelle, en précisant la partie
sur laquelle leur attention s'est particulièrement fixée. Même en
nous renfermant dans ces limites, il nous a été très difficile de
faire un exposé bien ordonné des mathématiques contemporaines ;
nous répétons intentionnellement et en insistant : que nous ne pré-
tendons pas (nos lecteurs ne doivent pas l'oublier), donner ici les
noms de tous les principaux savants qui ont écrit sur les mathématiques. En fait, la quantité de matériaux produits a été si grande
que personne ne peut espérer faire plus qu'étudier les œuvres relatives à une certaine branche ou à quelques branches spéciales.
Nous pouvons ajouter à l'appui de cette remarque que la Commission nommée par la Société Royale pour préparer un catalogue
des publications sur ce genre de littérature, a trouvé, en 1900,
qu'il se publiait actuellement par an plus de 1 500 mémoires de
mathématiques pures et plus de 40 000 sur des sujets scientifiques.

La plupart des histoires des mathématiques ne parlent pas des
ouvrages parus dans le courant du XIXᵉ siècle ; nous connaissons
cependant quelques exceptions dont voici les principales : une
courte dissertation par H. Hankel, intitulée : *Die Entwickelung
der Mathematik in den letzten Jahrhunderten*, Tubingue, 1885 ;
les onzième et douzième volumes de l'*Histoire des sciences* de
M. Marie, dans lesquels on trouve quelques notes sur les mathématiciens qui naquirent dans le dernier siècle ; l'ouvrage de Gerhardt,
Geschichte der Mathematik in Deutschland, Munich, 1877 ; un
Discours de C. Hermite sur les professeurs de la Sorbonne, dans
le Bulletin des sciences mathématiques, 1890 ; les *Lectures on
Mathematics* de F.-C. Klein (Evanston Colloquium), New-York et
Londres, 1894 ; et *Die reine Mathematik in den Jahren*, 1884-
1899, de E. Lampe, Berlin, 1899.

Quelques ouvrages ont été écrits sur le développement de certains sujets particuliers, tels ceux d'Isaac Todhunter sur les théo-

ries de l'attraction et sur le calcul des probabilités ; on trouve aussi dans les volumes annuels de l'Association Britannique, nombre de rapports sur les progrès faits dans diverses branches des mathématiques modernes ; un ou deux rapports semblables ont été présentés à l'Académie des Sciences de Paris. La neuvième édition de l'*Encyclopédie Britannique* contient également quelques mémoires importants. Citons encore l'ouvrage du professeur G. Loria, *Die hauptsächlichsten Theorien der Geometrie*, Leipzig, 1888 ; * le *Rapport sur les progrès de la Géométrie* de Chasles, le *Rapport sur les progrès de l'analyse mathématique* et les *Éloges académiques* de J. Bertrand ; l'*Œuvre mathématique du* XIXe *siècle* de R. d'Adhémar ; *les sciences mathématiques au* XIXe *siècle*, de M. Painlevé *. L'*Encyklopädie der mathematischen Wissenschaften*, en cours de publication, * tant en Allemagne qu'en France * cherche à décrire l'état actuel des connaissances en mathématiques pures et appliquées et, sans aucun doute elle complètera heureusement les rapports précités.

Toutes ces références et ces rapports nous ont été utiles, mais pour la composition de ce chapitre nous nous sommes également beaucoup servi des notices nécrologiques parues dans les Comptes rendus des diverses Sociétés savantes, à l'étranger aussi bien qu'en Angleterre. Nous sommes encore redevables à nos amis de tous les renseignements qu'ils nous ont gracieusement fournis ; si nous n'insistons pas davantage sur ce point, c'est que nous ne voulons pas paraître les rendre responsables de nos erreurs et de nos omissions.

Généralement, à une période d'activité intellectuelle intense, succède un état de repos. Après la mort de Lagrange, Laplace, Legendre et Poisson, l'Ecole française, qui avait occupé une situation si prépondérante au commencement de ce siècle, ralentit pendant quelques années sa production d'œuvres nouvelles. * Dans ces derniers temps, par contre, elle devait briller d'un vif éclat.* Quelques-uns des mathémaciciens que nous nous proposons d'étudier en premier lieu, Gauss, Abel et Jacobi, ont été les contemporains des dernières années des savants français cités ci-dessus, mais leurs travaux nous ayant semblé appartenir à une nouvelle école, nous avons cru devoir les placer plutôt en tête d'un nouveau chapitre.

De tous les mathématiciens de ce siècle, il n'en est aucun dont

les écrits aient eu plus d'influence que ceux de Gauss, influence
qui s'est fait sentir d'une façon permanente sur plusieurs branches
de la science. Nous ne pouvons donc mieux commencer notre
histoire des mathématiques contemporaines qu'en exposant très
brièvement ses recherches les plus importantes.

Gauss ([1]). — *Charles-Frédéric Gauss*, naquit à Brunswick le
23 avril 1777 et mourut à Göttingue le 23 février 1855. Son
père était un simple maçon et Gauss dût l'instruction qui lui fut
donnée (contre le désir de ses parents, qui auraient voulu profiter
de son salaire ouvrier) au Duc régnant, qui avait su deviner ses
rares facultés. En 1792, il fut envoyé au Collège Caroline et, vers
1795, professeurs et élèves étaient d'accord pour déclarer qu'il
connaissait tout ce que les maîtres du collège pouvaient lui enseigner ; c'est pendant son séjour dans cet établissement qu'il publia
sa méthode des moindres carrés et qu'il établit par induction la loi
de réciprocité quadratique. Il alla ensuite à Göttingue où il étudia
sous la direction de Kästner ; plusieurs découvertes qu'il fit dans la
théorie des nombres datent de l'époque où il était étudiant à cette
Université. En 1798, il retourna à Brunswick où il vécut d'une
façon assez précaire en donnant des leçons particulières.

En 1799, Gauss publia une démonstration de ce théorème : que
toute équation algébrique a une racine de la forme $a + bi$; il en
donna à la fois trois preuves distinctes. Ses *Disquisitiones Arithmeticæ* suivirent en 1801 ; elles forment le premier volume de ses
œuvres complètes. La plus grande partie de ce travail avait été
envoyée l'année précédente à l'Académie des sciences de Paris qui
l'avait dédaignée avec un sans gêne injustifiable, même au cas où
l'ouvrage eût été sans valeur, comme le pensaient les arbitres chargés de l'examiner. Gauss en fut péniblement affecté et sa répu-

---

([1]) Les œuvres de GAUSS, éditées en sept volumes par E.-J. SCHERING,
1863-71, ont été publiées par la Société Royale de Göttingue. Une grande
quantité de travaux additionnels ont paru depuis et il y a lieu d'espérer que la
collection n'est pas épuisée ; une nouvelle édition publiée par Félix Klein, est
en cours de publication, neuf volumes ont paru ; le septième paru en 1907
contient comme la précédente édition la « *Theoria motus* » et en outre de très
nombreuses additions, dues à la découverte de nombreux et importants manuscrits inédits de Gauss.
• SARTORIUS VON WALTERSHAUSEN a fait la biographie de GAUSS : *Gauss zum
Gedächtniss*, Leipzig, 1856.•

gnance à publier ses travaux peut en partie être attribuée à ce malheureux incident.

La découverte suivante de Gauss se rapporte à une branche tout à fait différente des mathématiques. On avait depuis longtemps remarqué l'absence de toute planète entre Mars et Jupiter où cependant, d'après la loi de Bode. les observateurs devaient s'attendre à en trouver une, mais ce fut en 1801 seulement que la présence de planètes secondaires y fut constatée. La découverte que fit G. Piazzi, de Palerme, d'une petite planète située entre Mars et Jupiter était d'autant plus intéressante qu'elle concordait avec la publication d'un opuscule d'Hegel dans lequel ce dernier critiquait sévèrement les astronomes qui négligeaient trop la philosophie ; cette science, disait-il, leur aurait fait voir de suite qu'il ne peut exister plus de sept planètes ; son étude leur aurait évité de perdre d'une façon ridicule un temps considérable à rechercher ce qui, dans la nature des choses, ne pouvait exister. La nouvelle planète reçut le nom de Cérès, mais elle avait été aperçue dans de telles conditions que le calcul préalable de son orbite paraissait impossible. Les observations faites furent heureusement communiquées à Gauss ; il calcula les éléments de la planète et son analyse prouva qu'il méritait d'être regardé aussi bien comme le premier des astronomes théoriciens que comme le plus grand des « arithméticiens ».

Ces recherches eurent pour effet d'attirer l'attention et lui valurent, en 1807, l'offre qu'il déclina, d'une chaire à Saint-Pétersbourg. La même année il fut nommé Directeur de l'Observatoire de Göttingue et professeur d'Astronomie à l'université de cette ville. Il exerça ces fonctions jusqu'à sa mort et, depuis sa nomination, ne coucha jamais ailleurs que dans son Observatoire, sauf en une seule occasion où il dut se rendre à Berlin pour un congrès scientifique. Ses leçons étaient d'une lucidité remarquable, et parfaites quant à la forme ; on prétend qu'il les consacrait à l'exposition de l'analyse qui l'avait conduit aux divers résultats obtenus dans ses recherches, et qui fait si visiblement défaut dans ses démonstrations écrites ; mais de crainte que ses auditeurs ne perdissent la suite de son exposé, il ne les autorisait pas volontiers à prendre des notes.

Nous avons déjà rapporté les publications de Gauss en 1799,

1801 et 1802. Au cours des années qui suivirent 1807, son temps fut principalement pris par les travaux de son Observatoire. En 1809, il publia à Hambourg sa « *Theoria Motus corporum Cœlestium* », traité qui contribua largement au perfectionnement de l'Astronomie pratique et dans lequel figure le principe de la triangulation curviligne ; sur le même sujet, nous avons son mémoire : « *Theoria Combinationis Observationum Erroribus Minimis Obnoxia*, dont il donna une suite et un supplément.

Un peu plus tard, il s'occupa de géodésie ; de 1821 à 1848, il fût conseiller scientifique du Danemark et du Hanovre pour les opérations du cadastre alors en cours dans ces pays. Ses notes de 1843 et 1866, *Ueber Gegenstände der höhern Geodäsie*, exposent ses travaux sur ce sujet.

Les recherches de Gauss sur l'électricité et le magnétisme datent d'environ 1830. Son premier mémoire sur la théorie du magnétisme, intitulé : *Intensitas vis magneticæ Terrestris ad mensuram absolutam revocata*, fut publié en 1833. Quelques mois après il inventa avec W.-E. Weber l'héliotrope et le magnétomètre à deux fils ; dans le courant de la même année, ces deux savants firent construire à Göttingue un observatoire magnétique, en s'arrangeant de façon à éviter complètement l'emploi du fer (comme cela avait déjà été fait, mais sur une plus petite échelle, par Humboldt et Arago) ; ils y firent des observations magnétiques et établirent, en particulier, la possibilité pratique d'envoyer des signaux télégraphiques. Gauss fonda en même temps une association dans le but de recueillir des séries continues d'observations à des époques déterminées. Les volumes de leurs comptes rendus, *Resultate aus der Beobachtungen des Magnetischen Vereins* pour 1838 et 1839 contiennent deux importants mémoires de Gauss, l'un sur la théorie générale du magnétisme terrestre, l'autre sur la théorie des forces exerçant une action attractive inversement proportionnelle au carré de la distance.

De même que Poisson, Gauss considérait les phénomènes d'électro-statique comme dûs à des attractions et à des répulsions entre particules impondérables. Lord Kelvin, alors William Thomson, montra en 1846 que les effets pourraient également être comparés à ceux produits par un flux de calorique émanant de sources d'électricité convenablement distribuées.

En électrodynamique, Gauss parvint en 1835 à un résultat équivalent à celui donné par W.-E. Weber, de Göttingue, en 1846, à savoir que l'attraction entre deux particules électrisées e et e', placées à la distance r l'une de l'autre, est liée à leur position et à leurs mouvements relatifs par la formule

$$ ee'r^{-2} \left\{ 1 + \left[\frac{d^2r}{dt^2} - \frac{1}{2} \left(\frac{dr}{dt} \right)^2 \right]^2 c^{-2} \right\}. $$

Gauss cependant était d'avis qu'on ne pouvait regarder comme satisfaisante une hypothèse reposant uniquement sur une formule et sans base physique ; et comme il ne put en imaginer une représentation physique plausible, il abandonna le sujet.

De telles hypothèses ont été proposées par Riemann en 1858, par C. Neumann de nos jours à Leipzig, et par Betti (1823-1892), de Pise, en 1868 ; mais Helmholtz montra, en 1870, 1873 et 1874, qu'elles étaient insoutenables. Une conception plus simple, dans laquelle on considère tous les phénomènes électriques et magnétiques comme des tensions et des mouvements d'un milieu matériel élastique, a été émise par Michael Faraday (1791-1867) et étudiée, en 1873, par James Clerk Maxwell, de Cambridge (1831-1879). Ce dernier, en employant un système de coordonnées généralisées, réussit à déduire des conséquences physiques de cette théorie et à établir son accord avec les faits. Maxwell concluait en montrant que si ce milieu était le même que le prétendu éther luminifère, la vitesse de la lumière serait égale au rapport des unités électromagnétique et électrostatique ; des expériences faites ultérieurement tendraient à confirmer cette conclusion. Les théories antérieurement admises supposaient l'existence d'un simple solide élastique ou une action entre la matière et l'éther.

Dans un rapport à l'Association Britannique, en 1885, J.-J. Thomson, de Cambridge, a classé la théorie précédente ainsi que d'autres théories de la façon suivante :

a) Celles qui ne sont pas fondées sur le principe de la conservation de l'énergie (telles que celles d'Ampère, Grassmann, Stefan et Korteweg) ;

b) Celles qui s'appuient sur des hypothèses ayant rapport aux vitesses et aux positions des particules électrisées (telles que celles de Gauss, W.-E. Weber, Riemann et R.-J.-E. Clausius) ;

c) Celles qui exigent l'existence d'une espèce d'énergie dont nous n'avons pas autrement connaissance (telles que la théorie de C. Neumann);

d) Celles qui s'appuient sur des considérations dynamiques, mais sans tenir compte de l'action diélectrique (telles que la théorie de F.-E. Neumann);

e) et enfin celles qui s'appuient sur des considérations dynamiques, mais en tenant compte de l'action diélectrique (telles que celle de Maxwell).

Dans l'ouvrage précité, ces diverses théories sont exposées, critiquées et comparées avec les résultats des expériences.

Les recherches de Gauss sur l'optique, et spécialement sur les systèmes de lentilles, furent publiées, en 1840, dans son ouvrage *Dioptrische Untersuchungen,*

On voit d'après l'esquisse que nous venons de donner que le champ des investigations de Gauss présentait une étendue considérable ; dans beaucoup de cas, ses recherches servirent à amorcer de nouvelles voies. C'est le dernier des grands mathématiciens ayant eu des connaissances presque universelles : depuis cette époque, la littérature scientifique a pris un tel développement que les mathématiciens ont été forcés de se spécialiser et de s'attacher particulièrement à une branche ou à quelques branches particulières. Nous allons maintenant étudier brièvement les plus importantes découvertes que fit Gauss en mathématiques pures.

Son ouvrage le plus célèbre dans ce genre est les *Disquisitiones Arithmeticæ*, qui a été le point de départ de plusieurs études importantes sur la théorie des nombres. Ce Traité et la *Théorie des Nombres* de Legendre sont toujours classiques ; mais de même que de sa discussion des fonctions elliptiques Legendre ne sut point dégager un algorithme nouveau, de même aussi Gauss traita la théorie des nombres comme un simple chapitre de l'algèbre. Il sut comprendre cependant que la théorie des grandeurs discontinues, ou arithmétique supérieure, était tout autre que celle des grandeurs continues, ou algèbre, et il introduisit une nouvelle notation et de nouvelles méthodes d'analyse, dont les auteurs qui le suivirent ont généralement fait usage. La théorie des nombres peut se diviser en deux parties principales, à savoir : la théorie des congruences et la théorie des formes. L'une et l'autre furent étudiées par Gauss. En particulier, dans les *Disquisitiones Arithmeticæ,* * il donne la grande loi de la réciprocité quadratique, qu'il démontre jusqu'à six fois, tant cette loi lui paraît, et avec raison, importante; ce sujet fut repris par *Jacobi, Eisenstein,* Liouville, Lebesgue Genocchi, Kummer, Kronecker et Th. Pépin *; puis il mit au jour la théorie moderne des congruences du premier et du second ordre : c'est à celle-ci qu'il ramenait l'analyse indéterminée. Il étudiait également dans le même ouvrage la solution des équations binômes de la forme $x^n = 1$; son exposé comprend le théorème célèbre dans lequel il établit la possibilité de construire par la géométrie élémentaire des polygones réguliers dont le nombre des côtés est $2^m(2^n + 1)$, m et n représentant des nombres entiers et $2^n + 1$ un nombre premier : il avait fait cette découverte en 1796. * La question fut reprise avec bonheur par *Wantzel* en 1837 *. C'est là que Gauss a développé la théorie des formes quadratiques ternaires comprenant deux indéterminées. Gauss fit encore porter ses recherches sur la théorie des déterminants et ses résultats servirent de bases aux travaux de Jacobi qui concernent ce sujet.

La théorie des fonctions de périodicité double eut pour origine les découvertes d'Abel et de Jacobi dont nous parlons plus loin. Ces deux mathématiciens obtinrent les fonctions Thêta qui jouent un si grand rôle dans cette théorie. Cependant Gauss avait découvert indépendamment, et même à une date beaucoup plus ancienne, ces fonctions et quelques-unes de leurs propriétés ; il y avait été conduit par certaines intégrales qui se présentaient dans la *Determinatio Attractionis*, et il imagina, pour les évaluer, la transformation liée aujourd'hui au nom de Jacobi. Bien que Gauss en eut fait part anciennement à Jacobi, il ne publia pas ses recherches : elles se trouvent dans une série de cahiers de notes ne remontant pas à une date antérieure à 1808, et font partie de ses œuvres complètes.

De ses autres mémoires sur les mathématiques pures, les plus remarquables ont pour objet la théorie des résidus biquadratiques (où la notion des nombres complexes de la forme $a + bi$ se trouve introduite pour la première fois dans la théorie des nombres) ; on y rencontre plusieurs tables, une en particulier sur le nombre des classes des formes binaires quadratiques; son mémoire relatif à la démonstration du théorème que toute équation algébrique a une racine réelle ou imaginaire, celui sur la sommation des séries, un autre enfin sur l'interpolation sont aussi fort beaux. Son intro - duction de critériums rigoureux pour vérifier la convergence des séries infinies mérite l'attention.

Ses recherches sur les séries hypergéométriques sont également d'un haut intérêt; elles contiennent une discussion de la fonction Gamma, sujet qui a pris une importance considérable et a été traité, entre autres, par Kummer et Riemann. Enfin nous avons ses théorèmes sur la courbure des surfaces et son important mémoire sur la représentation conforme, où les résultats donnés par Lagrange pour les surfaces de révolution sont étendus à toutes les surfaces. * Ajoutons que dans un célèbre mémoire, intitulé : *Disquisitiones generales circa superficies curvas*, Gauss démontre ce théorème très remarquable que : *Quand une surface est applicable sur une autre par déformation, sans rupture ni duplicature, le produit des deux rayons de courbure principaux est le même pour les deux surfaces en deux points corespondants* *. Il paraît que Gauss aurait aussi découvert quelques propriétés des quaternions.

Une de ses notes concerne l'attraction des ellipsoïdes homogènes ; de plus, son mémoire de 1839, déjà cité, *Allgemeine Lehrsätze in Beziehung auf die im verkehrten Verhältnisse des Quadrats der Entfernung*, traite de la théorie des forces attractives suivant l'inverse du carré de la distance; Gauss y établit que les variations séculaires éprouvées par les éléments de l'orbite d'une planète sous l'influence de l'attraction d'une autre planète, exerçant une action perturbatrice, sont les mêmes que si la masse de cette seconde planète était distribuée au delà de son orbite et suivant un anneau elliptique, cela de telle sorte qu'à des arcs de l'orbite décrits dans le même temps correspondent des masses égales de l'anneau.

Les grands maîtres de l'analyse moderne sont Lagrange, Laplace et Gauss qui furent contemporains, et il est intéressant de noter le contraste marqué qui existe dans leurs écrits. Lagrange est parfait à la fois dans la forme et dans le fond, il est soucieux de donner la voie qu'il a suivie et ses écrits sont d'une lecture facile. Laplace par contre n'explique rien ; la forme le laisse indifférent, et une fois assuré de l'exactitude des résultats trouvés, il se con—

tente de les présenter sans démonstration ou quelquefois avec une démonstration imparfaite. Gauss est aussi correct et aussi élégant que Lagrange, mais encore plus difficile à suivre que Laplace, car il ne donne aucun renseignement sur la marche de ses idées et se borne à donner des démonstrations, il est vrai, rigoureuses, mais aussi synthétiques et aussi concises que possible.

Dirichlet ([1]). — Nous pouvons citer ici, l'un des élèves de Gauss, Lejeune Dirichlet. L'exposition, faite de mains de maître, qu'il a donnée des découvertes de Jacobi, qui était son beau-père, et de Gauss, a peut-être trop fait oublier ses propres recherches sur des sujets similaires. *Pierre Gustave Lejeune Dirichlet* naquit à Düren, le 13 février 1805, et mourut à Göttingue, le 5 mai 1859. Il enseigna successivement à Breslau et à Berlin, et à la mort de Gauss, en 1855, il fut désigné pour lui succéder comme professeur de mathématiques supérieures à Göttingue. Il se proposait de terminer les œuvres inachevées de Gauss, mais sa mort prématurée ne lui permit pas de conduire à bonne fin ce travail pour lequel il était admirablement préparé ; il produisit cependant quelques mémoires qui ont considérablement facilité la compréhension de quelques-unes des méthodes les plus obscures de Gauss. Quant aux recherches originales de Dirichlet, les plus célèbres sont celles où il établit le théorème de Fourier, et celles, dans la théorie des nombres, sur les lois asymptotiques, c'est-à-dire, les lois dont l'exactitude est d'autant plus grande que les nombres auxquels elles s'appliquent deviennent plus grands.

LA THÉORIE DES NOMBRES OU ARITHMÉTIQUE SUPÉRIEURE

Les recherches de Gauss sur la théorie des nombres furent continuées ou complétées par *Jacobi*, qui démontra le premier la loi

([1]) Ses œuvres ont été publiées en deux volumes, Berlin, 1889-1897. Ses leçons sur la théorie des nombres furent éditées par J.-W.-R. DEDEKIND, 3e édition, Brunswick, 1879-81 ; ses études sur la théorie du potentiel ont été éditées par F. GRUBE, seconde édition, Leipzig, 1887. C.-W. BORCHARDT a fait paraître une note sur quelques-unes de ses recherches dans le *Journal de Crelle* vol. LVII, 1859, pp. 91-92.

de réciprocité cubique, discuta la théorie des résidus et, dans son *Canon Arithmeticus*, donna une table des résidus des racines primitives.

* Dirichlet publia aussi, en 1825, un mémoire concernant la célèbre équation indéterminée $x^n + y^n = z^n$, que Fermat avait annoncée ne pouvoir être résolue en nombres entiers, et montra qu'il en était bien ainsi pour $n = 5$. Euler et Lagrange avaient démontré la proposition pour $n = 3$ et $n = 4$, Lamé la prouva plus tard pour $n = 7$. D'autres travaux concernant cette question ont été publiés depuis, mais on n'a pu arriver encore à une démonstration absolument générale.

Les travaux de Dirichlet concernant les nombres premiers sont intéressants. Après Gauss et Legendre, Dirichlet donna des expressions approchées du nombre des nombres premiers inférieurs à une limite donnée, mais il était réservé à Riemann, dans le mémoire *Ueber die Anzahl der Primzahlen unter einer gegebenen Grösse*, 1859, de résoudre vraiment la question. Plus tard, H. Poincaré, Sylvester et Hadamard la reprirent et poussèrent l'approximation plus loin encore que ce dernier.

Il n'est pas inutile de dire à ce propos que, à défaut de méthode permettant de reconnaître si un nombre premier est donné, la British Association entreprit en 1877 la construction de tables étendues de facteurs premiers et confia la direction de ce travail à J.-W.-L. Glaisher.

Burkhardt avait construit une table des diviseurs des trois premiers millions. Glaisher construisit les tables des 4e, 5e et 6e million, et Dase celles pour les 7e, 8e et 9e million *.

Eisenstein (1). — La haute arithmétique fût également développée par *Ferdinand Gotthold Eisenstein*, professeur à l'université de Berlin, né à Berlin le 16 avril 1823 et mort dans la même ville, le 11 octobre 1852. La solution du problème de la représentation des nombres par des formes quadratiques binaires fut une des plus grandes entreprises de Gauss : il a donné dans ses *Disquisitiones Arithmeticæ* les principes fondamentaux sur lesquels

---

(1) Pour l'histoire de sa vie et de ses recherches, voir : *Abhandlungen zur Geschichte der Mathematik*, 1895, p. 143 et seq.

repose la solution du problème. Gauss y ajoutait quelques résultats concernant les formes quadratiques ternaires, mais l'extension générale de deux à trois indéterminées est l'œuvre d'Eisenstein. qui, dans son mémoire *Neue theoreme der höheren Arithmetik*, définit les caractères génériques des formes quadratiques ternaires d'un déterminant impair et, dans le cas des formes définies, en assigne la valeur d'un ordre ou d'un genre quelconque ; mais il ne considère pas les formes à déterminant pair. Malheureusement les résultats trouvés ne sont accompagnés d'aucune démonstration.

Eisenstein s'occupa aussi du théorème relatif à la possibilité de représenter un nombre par une somme de carrés et montra que le théorème général était limité à huit carrés. Les solutions pour les cas de deux, quatre et six carrés peuvent être obtenues au moyen des fonctions elliptiques, mais les cas relatifs à un nombre impair de carrés impliquent des procédés spéciaux particuliers à la théorie des nombres. Eisenstein donna la solution pour le cas de trois carrés. Il laissa également un aperçu de la solution qu'il avait obtenue pour le cas de cinq carrés [1] ; ses résultats furent donnés sans démonstration et s'appliquent seulement à des nombres non divisibles par un carré.

Henry Smith [2]. — Aux mathématiciens de l'École de Gauss qui se distinguèrent le plus par leur originalité et leur puissance, il faut ajouter Henry Smith. *Henry John Stephen Smith* naquit à Londres, le 2 novembre 1826, et mourut à Oxford, le 9 février 1883. Il fit ses études à Rugby et au collège Balliol, à Oxford, et devint membre de cette Université. En 1861, il fut nommé professeur de géométrie, chaire Savilian, et résida à Oxford jusqu'à sa mort.

Le nom de Smith reste spécialement attaché à la théorie des nombres. Il y consacra dix années, de 1854 à 1864. Le principal résultat de ses recherches est compris dans deux mémoires insérés dans les *Philosophical transactions* pour 1861 et 1867 ; le premier

[1] *Journal de Crelle*, vol. XXXV, 1847, p. 368.
[2] La collection des œuvres mathématiques de Smith, éditées par J.-W.-L. Glaisher, avec une préface contenant une notice biographique et d'autres notes, fut publiée en deux volumes, à Oxford, 1894.
L'exposé qui suit est extrait de la notice nécrologique insérée dans les notices mensuelles de la Société astronomique, 1884, pp. 138-149.

est relatif aux équations indéterminées linéaires et aux congruences, et le second aux ordres et aux genres des formes quadratiques ternaires. Dans le dernier mémoire, Smith fournit les démonstrations des résultats trouvés par Eisenstein et donne leur extension aux formes quadratiques ternaires à déterminant pair ; il donne aussi une classification complète des formes quadratiques ternaires.

Cependant Smith ne se limita pas au cas de trois indéterminées ; il sut établir les principes sur lesquels repose l'extension au cas général de n indéterminées et obtenir des formules générales, faisant faire ainsi à la question le plus grand pas en avant depuis la publication des travaux de Gauss. Dans l'exposé de ses méthodes et de ses résultats, parus dans les Proceedings de la Société Royale [1], Smith faisait remarquer que les théorèmes concernant la représentation des nombres par quatre carrés et par d'autres formes quadratiques simples, se déduisent à l'aide d'une méthode uniforme des principes qu'il exposait, comme aussi les théorèmes relatifs à la représentation des nombres par six et huit carrés. Il continuait en disant que, puisque la série des théorèmes concernant la représentation des nombres par des sommes de carrés s'arrêtait, pour la raison assignée par Eisenstein, quand le nombre des carrés surpassait huit, il était désirable qu'elle ne présentât pas de lacunes. Les résultats pour les nombres pairs de carrés étaient connus. Les principaux théorèmes pour le cas de cinq carrés avaient été donnés par Eisenstein, mais il avait considéré seulement des nombres non divisibles par un carré, et n'avait pas examiné le cas de sept carrés. Smith complétait dans son mémoire l'énoncé des théorèmes pour le cas de cinq carrés, et ajoutait les théorèmes relatifs au cas de sept carrés.

Ce mémoire fut l'occasion d'un incident curieux dans l'histoire des mathématiques. Quatorze ans plus tard, l'Académie des sciences de Paris, n'ayant pas connaissance des travaux de Smith, proposa comme sujet du « Grand prix des sciences mathématiques », la démonstration et le complément des théorèmes d'Eisenstein pour le cas de cinq carrés. Smith envoya la démonstration des théorèmes généraux nécessaires pour établir les résultats dans le cas spécial de cinq carrés, et un mois après sa mort, en mars 1883,

[1] Voir vol. XIII, 1864, pp. 199-203, et vol. XVI, 1868, pp. 197-208.

le prix lui fut décerné ; un autre prix fut également accordé à H. Minkowski de Bonn. Aucun fait ne saurait mieux mettre en pleine lumière l'étendue des recherches de Smith ; une question, dont il avait donné la solution en 1867 comme corollaire de formules générales régissant une classe entière de questions de même nature, avait été considérée par l'Académie de Paris comme présentant assez de difficulté et d'importance pour mériter les honneurs du grand prix. Le même incident a provoqué cette réflexion que les Académiciens français du temps devaient connaître bien peu les recherches de leurs contemporains anglais et allemands, pour ignorer qu'ils avaient dans les recueils de leur bibliothèque la solution du problème qu'ils proposaient.

Parmi les autres travaux de Smith, nous pouvons mentionner spécialement son mémoire de géométrie *sur quelques problèmes cubiques et biquadratiques*, pour lequel l'Académie de Berlin lui décerna, en 1868, le prix Steiner. Dans une note envoyée aux *Atti* de l'Académie dei Lincei pour 1877, il établissait une relation analytique très remarquable reliant l'équation modulaire d'ordre m et la théorie des formes quadratiques binaires appartenant au déterminant positif n. Dans cette note, la fonction modulaire est représentée analytiquement par une courbe qui donne une image géométrique des systèmes complets des formes quadratiques réduites, appartenant au déterminant ; il donne aussi une interprétation géométrique des idées de « classe », d' « équivalence », et de « forme réduite ». Smith est également l'auteur de notes importantes étendant aux formes quadratiques complexes plusieurs des résultats de Gauss relatifs aux formes quadratiques réelles. Ses recherches sur la théorie des nombres le conduisirent à la théorie des fonctions elliptiques, et les résultats auxquels il parvint, spécialement en ce qui concerne les fonctions Thêta et Oméga, sont importants.

Ernest Edouard Kummer (1810-1893), professeur à l'université de Berlin, s'occupa, lui aussi, de la théorie des nombres et particulièrement des nombres complexes généralisés de la forme $a_1 A_1 + a_2 A_2 + a_3 A_3 + \dots$ où a_i sont des nombres réels et A_i les racines de l'équation $x^n - 1 = 0$. La théorie du plus grand commun diviseur n'est pas applicable à ces nombres, et leurs facteurs premiers doivent être définis d'une façon spéciale, ce qui conduisit **Kummer** à la notion des nombres idéaux. Ces nombres paraissent être d'un intérêt restreint.

Jules Guillaume Richard Dedekind, né en 1831, à Brunswick, a donné dans la seconde édition des *Vorlesüngen über Zahlentheorie* de Dirichlet une nouvelle théorie des nombres complexes, où il complète les résultats de Kummer tout en évitant l'emploi des nombres idéaux.

Léopold Kronecker (1823-1891), élève de ce dernier, s'est plutôt intéressé aux équations algébriques. Citons enfin *Paul Bachmann*, né à Munster *.

On peut dire que la *Théorie des nombres*, telle qu'elle est traitée aujourd'hui, date de Gauss. Nous avons déjà rappelé de façon très brève des travaux de *Jacobi, Dirichlet, Eisenstein, Henry Smith*. Nous nous contentons d'ajouter quelques notes sur les développements postérieurs de certaines branches de cette théorie.

La distribution des nombres premiers a été étudiée en particulier par G.-F.-B. *Riemann*, J.-J. *Sylvester*, et P.-L. *Tchebycheff* (1) (1821-1894), de Saint-Pétersbourg. Le court traité de Riemann, sur le nombre des nombres premiers qui existent entre deux nombres donnés, offre un exemple remarquable de sa puissance analytique. Legendre avait antérieurement montré que le nombre des nombres premiers moindres que n était approximativement

$$n \times \frac{1}{\log_e n - 1,08366};$$

mais Riemann est allé plus loin ; son traité contient, avec un mémoire de Tchebycheff, à peu près tout ce qui a été fait jusqu'ici concernant un problème d'un intérêt tel qu'il s'imposait à l'esprit de tous ceux qui ont abordé la théorie des nombres et qui, cependant, a dépassé la puissance même de Lagrange et de Gauss.

La partition des nombres, question qu'avait spécialement étudiée Euler, a été traitée par A. *Cayley*, J.-J. *Sylvester*, et P.-A. *Mac Mahon*.

_____

(1) Les œuvres réunies de TCHEBYCHEFF, éditées par H. MARKOFF et N. SONIN, sont en cours de publication à Saint-Pétersbourg ; le premier volume a été publié en 1899.

La représentation des nombres par des formes spéciales, les diviseurs des nombres de formes déterminées, les théorèmes généraux relatifs aux diviseurs des nombres sont des questions qui ont été étudiées par J. *Liouville* (1809-1882), directeur, de 1836 à 1874, du « Journal de mathématiques » et par J.-W.-L. *Glaischer*, de Cambridge.

La conception des nombres premiers idéaux est dûe à E.-E. *Kummer* de Berlin (1810-1893) et ses recherches ont été poursuivies par J.-W.-R. *Dedekind*, l'éditeur des œuvres de Dirichlet. E. F. *Kummer* étendit également les théorèmes de Gauss sur les résidus quadratiques aux résidus d'un ordre plus élevé.

La question des formes quadratiques binaires a été étudiée par A.-L. *Cauchy* ; L. *Kronecker* (¹) de Berlin (1823-1891) s'est occupé des formes ternaires et quadratiques ; et C. *Hermite* de Paris (1822-1901) des formes ternaires.

Les ouvrages classiques les plus communs sont peut-être celui de G.-B. Mathews, Cambridge, 1892 ; celui de E. Lucas, Paris, 1891 ; et celui de E. Cahen, Paris, 1900. L'intérêt qui s'attache aux problèmes relatifs à la théorie des nombres semble avoir récemment diminué : peut-être aurait-on avantage à aborder ce sujet par des voies nouvelles.

LA THÉORIE DES FONCTIONS DE PÉRIODICITÉ DOUBLE ET MULTIPLE.

La théorie des fonctions de périodicité double et multiple constitue une branche des mathématiques qui, dans la seconde moitié du XIXᵉ siècle, a attiré particulièrement l'attention. Nous avons déjà fait remarquer que Gauss avait découvert, dès 1808, les fonctions *Théta* et quelques-unes de leurs propriétés ; mais ses études demeurèrent plusieurs années enfouies au milieu de ses notes et le développement moderne du sujet est dû aux recherches faites par Abel et Jacobi de 1820 à 1830. L'exposition qu'ils en présentèrent a complètement remplacé celle de Legendre, et ils sont

(¹) Voir le *Bulletin* de la Société mathématique de New-York, vol. I, 1891-2, pp. 173-184.

considérés, à juste titre, comme les créateurs de cette nouvelle branche des mathématiques.

Abel ([1]). — Niels Henrick Abel naquit à Findoë en Norvège, le 5 août 1802, et mourut à Arendal, le 6 avril 1829, à l'âge de vingt-six ans.

*Il entra en novembre 1815 à l'Ecole cathédrale de Christiania, où il eut en 1818 Holmoe comme professeur de mathématiques. Celui-ci ne tarda point à reconnaître les dispositions toutes spéciales de son élève ; il lui apprit rapidement les éléments, lut avec lui l'*Introductio* d'Euler, les *Institutiones calculi differentialis* et les *Institutiones calculi integralis* ; il l'initia à la méthode de Lagrange, « qui consiste à ne lire qu'un seul ouvrage à la fois, à le lire tout d'abord sans s'attacher aux difficultés, à revenir ensuite sur ces difficultés, s'aidant alors, s'il est nécessaire, d'autres ouvrages ».

Après s'être initié aux œuvres de Lacroix, Francœur, Poisson, Gauss, Garnier et surtout de Lagrange, Abel entra, en 1821, à l'Université en qualité de boursier, aidé par une cotisation des professeurs.

C'est en 1826 qu'il eut l'idée de l'*inversion* de l'intégrale elliptique.

Historiquement, c'est la théorie des fonctions elliptiques qui ouvre l'ère des mathématiques contemporaines et oriente les recherches des géomètres vers la haute analyse.

Les analystes reconnurent vite que l'intégrale elliptique de première espèce

$$\int_0^x \frac{dx}{\sqrt{(1-x^2)(1-k^2x^2)}},$$

où k^2 est une constante, dite *module*, ne peut s'exprimer à l'aide des fonctions élémentaires. C'est donc une transcendante nouvelle, généralisation de l'*arc sinus* qui correspond à $k = 0$, transcendante à laquelle se ramènent les intégrales

$$\int_0^x \frac{dx}{\sqrt{\alpha + \beta x + \gamma x^2 + \delta x^3 + \varepsilon x^4}}.$$

[1] La vie d'ABEL par C.-A. BJERKNES a été publiée à Stockholm en 1880. Deux éditions des œuvres d'ABEL ont été publiées, dont la dernière, due à SYLOW et LIE et parue à Christiania, en deux volumes, 1891, est plus complète.

Euler fit connaître au sujet de l'intégrale elliptique de première espèce un théorème important, analogue à l'addition des arcs sinus ; d'autres géomètres, comme Landen et Lagrange, y ajoutèrent quelques résultats ; mais c'est Legendre qui eut le mérite de deviner là « le germe d'une branche importante de l'analyse ». Pendant quarante ans, il étudia l'intégrale de première espèce et aussi les intégrales, peu différentes de deuxième et de troisième espèce, et mit au jour leurs propriétés, à vrai dire sous forme compliquée et fragmentaire, comme il arriverait ([1]) si l'on étudiait les fonctions trigonométriques en partant de la relation

$$\text{arc sin } x = \int_0^x \frac{dx}{\sqrt{1 - x^2}} \cdot.$$

Pour faire apparaître une théorie générale des intégrales elliptiques, il fallait introduire la fonction *inverse*, qui est à l'intégrale ce que le sinus est à l'arc sinus ; il fallait écrire

$$u = \int_0^x \frac{dx}{\sqrt{(1 - x^2)(1 - k^2 x^2)}}$$

et étudier non plus u comme fonction de x, mais x comme fonction de u.

C'est ce que fit Abel, tout en introduisant les valeurs imaginaires de la variable u.

La nouvelle fonction x fut désignée plus tard par le symbole *sn u*.

Grâce au théorème d'addition d'Euler, Abel découvrit cette propriété capitale de la fonction sn u d'être *doublement périodique* relativement à u, c'est-à-dire de ne pas changer quand on augmente u de l'une ou l'autre de deux quantités fixes, irréductibles l'une à l'autre, dites périodes, et dont l'une au moins est imaginaire : de même *sin u* est une fonction simplement périodique de u, où la période est 2π. La même propriété, de double périodicité, appartient aux deux autres fonctions elliptiques $cn\,u = \sqrt{1 - sn^2 u}$, $dn\,u = \sqrt{1 - k^2 sn^2 u}$, dont l'étude se lie à celle de *sn u*, comme l'étude du cosinus est liée à celle du sinus *.

([1]) * Voir l'exposé sommaire de cette question dans le Traité des fonctions elliptiques de *Appell* et *Lacour*, Paris 1897 *.

Les premiers mémoires d'Abel concernant les fonctions elliptiques furent publiés dans le *Journal de Crelle*. Abel traite le sujet
au point de vue de la théorie des équations et des formes algébriques, exposition à laquelle ses recherches l'avaient naturellement conduit.

Le résultat important et très général connu sous le nom de théorème d'Abel, appliqué, par la suite, par Riemann, à la théorie des
fonctions transcendantes, fut envoyé en 1826 à l'Académie des
sciences de Paris, mais principalement à cause de l'inaction de
Cauchy il ne fut pas imprimé avant 1841.

* Dans ce mémoire, Abel introduit le premier les différentielles
algébriques les plus générales, auxquelles Jacobi, par un juste
hommage, a donné le nom d'abéliennes *.

Sa publication est due aux recherches de Jacobi, à la suite
d'une citation sur la question, faite par B. Holmbœ dans son édition des œuvres d'Abel parue en 1830. Il n'est pas très facile de
présenter le théorème d'Abel d'une façon à la fois intelligible et
concise; on peut cependant dire que ce théorème permet d'évaluer
la somme d'un certain nombre d'intégrales ayant le même intégrant, mais différentes limites. Ces limites sont les racines d'une
équation algébrique. Le théorème donne la somme des intégrales
en fonction des constantes qui se présentent dans cette équation et dans l'intégrant. Nous pouvons regarder l'inverse de l'intégrale de cet intégrant comme une nouvelle fonction transcendante, et ainsi le théorème fournit une propriété de cette fonction.

Par exemple, si on applique le théorème d'Abel à $(1 - x^2)^{-\frac{1}{2}}$
il fournit le théorème d'addition pour les fonctions circulaires ou
trigonométriques. Le nom de fonctions abéliennes a été donné
aux transcendantes supérieures de périodicité multiple qui furent
tout d'abord étudiées par Abel.

* En empruntant le langage géométrique, les intégrales abéliennes appartenant à une courbe plane $f(x,y) = o$, sont celles du
type $\int \psi(x, y)\, dx$ où ψ désigne une fonction rationnelle de x, y et
où y est lié à x par l'équation même de la courbe.

Soient maintenant a, b, c.... les points d'intersection de la
courbe primitive avec une courbe quelconque ; soient A, B, C,...
les points où viennent a, b, c,... quand cette dernière courbe varie ;

prenons une intégrale abélienne quelconque et donnons-lui successivement pour limites les coordonnées des points a et A, b et B,...; le célèbre théorème d'Abel peut s'énoncer : *la somme des intégrales ainsi définies est une* fonction rationnelle et logarithmique des valeurs initiales et finales des coefficients servant à définir la courbe mobile.

La théorie des fonctions abéliennes, qui a fait l'objet de remarquables travaux de Neumann, de F. Klein, avec ses formes premières, de MM. Pick, Burckhardt, Ritter, Nöther, Prym, Weber, Frobenius, Schottky, Weierstrass, Picard, Poincaré, est encore en voie de formation. Comme dans les fonctions hyperelliptiques, le problème principal est celui de la transformation. Nous en reparlerons à propos de l'œuvre d'Hermite *.

Abel critiqua l'usage des séries non convergentes et découvrit le théorème bien connu qui donne le critérium de la validité du résultat obtenu en multipliant une série infinie par une autre. Comme exemple de la fécondité de ses idées nous pouvons citer en passant sa célèbre démonstration de cette proposition : il est impossible d'exprimer la racine de l'équation générale du cinquième degré en fonction des coefficients au moyen d'un nombre fini de radicaux et de fonctions rationnelles ; ce théorème est très important puisqu'il limite définitivement un champ de recherches qui avait attiré autrefois l'attention de nombreux géomètres. Nous devons ajouter que ce théorème avait été énoncé en 1798 par Paolo Ruffini, médecin italien qui exerçait à Modène ; mais nous croyons que la démonstration qu'il en donnait manquait de généralité.

* La vie d'Abel fut courte et remplie de difficultés matérielles. On ne saurait oublier non plus qu'il eut avec Crelle l'honneur de fonder le célèbre recueil qui porte le nom de *Journal de Crelle* (¹) *.

Jacobi (²). — *Charles-Gustave-Jacob Jacobi*, né à Postdam, le

---

(¹) * Voir à propos d'Abel un article de G. Brunel dans le *Bulletin des sciences mathématiques* (1885) et aussi le tome XXIII des *Acta matematica* *.

(²) Voir C. J. Gerhardt, *Geschichte der Mathematik in Deutschland*, Munich, 1877. Les œuvres complètes de Jacobi ont été éditées par Dirichlet, 3 volumes, Berlin, 1846-71, et accompagnées d'une biographie, 1852 ; une nouvelle édition par C. W. Borchart et E. Weierstrass a été publiée à Berlin, en 8 volumes, 1881-87.

10 décembre 1804, de parents israélites, et mort à Berlin, le 18 février 1851, fit ses études à l'Université de Berlin, où il obtint en
1825, le grade de docteur en philosophie. En 1827, il devint professeur suppléant de mathématiques à Kœnigsberg et, en 1829, il
fut promu professeur ordinaire ; il occupa cette chaire jusqu'en
1842, époque où le gouvernement Prussien lui accorda une pension ; il se rendit alors à Berlin où il résida jusqu'à sa mort en 1851.
Il a été, pour l'enseignement des mathématiques, le plus grand
maître de sa génération, et ses leçons, bien que parfois peu correctement ordonnées, étaient un stimulant puissant pour les élèves
capables de le comprendre.

Les recherches les plus célèbres de Jacobi ont trait aux fonctions elliptiques ; il a établi leur théorie avec Abel mais indépendamment des travaux de ce dernier. Les résultats de Jacobi se
trouvent dans son traité sur les fonctions elliptiques, publié en
1829, et dans quelques notes plus anciennes parues dans le *Journal de Crelle* ; ils sont antérieurs à ceux de Weierstrass dont nous
parlons plus bas. La correspondance entre Legendre et Jacobi sur
les fonctions elliptiques a été réimprimée dans le premier volume
de la collection des œuvres de Jacobi. De même qu'Abel, Jacobi
reconnaissait que les fonctions elliptiques ne touchaient pas simplement aux théories de l'intégration, mais constituaient des types
de nouvelles transcendantes ; il s'occupa ensuite d'une façon toute
spéciale de la fonction Thèta. Le passage (¹) suivant dans lequel il
explique ses idées est assez intéressant pour mériter une reproduc-
tion textuelle.

« E quo, cum universam, quæ fingi potest, ampletactur periodi-
citatem analyticam elucet, functiones ellipticas non aliis adnume-
rari debere, transcendentibus, quæ quibusdam gaudent elegantiis,
fortasse pluribus illas aut majoribus, sed speciem quandam iis
inessi perfecti et absoluti ».

* On doit à Jacobi l'expression des fonctions elliptiques *sn*, *cn*,
dn sous forme de quotients de séries ou de produits infinis, découverte déjà nettement indiquée dans le premier mémoire d'Abel ;
Jacobi créa à cette occasion la théorie des fonctions θ, qui sont
des séries d'exponentielles et qui jouent un grand rôle dans la

(²) **Voir la collection de ses œuvres**, vol. I, 1881, p. 87.

théorie des fonctions elliptiques. Comme le montra Jacobi, les fonctions sn, cn, dn s'expriment en effet chacune par le quotient de deux fonctions ϑ. Enfin, Jacobi exprima les intégrales elliptiques de deuxième et de troisième espèces à l'aide des fonctions ϑ et de leurs dérivées ; il montra ainsi que les différentielles elliptiques les plus générales pouvaient s'intégrer par les transcendantes nouvelles, conquête non moins précieuse pour la théorie que pour l'application.

D'autres surprises étaient réservées aux mathématiciens par les relations curieuses qu'établit Jacobi entre les séries ϑ et l'arithmétique, et qui lui donnèrent d'intéressantes propositions sur la décomposition des nombres entiers en sommes de quatre carrés. Après lui, Hermite et Kronecker ont approfondi ce sujet *.

Parmi les autres recherches de Jacobi, nous pouvons signaler spécialement ses notes sur les déterminants, qui contribuèrent beaucoup à en généraliser l'usage ; et en particulier son invention du Jacobien, c'est-à-dire du déterminant fonctionnel formé par n^2 coefficients différentiels partiels du premier ordre de n fonctions données de n variables indépendantes. Nous devons aussi mentionner ses notes sur les transcendantes abéliennes ; ses recherches sur la théorie des nombres, auxquelles nous avons déjà fait allusion ; ses importants mémoires sur la théorie des équations différentielles, ordinaires et partielles ; son développement du calcul des variations ; ses mémoires sur le problème des trois corps et sur d'autres problèmes particuliers de dynamique. Les résultats auxquels il était parvenu dans ces dernières recherches se retrouvent dans ses *Vorlesungen über Dynamik*.

Riemann ([1]). — *Georges-Frédéric-Bernhard Riemann* naquit à Breselenz, le 17 septembre 1826, et mourut à Selasca le 20 juillet 1866. Il étudia à Göttingue avec Gauss, et ensuite à Berlin avec Jacobi, Dirichlet, Steiner et Eisentein, qui tous étaient professeurs dans cette ville à la même époque. Il eut à lutter contre la pau-

---

([1]) Les œuvres de RIEMANN, édictées par H. WEBER et précédées de l'histoire de sa vie par DEDEKIND, furent publiées à Leipzig, seconde édition, 1892.

Une autre courte biographie de RIEMANN a été écrite par E. J. SCHERING, Göttingue, 1867.

vreté et la maladie pour terminer ses études. En 1857 il fut
nommé professeur à Göttingue ; son talent fut bientôt généralement reconnu, mais en 1862 sa santé commença à décliner et il
mourut quatre ans plus tard, travaillant jusqu'à la fin avec autant
d'ardeur que de courage.

. Riemann doit être considéré comme l'un des mathématiciens les
plus profonds et les plus brillants de son temps. Il produisit peu
mais son originalité et son talent sont manifestes ; ses recherches
sur les fonctions et sur la géométrie, en particulier, furent l'origine de développements forts importants de ces sciences.

Sa note la plus ancienne, écrite en 1850, traite des fonctions algébriques d'une variable complexe, et donna naissance à une nouvelle méthode pour traiter la théorie des fonctions. Le développement de cette méthode est spécialement le fait de l'Ecole de
Göttingue à laquelle les noms de Riemann et de Klein sont étroitement liés. En 1854, Riemann écrivit son célèbre mémoire sur les
hypothèses servant de fondement à la géométrie ; nous y faisons
allusion plus bas. Ce mémoire fut suivi par d'autres sur les fonctions elliptiques et sur la distribution des nombres premiers qui
ont déjà été mentionnés. Enfin, en ce qui concerne les fonctions de
périodicité multiple, on ne s'avance pas trop en disant que, dans
son mémoire paru dans le *Journal de Borchardt*, année 1857. il a
fait pour les fonctions abéliennes ce qu'Abel avait fait pour les
fonctions elliptiques.

* Le problème fondamental de la théorie des fonctions algébriques est celui de l'inversion, dont il a été parlé à propos des
travaux d'Abel.

Il fallait définir, d'une manière générale, les intégrales ou les
différentielles algébriques propres à remplacer dans les équations
d'inversion les différentielles elliptiques ou hyperelliptiques étudiées
par Abel.

C'est ce que fit Riemann.

Représentant, comme Cauchy, la variable imaginaire sur un
plan, mais sur un plan composé d'autant de feuillets superposés
que la fonction algébrique à étudier a de valeurs distinctes, sou-
dant ces feuillets le long de certaines sections, déterminées par les
points critiques de la fonction, passant d'un feuillet à l'autre, selon
des lois bien définies, quand la variable traverse une section, Rie—

mann parvint à rendre uniforme, les fonctions algébriques et avec celles-ci les intégrales abéliennes qui en dépendent ([1]).

La théorie de Riemann conduit à un ensemble de propositions généralisant les fonctions elliptiques et faisant pénétrer fort avant dans la nature des fonctions algébriques.

Son œuvre a été simplifiée par Lüroth, Clebsch, et Clifford qui a montré que l'ensemble de ses feuillets peut être transformé en une surface à Trous.

Aux idées de Riemann sur les fonctions analytiques, se lie le problème de la *représentation conforme* de deux aires l'une sur l'autre, problème qui consiste à trouver une fonction uniforme $Z = f(z)$, telle qu'à un point du plan de la variable z, situé dans une aire donnée, corresponde *un* point du plan Z, situé aussi dans une aire donnée et inversement. Ce problème, abordé par Riemann, a été résolu par M. Schwarz pour des aires limitées par un seul contour, par M. Schottky dans le cas de plusieurs contours *.

Fonctions elliptiques et abéliennes ([2]). — Nous avons déjà fait allusion aux recherches de *Legendre, Gauss, Abel, Jacobi* et *Riemann* sur les fonctions elliptiques et abéliennes. Le sujet a également été traité, entre autres auteurs, par *J.-G. Rosenhain* (1816-1887) de Kœnigsberg, qui écrivit, en 1844, sur la fonction hyperelliptique ou double ϑ et sur les fonctions de deux variables avec quatre périodes ; *A. Göpel* (1812-1847) de Berlin, qui discuta ([3]) les fonctions hyperelliptiques ; *L. Kronecker* ([4]) (1823-1891), de Berlin, qui écrivit sur les fonctions elliptiques ; *L. Königsberger* ([5]), de Heidelberg, qui discuta la transformation de la fonction double θ ; *F. Brioschi* (1824-1897), de Rome, qui écrivit sur les fonctions elliptiques et hyperelliptiques ; *Henry Smith*,

---

([1]) A propos des variables imaginaires, voir l'exposé des travaux de CAUCHY.

([2]) Voir l'introduction à l'ouvrage *Elliptische Functionen*, par A. ENNEPER, seconde édition (éd. par F. MÜLLER), Halle, 1890 ; et *Geschichte der Theorie der Elliptischen Transcendenten*, par L. KÖNIGSBERGER, Leipzig, 1879. Sur l'histoire des fonctions abéliennes, voir les *Transactions of the British Association*, vol. LXVII, Londres, 1897, pp. 246-286.

([3]) Voir *Journal de Crelle*, vol. XXXV, 1847, pp. 277-312 ; une notice nécrologique par JACOBI s'y trouve, pp. 313-317.

([4]) Ses œuvres réunies en 4 volumes, éditées par K. HENSEL, sont en ce moment en cours de publication, à Leipzig, 1895.

([5]) Voir ses leçons publiées à Leipzig, en 1874.

d'Oxford, qui étudia la théorie de la transformation, les fonctions ζ et ω, et certaines fonctions modulaires : A. Cayley, de Cambridge, qui le premier, en 1845, étudia la théorie des produits doublement infinis et détermina leur périodicité, et qui écrivit longuement sur la relation existant entre les recherches de Legendre et de Jacobi ; et C. Hermite (1822-1901), de Paris, dont les travaux se rapportent principalement à la théorie de la transformation et du développement supérieur des fonctions ζ.

* Lamé. — *Gabriel Lamé* naquit à Tours, le 22 juillet 1795. Sans fortune, il eut la plus grande peine à faire ses études, entra cependant à l'École polytechnique. Sa promotion fut licenciée pour cause d'indiscipline, et il fut alors sur le point de partir pour le Brésil. Heureusement admis à passer ses examens de sortie, il fut nommé ingénieur des mines et envoyé en Russie, avec Clapeyron, sur la demande du Tsar qui désirait faire construire des routes.

Il fut, dans la suite, professeur à l'École polytechnique, et c'est là qu'il médita ses plus beaux travaux.

Peu après son retour en France, il avait publié un beau mémoire sur les surfaces isothermes. Mais c'est plutôt vers la physique mathématique qu'il dirigea ses efforts, car il eût à enseigner cette branche des sciences en Sorbonne. On lui doit cependant un remarquable travail sur l'équation de Fermat et l'étude d'une équation différentielle importante reprise par Brioschi et Hermite *.

Weierstrass ([1]). — *Carl Weierstrass*, né en Westphalie, le 31 octobre 1815, et mort à Berlin, le 19 février 1897, a été l'un des plus grands mathématiciens du xixe siècle.

Son nom est lié d'une façon inséparable à deux branches des mathématiques pures : les fonctions elliptiques et abéliennes, et la théorie des fonctions. Ses plus anciennes recherches sur les fonctions elliptiques sont relatives aux fonctions ζ, qu'il étudia sous

---

([1]) La collection des œuvres de WEIERSTRASS est actuellement en cours de publication, Berlin, 1894, et suiv. Des récits de sa vie, par G. MITTAG-LEFFLER et H. POINCARÉ, sont donnés dans les *Acta Mathematica*, 1897, vol. XXI, pp. 79-82 et 1899, vol. XXII, pp. 1-18.

une forme modifiée permettant de les exprimer suivant les puissances du module. A une époque récente, il inventa une méthode permettant de traiter toutes les fonctions elliptiques d'une manière symétrique. Il fut conduit naturellement à cette méthode par ses recherches sur la théorie générale des fonctions, dans lesquelles il embrassait, en les coordonnant, les diverses voies suivies antérieurement.

* Aux fonctions d'Abel et de Jacobi, sn, cn, dn, θ, Weierstrass a substitué d'autres éléments elliptiques, les fonctions p, ξ, σ, qui simplifient les formules et les applications. Après Abel, Jacobi et Weierstrass, on appelle aujourd'hui fonctions elliptiques les fonctions à deux périodes d'une seule variable ; leur théorie est aussi achevée que celle des fonctions circulaires. Leurs applications sont des plus nombreuses : en analyse pour les équations de M. Picard, dont la plus simple, intégrée par Hermite, est une équation célèbre que Lamé avait rencontrée dans ses recherches de physique mathématique ; en mécanique rationnelle aussi *.

En particulier, Weierstrass construisit une théorie des fonctions analytiques uniformes. La représentation des fonctions par des produits infinis et par des séries attira également d'une façon toute spéciale son attention. En dehors de ses travaux sur les fonctions, il écrivit encore ou fit des leçons sur la nature des hypothèses faites en analyse, sur le calcul des variations, et sur la théorie des surfaces minima. Ses méthodes sont remarquables à cause de leur grande généralité. Des recherches récentes faites sur les fonctions elliptiques sont en grande partie basées sur les méthodes de Weierstrass.

* Weierstrass s'est préoccupé toute sa vie des fonctions abéliennes ; dans la première période de sa carrière, il applique à ces transcendantes, et en particulier aux fonctions hyperelliptiques, les propriétés connues de sn, cn et dn : à cette époque survint le premier mémoire de Riemann, qui relégua au second plan les fonctions hyperelliptiques : les fonctions abéliennes engendrées par les courbes algébriques les plus générales venaient à l'ordre du jour.

C'est alors que Weierstrass se posa ce problème : rechercher les fonctions périodiques les plus générales. Un premier problème déjà résolu par Jacobi, se posait : combien une fonction de n

variable peut-elle avoir de périodes ? $2n$, démontra lui aussi Weierstrass et plus simplement que son devancier. Puis à son tour il dirigea ses recherches vers les fonctions de n variables à $2n$ périodes les plus générales et parvint à montrer qu'elles jouissent de propriétés analogues à celles des transcendantes elliptiques, théorèmes d'addition notamment, résultats importants s'il en fût.

Mais la principale découverte de Weierstrass est celle des *facteurs primaires*.

Les transcendantes les plus simples sont les fonctions entières, qui n'ont de point singulier qu'à l'infini. Ces transcendantes sont toujours des produits de facteurs primaires, composés chacun du produit d'un polynôme du premier degré par une exponentielle dont l'exposant est un polynôme de degré q : q est dit genre du facteur primaire. Une fonction est de genre q quand tous ses facteurs primaires sont de genre q au plus.

A cette découverte se rattache la classification des fonctions entières en genres, dont l'importance arithmétique a été récemment mise en évidence par M. Hadamard. Weierstrass a trouvé là également le moyen de construire une fonction entière ayant des zéros, ou racines, donnés.

Weierstrass a de plus trouvé dans la notion des facteurs primaires le moyen de représenter toute fonction méromorphe, on nomme ainsi les fonctions à singularités simplement polaires, par un quotient de fonctions entières, propriétés que M. Poincaré a étendues aux fonctions de deux variables.

Le domaine ainsi ouvert aux géomètres était immense. MM. Runge et Mittag-Leffler peuvent désormais effectuer la représentation des fonctions uniformes par des séries d'éléments simples ; M. Picard peut montrer qu'une fonction entière peut rendre toutes les valeurs finies, sauf une peut-être ; M. Poincaré peut faire voir que si y est une fonction analytique *non uniforme* de x, on peut toujours exprimer x et y en fonction uniforme d'une variable z, ramenant ainsi l'étude des fonctions non uniformes à celles des fonctions uniformes ; MM. Appell et Goursat étudient les fonctions à espaces lacunaires, M. Painlevé les lignes singulières des fonctions analytiques, MM. Borel et Hadamard donnent d'importantes propriétés des séries de puissances.

C'est enfin Weierstrass qui, le premier, a donné l'exemple d'une fonction continue sans dérivée, à laquelle correspond une courbe où la tangente en un point quelconque est indéterminée... exemple frappant de la rigueur qu'il voulait voir en tout, de sa logique inflexible *.

Au nombre des continuateurs et des émules de Weierstrass, nous citerons *G.-H. Halphen* (²) (1844-1889), officier dans l'armée française, dont les recherches sont largement fondées sur les travaux de Weierstrass et *F.-C. Klein*, de Gœttingue. Les travaux de ce dernier sont relatifs aux fonctions abéliennes, aux fonctions elliptiques modulaires, et aux fonctions hyperelliptiques. Nous devons citer encore *H.-A. Schwarz*, de Berlin ; *H. Weber*, de Strasbourg ; *M. Nöther*, d'Erlangen ; *W. Stahl*, d'Aix-la-Chapelle ; *F.-G. Frobenius*, de Berlin et *J.-W.-L. Glaisher*, de Cambridge, qui a développé, en particulier la théorie de la fonction zêta.

Les ouvrages les plus répandus de nos jours sur les fonctions elliptiques sont peut-être ceux de J. Tannery et J. Molk, 4 volumes, Paris 1893-1901 ; de P.-E. Appell et E. Lacour, Paris, 1896 ; de H. Weber, Brunswick, 1891 ; et de G.-H. Halphen, 3 volumes, Paris, 1886-1891.

La théorie des fonctions. — Nous avons déjà dit que la théorie moderne des fonctions est due pour une grande part à Weierstrass. C'est un sujet présentant un attrait singulier et qui promet d'être une branche féconde et vaste de la science mathématique. Au point de vue historique, elle doit le jour à *A. Cauchy*, qui posa les fondements de la théorie des fonctions synectiques d'une variable complexe. Ces recherches furent continuées par *J. Liouville*, qui écrivit principalement sur les fonctions doublement périodiques. Ces travaux, étendus et reliées entre eux par *A. Briot* (1817-1882) et *J.-C. Bouquet* (1819-1885), reçurent par la suite de nouveaux développements de *C. Hermite* (1822-1901).

Les recherches sur la théorie des fonctions algébriques ont leur origine dans une note de *G.-F.-B. Riemann*, qui date de 1850 ; *H.-A. Schwarz*, de Berlin, établit d'une façon rigoureuse plusieurs théorèmes qui laissaient place à quelques objections après

_____

(¹) Un exposé de la vie et des travaux d'HALPHEN a été donné dans le *Journal de Liouville*, 1889, pp. 345-359, et dans les *Comptes Rendus*, 1890, vol. CX, pp. 489-497.

les travaux de Riemann. Dans la suite, *F.-C. Klein*, de Gœttingue, relia la théorie des fonctions de Riemann à la théorie des groupes, et s'occupa des fonctions automorphes et modulaires ; *H. Poincaré*, de Paris, s'occupa également des fonctions automorphes, de la théorie générale des fonctions et de son application spéciale aux équations différentielles ; tout récemment, *G. Painlevé*, de Paris, a écrit sur les fonctions uniformes, et *K.-H. Hensel*, de Berlin, sur les fonctions algébriques.

Nous avons déjà dit que les travaux de Weierstrass eurent pour effet de jeter une grande lumière sur ces questions. Sa théorie des fonctions analytiques a été développée par *M.-G. Mittag-Leffler*, de Stockholm, l'un des plus distingués mathématiciens contemporains. *C. Hermite*, *P.-F. Appell*, *C.-F. Picard* et *E. Goursat*, ont également écrit sur des branches spéciales de la théorie générale des fonctions.

Comme ouvrages d'étude, nous pouvons mentionner les suivants : *Theory of Functions of a complex variable*, par A.-R. Forsyth, seconde édition, Cambridge, 1900 ; *Die Funktionstheorie*, par J. Petersen, Copenhague, 1898 ; *Abel's Theorem*, par H.-F. Baker, Cambridge, 1897 ; *Des Fonctions algébriques*, par P.-E. Appell et F. Goursat, Paris, 1895 ; *The Theory of functions*, par J. Harkness et F. Morley, Londres, 1893 ; et peut être l'ouvrage de Neumann, *Vorlesungen über Riemann's Theorie der Abel'schen Integrale*, seconde édition, Leipzig, 1884.

Algèbre supérieure. — La théorie des nombres peut être considérée comme une arithmétique supérieure, et la théorie des fonctions elliptiques et abéliennes comme une trigonométrie supérieure. Les théories de l'algèbre supérieure (en y comprenant celle des équations) ont également été l'objet de travaux importants ; elles étaient les sujets favoris des études des mathématiciens dont nous allons parler, bien que leurs recherches ne se soient pas bornées à ce sujet.

Cauchy (¹). — *Augustin-Louis Cauchy* est, pour l'analyse, le

(¹) Voir *La vie et les travaux de Cauchy*, par L. Valson, 2 volumes, Paris, 1868. Une édition complète de ses œuvres est actuellement en cours de publication aux frais du gouvernement français.

principal représentant de l'Ecole française au XIXᵉ siècle, il naquit à Paris, le 21 août 1789, et mourut à Sceaux, le 25 mai 1857. *Esprit universel, il fut initié par son père à la connaissance de toutes les branches des connaissances humaines*. Il entra à l'Ecole polytechnique, le berceau de tant de mathématiciens français de cette époque, et devint ingénieur des ponts-et-chaussées. Son premier travail est une note de 1811 sur les polyèdres. Des mémoires sur l'analyse et la théorie des nombres, présentés en 1813, 1814 et 1815, montrèrent l'étendue de son savoir qui était loin d'être limité à la géométrie : dans une de ces notes, il généralisait quelques résultats établis par Gauss et Legendre ; dans une autre, il donnait un théorème sur le nombre des valeurs qu'une fonction algébrique peut admettre quand les constantes littérales qu'elle contient sont échangées. C'est ce dernier théorème qui permit à Abel d'établir, qu'en général, une équation algébrique d'un degré supérieur au quatrième ne peut être résolue au moyen d'un nombre fini d'expressions purement algébriques.

Nous devons à Cauchy et à Gauss l'étude scientifique des séries ayant un nombre infini de termes ; mais c'est Cauchy qui a établi des règles générales permettant de s'assurer, dans des cas très étendus, de la convergence ou de la divergence de telles séries.

*Plus tard, *Bertrand* a donné le moyen de construire des ensembles de séries convergeant ou divergeant de moins en moins rapidement, ce qui permet, dans tous les cas pratiques, de décider de la convergence ou de la divergence d'une série donnée*.

Peu d'ouvrages de date plus ancienne font allusion aux restrictions que comporte l'emploi de ces séries. Lorsque Cauchy lut sa première note sur cette question, Laplace, dit-on, fut si impressionné par les exemples cités du danger d'employer de telles séries sans en avoir rigoureusement vérifié la convergence, qu'il mit de côté un travail auquel il était occupé, et ferma sa porte à tous les visiteurs, afin de s'assurer que toutes les démonstrations données dans les premiers volumes de sa *Mécanique céleste* étaient correctes ; il eut la bonne fortune de constater qu'aucune erreur importante ne s'était glissée dans sa rédaction par suite de l'emploi des séries. L'exposition de la théorie des séries et des conceptions fondamentales du calcul infinitésimal était alors basée, dans la plupart des ouvrages classiques, sur les travaux d'Euler, et n'était pas sans soulever quelques objections de la part de ceux qui avaient conservé l'habitude des raisonnements rigoureux. C'est l'un des principaux mérites de Cauchy d'avoir établi cette branche de l'analyse sur un fondement logique.

* Dans les dernières années du XIXe siècle, la question des séries a été reprise par les géomètres français, MM. Borel et Servant notamment, qui ont réussi à résoudre ce problème : sommer les séries divergentes, dans des cas très étendus. Il s'agissait en l'espèce de substituer à une série

$$f_1(x) + f_2(x) + f_3(x) + \dots$$

convergente pour les seules valeurs de x comprises entre deux limites données a et b, une série convergente également entre a et b, ayant dans cet intervalle même somme que la proposée et *de plus*, convergente pour x compris entre A et B, l'intervalle AB comprenant l'intervalle ab *.

Lors de la Restauration, en 1816, l'Académie des sciences fut renouvelée et, malgré l'indignation que manifestèrent les membres de cette société savante, Cauchy ne craignit pas d'accepter le siège laissé vacant par l'expulsion de Monge ([1]). Il fut également, et en même temps, nommé professeur à l'École polytechnique. Les leçons qu'il y fit sur l'analyse algébrique, le calcul infinitésimal et la théorie des courbes furent publiées et devinrent classiques. A la révolution de 1830, il quitta la France et fut d'abord professeur à Turin, d'où il se rendit à Prague pour faire l'éducation scientifique du comte de Chambord. Il retourna en France en 1837 ; en 1848 d'abord, puis de nouveau en 1851, par dispense spéciale de l'empereur, il fut autorisé à occuper une chaire de mathématiques sans être dans l'obligation de prêter le serment exigé de tous les fonctionnaires.

Son activité était prodigieuse et, de 1830 à 1859, il publia dans les *Comptes Rendus* de l'Académie plus de 600 mémoires originaux et environ 150 rapports. Ils embrassent un nombre extraordinaire de sujets, mais sont de mérite très inégal.

Parmi les plus importantes de ses recherches, nous pourrions

([1]) M. Rouse Ball exagère quelque peu ; Cauchy royaliste convaincu, nommé par ordre du roi, ne crut pas devoir désobéir à cet ordre. (*Note de l'éditeur*).

citer ses travaux sur la convergence des séries; la détermination du nombre des racines réelles et imaginaires d'une équation algébrique quelconque; sa méthode pour le calcul approché des racines d'une équation; sa théorie des fonctions symétriques, des coefficients des équations d'un degré quelconque; son évaluation *a priori* d'une quantité moindre que la plus petite différence entre les racines d'une équation; ses notes de 1841 sur les déterminants, qui permirent d'en généraliser l'usage, et ses recherches sur la théorie des nombres. Cauchy perfectionna beaucoup la théorie des intégrales définies, inventa le calcul des résidus. Il a également donné une méthode analytique directe pour déterminer les inégalités planétaires de longue durée. Ses travaux en physique consistent en mémoires sur les ondes et sur la quantité de lumière réfléchie par les surfaces métalliques, et en diverses autres notes relatives à l'optique.

*Avant Cauchy, les imaginaires avaient été employés en analyse, souvent avec succès, jamais sans appréhension; Cauchy, et c'est déjà une véritable découverte, commence par définir ce qu'on doit entendre par fonction de la variable imaginaire $z = x + iy$. $P(x, y) + i Q(x, y)$ est fonction de $z = x + iy$ si elle admet une dérivée par rapport z, ce qui nécessite que $\dfrac{\partial P}{\partial x} = \dfrac{\partial Q}{\partial y}$ et $\dfrac{\partial P}{\partial y} = -\dfrac{\partial Q}{\partial x}$; les deux fonctions P et Q des variables réelles x et y vérifient dès lors l'équation de Laplace $\dfrac{\partial^2 u}{\partial x^2} + \dfrac{\partial^2 u}{\partial y^2} = 0$; de telles fonctions sont dites harmoniques. Très effacées dans la théorie de Cauchy, on verra ces notions passer au premier plan dans celle de Riemann.

L'intégrale d'une fonction de variable imaginaire n'est point déterminée, comme l'est celle d'une fonction de variable réelle, quand on se donne les valeurs initiales et finales de la variable z. Il faut donner en outre les valeurs que prend z, ou les valeurs que prennent x, y, entre les valeurs initiales et finales. Géométriquement, en représentant la variable $z = x + iy$ sur un plan par le point de coordonnées x, y si a, b sont les points qui correspondent aux limites, l'intégrale doit dépendre de la ligne d'*intégration* qui suit le point z entre a et b : le théorème fondamental de Cauchy est qu'en général elle n'en dépend pas. En général, pour deux chemins quelconques joignant les points a et b, l'intégrale a la même valeur, sauf quand ils comprennent un *point critique* de la fonction, un point où la fonction est infinie ou indéterminée, et aussi dans le cas d'une fonction à valeurs multiples, comme un radical, les points où quelques-unes de ces valeurs deviennent égales, distinction qui n'a été nettement faite que par Puiseux.

De là, Cauchy, dans une série de mémoires parus de 1825 à 1851, et que complètent sur plusieurs points importants les travaux de Puiseux (1850-1851) déduit une série de propositions qui forment la base de la science mathématique actuelle.

Voici l'une des plus importantes : une *fonction analytique*, c'est-à-dire une fonction d'une variable imaginaire au sens de Cauchy, est développable en série, ordonnée suivant les puissances croissantes de $z - a$, et qui converge lorque z reste dans un cercle ayant pour centre le point a, supposé non critique, et pour rayon la distance de ce point au point critique le plus voisin : c'est l'extension au domaine imaginaire de la série classique de Taylor.

Sur la circonférence du cercle de convergence, ainsi défini, il existe au moins un point critique a, un point où la fonction n'est plus analytique. Prenons un point b situé dans le cercle de convergence : nous pourrons partir de ce point et développer la fonction en série suivant les puissances de $z - b$, cela dans un cercle ayant pour centre le point b et pour rayon la distance de b à a ; on conçoit que certains points de ce second cercle seront extérieurs au premier cercle, que le second développement sera valable pour des points, pour des valeurs de z, où le premier ne l'était pas. On dit que l'on a *prolongé* la fonction analytique en dehors du premier cercle. D'importants résultats concernant ce sujet sont dus à Weierstrass et à M. Méray, notamment que *parfois* les cercles ne peuvent s'étendre indéfiniment dans tout le plan. Alors, par une série de cercles se recoupant mutuellement, on définit dans le plan une certaine aire, dont la frontière, la courbe enveloppe des circonférences extrêmes, limite le domaine d'existence de la fonction.

Dans le domaine d'existence, l'on peut avoir des points singuliers isolés qui sont des *pôles* si autour de ces points a la fonction est de la forme :

$$\frac{A_m}{(3 - a)^m} + \frac{A'''_{-1}}{(z - a)^{m-1}} + \ldots + \frac{A_1}{z - a} + \text{série indéfinie en } z - a$$

et des points essentiels si, dans le développement précédent, m est infini. La frontière contient un ensemble de points singuliers autres que des pôles.

Weierstrass a exclu de son étude les frontières, tandis que MM. Hadamard, Painlevé, Borel étudient les frontières ; M. Borel les franchit même et dans les espaces lacunaires, aires dont tous les points seraient singuliers d'après la définition de Weierstrass, il définit, dans certains cas, un prolongement de la fonction.

De là, le rôle immense de la série de Taylor, des travaux de Cauchy et de ses continuateurs dans l'analyse moderne.

Autre point de vue nouveau, dû encore à Cauchy. Entre deux points donnés, l'intégrale d'une fonction analytique à points critiques située entre les deux chemins prend des valeurs qui diffèrent entre elles de quantités constantes, dites *périodes* de l'intégrale et qui ne dépendent pas de la position des deux points primitifs : la fonction inverse de l'intégrale est donc une fonction périodique. Ainsi se retrouvent et s'expliquent cette propriété des fonctions circulaires et elliptiques d'être périodiques et certaines particularités des fonctions abéliennes.

Rappelons encore à ce propos que dans toute fonction algébrique u de z, c'est-à-dire dans toute fonction définie par une relation $f(u, z) = o$ où f est un polynôme entier en u et z, certaines des valeurs de u s'échangent les unes dans les autres, suivant des lois déterminées, lorsque le point z tourne autour des points critiques a de la fonction, et sont développables autour de a en séries convergentes ordonnées suivant certaines puissances fractionnaires de $z - a$.

C'est de ces principes que découlent, entre autres conséquences remarquables, le calcul des résidus, la détermination du nombre des racines situées à l'intérieur d'un contour, étendue au cas de plusieurs variables par Kronecker et M. Picard, la recherche de la valeur d'intégrales définies, etc...

A Cauchy encore, on doit des théorèmes très généraux concernant l'existence des solutions d'une équation différentielle donnée.

Soit donnée une relation :

$$(\text{I}) \qquad \varphi\left(x, y, \frac{dy}{dx}, \ldots, \frac{d^\nu y}{dx^n}\right) = o;$$

en peut-on déduire une relation équivalente $y = f(x)$?

Les géomètres du xviiie siècle avaient intégré un grand nombre d'équations différentielles. Cauchy a scindé la question, et sous son influence, l'on cherche d'abord des théorèmes d'existence, c'est-à-dire des conditions auxquelles φ doit satisfaire pour que l'on puisse avoir une véritable fonction y.

Après Cauchy, MM. Lipschitz et Picard ont donné des théorèmes d'existence sous des conditions plus larges.

Briot et Bouquet, MM. Poincaré et Picard, Bendixson et Horn ont publié de remarquables mémoires concernant des formes particulières de φ.

Plus récemment, M. Painlevé, dans ses leçons faites à Stockholm, a fait une étude profonde des équations différentielles, envisagées au point de vue fonctionnel. Il se propose de reconnaître les singularités de l'intégrale, de savoir si elle est uniforme, algébrique, ce qui est au sens moderne du mot intégrer l'équation.

Pour les équations linéaires, où y et ses dérivées n'entrent qu'au premier degré, l'on trouve immédiatement les points singuliers de l'intégrale et la forme de l'intégrale autour de ces points, comme l'ont montré MM. Fuchs, Poincaré, Darboux, Autonne, Thomé, dans le cas des équations du premier ordre. Au contraire, pour les équations d'ordre supérieur à *un*, les points singuliers essentiels de la fonction y peuvent varier avec les constantes arbitraires qu'introduit l'intégration. Il y a là un fait capital, analogue à l'impossibilité de résoudre par radicaux les équations algébriques de degré supérieur à 4, fait mis en évidence d'abord par M. Picard, puis par M. Painlevé.

M. Painlevé a su de plus déterminer toutes les équations du deuxième ordre à points critiques fixes, indépendantes des constantes arbitraires. Il a entrepris la même recherche pour les équations du troisième ordre, et a été conduit ainsi à la découverte de transcendantes nouvelles.

Nous parlerons plus loin, à propos de Galois, de la théorie des groupes. Disons simplement ici, au sujet des équations différentielles, que cette notion intervient dans les méthodes de Sophus Lie et de Jacobi concernant la recherche effective des intégrales. Sophus Lie a su donner l'unité et la cohésion à ces théories et mettre en évidence les relations étroites qui existent entre les équations différentielles et les groupes. Les travaux de Sophus Lie sur les groupes continus sont fort importants. Il en est de même des travaux de M. H. Poincaré sur ces groupes discontinus qu'il appelle Fuchsiens et qui engendrent les fonctions fuchsiennes. Ces fonctions donnent l'intégrale de toutes les équations linéaires à coefficients algébriques, c'est-à-dire des équations différentielles linéaires à coefficients irrationnels en x. On sait que les fonctions fuchsiennes généralisent les fonctions elliptiques, en ce sens que si celles-ci permettent la représentation paramétrique des courbes de genre *un* (dans les courbes de genre zéro les coordonnées sont fonctions rationnelles d'un paramètre) les fonctions fuchsiennes donnent la représentation paramétrique de courbes de genre quelconque, comme l'a encore montré M. Poincaré.

La découverte de pareilles fonctions, dont le rôle est capital dans toutes les branches de l'analyse, est un des titres de gloire de M. Poincaré.

Enfin, sous l'influence des écrits de M. Poincaré, l'étude au point de vue réel des équations différentielles a fait récemment de grands progrès.

Dès l'apparition dans la science du concept de *dérivée*, les équations différentielles s'introduisaient dans la science.

Aussitôt après se présentaient les équations aux dérivées partielles, qui posaient ce problème : d'une relation donnée

$$(\text{I}) \qquad \varphi\left(x,\ y,\ u,\ \frac{\partial u}{\partial x},\ \frac{\partial u}{\partial y},\ \frac{\partial^2 u}{\partial x^2},\ \ldots,\ \frac{\partial^n u}{\partial x^\alpha \partial y^\beta},\ \ldots\right) = 0,$$

tirer, si possible, une relation

$$(\text{II}) \qquad u = f(x,\ y).$$

Dès le début du xixe siècle, Cauchy, suivi par Jacobi, a ramené aux équations différentielles les équations (1) du premier ordre, c'est-à-dire celles de la forme simple $\varphi\left(x,\ y,\ u,\ \frac{\partial u}{\partial x},\ \frac{\partial u}{\partial y}\right) = 0$. Pour les équations d'ordre quelconque, Cauchy se proposa l'étude des conditions d'existence de la fonction u et démontra ce théorème : on peut trouver un développement de u en série de x, y ayant, sur une courbe gauche donnée, des valeurs données, cela pour le cas de deux variables x, y. Le théorème s'étend au cas de n variables.

Le théorème de Cauchy a été repris par Mme de Kowaleski, par M. Darboux, par M. H. Poincaré qui en a examiné les cas d'exception.

L'équation $\frac{\partial^2 u}{\partial x \partial y} = 0$, qui admet pour intégrale la fonction $u = F(x) + G(y)$, où F et G sont *arbitraires*, montre combien l'intégrale d'une équation donnée est indéterminée.

Citons sur le sujet Monge, Ampère, Laplace, MM. Moutard, Darboux, Mayer, Sophus Lie, von Weber, Riquier, Delassus, Beudon, Cosserat, König, Bäcklund, Hamburger, Sonine.

Dans tous ces travaux se retrouvent les transformations de contact, déjà employées par Ampère, et des applications d'un haut intérêt intéressant les surfaces.

En même temps que se développait la théorie analytique des équations aux dérivées partielles, le point de vue réel, avec conditions aux limites faisait l'objet de travaux d'autant plus remarquables que la physique mathématique y avait une part importante. La plus célèbre des équations ainsi étudiées est celle de Laplace :

$$\frac{\partial^2 u}{\partial x^2} + \frac{\partial^2 u}{\partial y^2} = 0,$$

u ayant des valeurs données sur une courbe fermée. Cette étude, capitale en mécanique, en électricité, en thermodynamique, porte le nom de problème de Dirichlet. Au point de vue analytique, aucune distinction n'est à faire entre l'équation de Laplace (type elliptique) et l'équation $\frac{\partial^2 u}{\partial x^2} - \frac{\partial^2 u}{\partial y^2} = 0$ (type hyperbolique) et cependant, au point de vue réel, ces deux équations, affectées d'un second membre, présentent les différences les plus essentielles.

M. Picard a complètement intégré ces équations par sa belle méthode des approximations successives. Il a montré que, pour les équations de Laplace, on peut donner les valeurs de u sur une courbe fermée du plan et que pour les autres on peut donner u et l'une de ses dérivées sur un certain arc de courbe seulement.

Les belles méthodes de Laplace, de M. Darboux, de M. Goursat, de M. Coulomb, de M. d'Adhémar, on doit à ce dernier l'importante notion de conormale, permettent d'atteindre des catégories plus générales d'équations, mais non point d'obtenir des résultats aussi précis, aussi achevés.

Les travaux de M. Schwartz, la célèbre méthode du balayage

de M. Poincaré pour la résolution du problème de Dirichlet dans le plan ou dans l'espace, les mémoires de M. Le Roy sur les équations de la chaleur, ceux de M. Vito Volterra sur les équations de l'élasticité, de MM. Liapounoff, Horn, Steckloff, Harnack, Almansi, Bianchi, doivent encore être cités ici, d'autant plus qu'un fait important ressort de cet ensemble de travaux : tout comme pour les fonctions algébriques, les complications se multiplient quand on passe, au point de vue réel, de deux à trois variables, et plus.

Certaines lignes, dites caractéristiques, jouent un rôle fondamental dans les équations différentielles à deux variables indépendantes, rôle étudié surtout par MM. Picard et Goursat. Dans le cas de trois variables indépendantes Beudon, le premier, a trouvé les surfaces caractéristiques qui correspondent aux lignes caractéristiques. Il se présente ici un fait nouveau : pour avoir des surfaces caractéristiques, il faut connaître une intégrale particulière de l'équation, sauf pour les équations linéaires.

Tel est l'ensemble et des travaux de Cauchy et des travaux qu'il a inspirés *.

Argand. — Nous pouvons mentionner ici le nom de *Jean-Robert Argand*, qui naquit à Genève le 18 juillet 1768, et mourut le 13 août 1822. Dans son *Essai*, paru en 1806, il donnait la représentation géométrique d'un nombre imaginaire et s'en servait pour montrer que toute équation algébrique a une racine : cet opuscule, antérieur aux mémoires de Gauss et Cauchy sur le même sujet, n'attira pas beaucoup l'attention lorsqu'il fut publié.

Une démonstration plus ancienne de ce fait, que $\sqrt{-1}$ peut être interprétée comme indiquant la perpendicularité dans l'espace à deux dimensions, et même l'extension de cette idée à l'espace à trois dimensions par une méthode laissant pressentir l'usage des quaternions, a été donnée dans un mémoire de C. Wessel, présenté en mars 1797, à l'Académie des sciences de Copenhague ; d'autres mémoires sur le même sujet ont été publiés dans les *Philosophical transactions* pour 1806, et par H. Kühn, en 1750, dans les *Procès-verbaux* de l'Académie de Saint-Pétersbourg (¹).

(¹) Voir W.-W. BEMAN dans les *Proceedings of the American Association for the Advancement of Science*, vol. XLVI, 1897.

* Göpel. — *Adolphe Göpel* naquit à Rostock, en Saxe, en 1812. On lui doit un mémoire concernant les équations indéterminées du deuxième degré et surtout la solution d'un beau problème : donner une expression des fonctions inverses des intégrales abéliennes de première espèce, problème dont une solution plus simple fût obtenue peu après par Rosenhain *.

Hamilton (¹) — Suivant l'opinion de quelques écrivains, la théorie des quaternions sera envisagée un jour comme l'une des plus grandes découvertes du xix° siècle en mathématiques pures : cette découverte est due à *Sir William Rowan Hamilton*, qui naquit à Dublin, de parents écossais, le 4 août 1805 et mourut, dans cette même ville, le 2 septembre 1865. L'instruction qui lui fut donnée dans sa famille, paraît avoir été singulièrement décousue ; sous l'influence d'un oncle bon linguiste, il se consacra tout d'abord à l'étude des langues ; vers l'âge de 7 ans, il pouvait lire avec facilité le latin, le grec, le français et l'allemand ; à 13 ans, il pouvait se vanter d'être familier avec autant de langues qu'il avait vécu d'années. Vers cette époque, il eut l'occasion de parcourir un exemplaire de l'*Arithmétique Universelle* de Newton ; ce fut son initiation à l'analyse moderne, et il étudia bientôt les éléments de la géométrie analytique et du calcul infinitésimal. Il lut ensuite les *Principes* et les quatre volumes alors publiés de la *Mécanique céleste* de Laplace. Dans le dernier, il découvrit une erreur et sa note sur le sujet, écrite en 1823, attira considérablement l'attention. L'année suivante, il entra au collège de la Trinité, à Dublin : sa carrière universitaire est sans exemple, car la chaire d'astronomie étant devenue vacante en 1827, lorsqu'il n'était encore qu'étudiant, les électeurs lui demandèrent de se mettre sur les rangs, et il fut élu à l'unanimité. Il était entendu qu'on le laisserait parfaitement libre de poursuivre en même temps ses propres études.

Son plus ancien mémoire fut écrit en 1823 et publié en 1828, sous le titre *Theory of Systems of Rays* ; deux suppléments écrits en 1831 et 1832, furent ajoutés après coup ; dans

(¹) Voir la vie d'Hamilton (avec une bibliographie de ses écrits), par R. P. Graves, en trois volumes, Dublin, 1882-89 : les faits principaux sont donnés dans un article de la *North British Review*, pour 1886.

le dernier, il annonçait le phénomène de la réfraction conique. Ce mémoire fut suivi d'une note, en 1827, sur le principe de la *Varying Action* et, en 1834 et 1835, par des mémoires sur une *General Method in Dynamics*, où il traitait, ainsi qu'il convient, la dynamique théorique comme une branche des mathématiques pures. Ses leçons sur les *Quaternions* furent publiées en 1852 ; quelques-uns de ses résultats auraient été, semble-t-il, découverts antérieurement par Gauss, mais ils ne furent connus et publiés que longtemps après la mort du dernier. Parmi ses autres écrits, nous devons rapporter : une note sur la forme de la solution de l'équation générale algébrique du cinquième degré, qui confirmait la conclusion d'Abel que les racines ne pouvaient être exprimées au moyen d'un nombre fini d'expressions purement algébriques ; une note sur les fonctions ; un travail sur l'hodographe ; et enfin un mémoire sur les solutions numériques des équations différentielles. Ses *Elements of Quaternions* furent publiés en 1866 : parlant de cet ouvrage, une autorité compétente dit que les méthodes d'analyse qui s'y trouvent énoncées présentent sur les procédés de la géométrie analytique un perfectionnement aussi grand que ces derniers sur ceux de la géométrie euclidienne. A une époque plus récente P.-G. Tait, d'Edinbourg, a, de nouveau, développé le sujet.

Hamilton est d'une lecture pénible ; il a laissé une collection nombreuse de manuscrits que possède aujourd'hui la bibliothèque du collège de la Trinité, à Dublin, et dont quelques-uns, il faut l'espérer, seront un jour publiés.

* **Laurent.** — *Pierre-Alphonse Laurent*, né à Paris le 18 juillet 1813, entra à l'Ecole polytechnique en 1830 et mourut à Paris en 1854. Il fit sa carrière dans le génie, mais ne dépassa point le grade de commandant. Il ne fut membre d'aucune société savante, publia peu et se montra cependant mathématicien de valeur.

On lui doit une théorie importante sur la variation des intégrales multiples et une note sur le développement des fonctions, qui contient un théorème classique portant son nom ; il est à regretter qu'il n'ait pas poursuivi ses travaux d'analyse et qu'il leur ait préféré les théories de la physique mathématique *.

* Cournot. — *Antoine-Auguste Cournot* naquit à Gray en 1801 et mourut à Paris en 1877.

M. Poincaré, dans ses *Leçons sur le calcul des probabilités*, est d'avis qu'il n'est guère possible de donner une définition satisfaisante de la probabilité.

Cournot, cependant, avait développé une série de considérations conduisant à une définition convenable de la probabilité. Si sur m épreuves ou observations, faites dans des conditions constantes déterminées, un événement E se produit n fois et si le rapport $\frac{n}{m}$ tend vers une limite quand le nombre m croît, cette limite, selon Cournot, est la probabilité de l'événement E dans les conditions considérées.

Quand à la question du hasard, plutôt philosophique que mathématique, Cournot s'en est aussi préoccupé, et, après lui nombre d'auteurs que cite l'*Encyclopédie des sciences mathématiques*.

Hasard et probabilité sont des notions à peu près élucidées aujourd'hui et notamment les idées de Laplace, voulant que la probabilité soit relative en partie à nos connaissances, en partie à notre ignorance, celles de Hume, que le hasard est l'ignorance où nous sommes des véritables causes, sont complètement abandonnées.

Le calcul des probabilités est d'origine française. Il a été étudié tout d'abord par Pascal et Fermat, à propos d'une question relative aux jeux de hasard. Parmi les premiers mathématiciens qui s'en sont occupés on compte encore Galilée, Hierosme Cardan, Montmort, Huygens, Jacques Bernoulli, Leibniz, d'Alembert. Laplace fut le premier à en composer un corps de doctrine.

Moivre, Lagrange, Laplace ont appliqué les équations aux différences finies au calcul des probabilités, Boole a simplifié les méthodes de ces derniers. Ampère, puis M. Rouché ont étudié le problème de la ruine des joueurs, Euler et les Bernoulli celui de la loterie, Bertrand et M. André celui du scrutin, Buffon, Cesaro, M. Poincaré, M. Czuber et d'autres auteurs que nous ne saurions nommer, la question de la probabilité géométrique où il s'agit de problèmes tels que celui-ci : on jette une aiguille sur une table, sur laquelle on a tracé des parallèles équidistantes ; quelle est la probabilité pour que l'aiguille rencontre l'une des parallèles? On peut aussi rappeler à ce sujet : Laplace, Lamé, Barbier, Crofton, Sylvester.

Poisson s'est occupé de certaines probabilités concernant un très grand nombre d'épreuves.

Laplace, Bayes, Morgan, Condorcet ont attaché leurs noms à la probabilité des causes.

Divers auteurs, Condorcet et Tchebuhef surtout, se sont préoccupés de l'Espérance mathématique, ou évaluation objective de l'attente d'un gain attaché à la réalisation d'un événement incertain.

Comme on le voit par cette très rapide étude, le calcul des probabilités est surtout dû aux mathématiciens français. Il a d'ailleurs fait peu de progrès depuis Laplace.

Cournot s'est aussi préoccupé d'une question qui divisait les philosophes et les mathématiciens de son temps : les principes du Calcul Infinitésimal. M. Poincaré a exposé les idées de Cournot dans la *Revue de Métaphysique et de Morale*. Aujourd'hui, où le nombre incommensurable a été défini de façon satisfaisante par Kronecker, où l'analyse mathématique a été arithmétisée, les difficultés qui se trouvaient à la base du calcul différentiel ont disparu. Tout au plus est-il permis de se demander si les procédés du calcul différentiel et intégral, actuellement complètement justifiés au point de vue logique, peuvent être légitimement appliqués à l'étude des phénomènes naturels, ou plutôt à préciser sous quelles conditions une telle application est légitime.

Revenant à notre premier sujet, nous devons ajouter que Cournot, puis Westergaard ont produit des travaux classiques concernant les tables de mortalité *.

Grassmann ([1]). — L'idée des opérations non commutatives et des quaternions semble s'être présentée à l'esprit de Grassmann et de Boole à peu près à l'époque où Hamilton s'en occupait. *Hermann Günther Grassmann* naquit à Stettin, le 15 avril 1809 et y mourut en 1877. Il était professeur au gymnase de cette ville. Ses recherches sur les algèbres non commutatives sont contenues dans l'ouvrage *Ausdehnungslehre*, publié en 1844, et augmenté en 1862. L'exposition scientifique des principes fondamentaux de l'algèbre créée par Hamilton et Grassmann fut poursuivie par de Morgan et Boole et reçut plus tard de nouveaux développements de

[1] Ses œuvres, réunies en trois volumes, éditées par F. Engel, ont été publiées à Leipzig, 1894.

H. Hankel dans son ouvrage sur les complexes, 1867, et de
G. Cantor, qui suivit une marche quelque peu différente, dans
ses mémoires sur la théorie des grandeurs irrationnelles, 1871 ;
l'examen de ces questions est si technique que nous devons nous
contenter d'y faire allusion dans un livre tel que celui-ci. Grassmann a également étudié les propriétés de l'hyperespace homo-
loïdal.

Boole. — *George Boole*, né à Lincoln le 2 novembre 1815 et
mort à Cork le 8 décembre 1864, imagina, indépendamment des
travaux de Grassmann, un système d'algèbre non commutative. De
ses mémoires sur les transformations linéaires, la partie relative à la
théorie des invariants a pris un certain développement.

Galois ([1]) — Un nouveau développement de l'algèbre, la théorie
des groupes de substitutions a été imaginée par *Evariste Galois*,
né à Paris le 26 octobre 1811 et qui s'annonçait comme un des
mathématiciens les plus originaux du xixe siècle, lorsqu'il fut tué
dans un duel, le 30 mai 1830, à l'âge de 20 ans.

La théorie moderne des groupes est née des recherches de Galois, Cauchy et J.-A. Serret qui se sont surtout préoccupés des
groupes de substitution finis discontinus. Cette branche de recherches a été poursuivie par M. C. Jordan, de Paris, et E. Netto, de
Strasbourg. Le problème des opérations avec les groupes discontinus, avec applications à la théorie des fonctions, a été abordé de
nouveau par F.-G. Frobenius, de Berlin, F.-C. Klein, de Gœttingue, et W. Burnside, anciennement à Cambridge et aujourd'hui
à Greenwich.

* La théorie des équations a fait au xixe siècle des progrès déci-
sifs. C'est d'abord le théorème de Sturm, qui permet de calculer le
nombre de racines réelles qu'une équation algébrique possède entre
deux limites données, théorème qui, étendu aux racines imaginaires
par Cauchy et Laguerre, offre encore un vaste champ de recherches. D'autre part, Gauss a donné une théorie complète des équations binômes. Il a étudié aussi les équations primitives et les
équations non primitives. Ces dernières sont celles qui, étant de

---

([1]) * Sur ses recherches, voir l'édition de ses œuvres avec une introduction
par E. PICARD, Paris, 1897 *.

degré mn se décomposent en m facteurs de degré n, au moyen de la résolution d'une seule équation de degré m.

Mais la découverte la plus profonde, celle qui a fait pénétrer au cœur de la question est celle de Galois. Le premier, Galois met en évidence l'importance du *groupe* de l'équation, qu'il définit ainsi. Il appelle *rationnelle* toute quantité qui s'exprime en fonction rationnelle des coefficients de l'équation et d'un certain nombre de quantités arbitraires adjointes à l'équation. Soient alors a, b, c..., les racines : il y a toujours un groupe de permutation des lettres a, b, c,... tel que toute fonction des racines invariable numériquement par les substitutions de ce groupe soit rationnellement connue et, réciproquement, que toute fonction des racines, déterminable rationnellement, soit invariable par les substitutions.

Une autre notion très importante est celle des sous-groupes dits invariants, contenus dans le groupe primitif. Un groupe est composé ou simple, selon qu'il renferme ou non un sous-groupe invariant. Galois tire de ces principes des résultats très remarquables, qui sont actuellement la base de la théorie des équations et qui furent complétés dans la suite par Betti, Kronecker, Serret et surtout par M. Jordan, qui s'est attaché à l'étude des groupes composés, des groupes transitifs, des groupes primitifs et a considérablement étendu à leur aide le champ de la théorie des substitutions. Il a montré que les équations à groupe composé peuvent se résoudre à l'aide d'équations auxiliaires, il a construit tous les groupes d'équations d'un degré donné résolubles par radicaux, problème à la fois très important et très difficile posé par Abel.

La notion de groupe de substitution ou de transformation, dont Galois a, le premier, révélé la fécondité, est aujourd'hui fondamentale dans bien des parties de l'analyse, car la science mathématique étudiant essentiellement les transformations de diverses natures doit toujours rechercher ce qui demeure constant et inaltéré dans ces transformations. Partout elle étudie des *groupes* au moyen des *invariants*. La géométrie projective offre les relations les plus étroites avec la théorie des substitutions linéaires, de même que la géométrie élémentaire avec celle des substitutions orthogonales.

Halphen a étudié le groupe des substitutions linéaires, c'est-à-dire des changements projectifs de coordonnées ; il a nommé *invariants différentiels* certaines fonctions des dérivées que ces substitutions n'altèrent pas ; il a fait la théorie complète de ces invariants et il a déterminé les plus simples et les plus remarquables d'entre eux. Laguerre, à son tour, a introduit en analyse l'importante notion des invariants des équations différentielles linéaires, mais c'est encore Halphen qui reconnut l'analogie de ceux-ci avec ses invariants différentiels et basa sur ce fait son célèbre travail sur le problème de l'intégration des équations différentielles.

La notion de groupe de substitutions ou de transformations, dont Galois a, le premier, révélé la fécondité, est aujourd'hui fondamentale en analyse, où la géométrie projective, les fonctions modulaires et fuchsiennes, les fonctions elliptiques, abéliennes et autres ont au fond pour objet l'étude d'un groupe particulier, et celles des fonctions qui demeurent invariables par les substitutions de ce groupe. Aujourd'hui, la théorie des groupes est une immense théorie autonome que divers géomètres, Lie et M. Klein, M. Poincaré et M. Picard, Frobenius et Sylow, M. Maillet et M. de Séguier ont développé à divers points de vue *.

De Morgan (¹). — *Auguste de Morgan*, né à Madras en juin 1806 et mort à Londres, le 18 mars 1871, fit ses études au collège de la Trinité, à Cambridge, mais dans l'état de la législation d'alors, il ne pouvait (étant unitarien) être membre agrégé. En 1828, il devint professeur à l'Université nouvellement créée à Londres et qui est la même que l'institution désignée aujourd'hui sous le nom de Collège de l'Université. Une fois là, il exerça, par ses propres travaux et ceux de ses élèves, une grande influence sur les mathématiciens anglais. La Société mathématique de Londres lui doit en grande partie, sa création, et il prit une large part aux actes de la Société astronomique royale. Il était très au courant de la philosophie et de l'histoire des mathématiques, mais ses aperçus à ce sujet sont donnés dans des articles disséminés un peu partout ; nous en avons fait largement usage dans ce livre. Ses mémoires sur les principes fondamentaux de l'algèbre, son traité sur le calcul différentiel, publié en 1842, sont des œuvres de talent où l'on remarque une exposition rigoureuse de la théorie des séries infinies ; ses articles sur le calcul des fonctions et sur la théorie des proba-

(¹) Sa vie a été écrite par sa veuve, S. E. DE MORGAN, Londres, 1882.

bilités, méritent d'être spécialement notés. L'article sur le calcul des fonctions contient l'étude des principes de la dialectique symbolique, mais les applications concernent plutôt la solution des équations fonctionnelles que la théorie générale des fonctions.

*Genocchi. — *Angelo Genocchi* naquit à Plaisance le 5 mars 1817 et mourut à Turin le 7 mars 1889. D'abord avocat et professeur de droit à Parme et à Plaisance, il abandonna bientôt ces premières études et, après avoir étudié à Turin, il publia, en 1851, un premier mémoire concernant la théorie des nombres et, en 1852, une note sur les résidus quadratiques.

En 1857, il avait déjà publié plus de quarante mémoires, et fut nommé professeur d'algèbre supérieure et de géométrie à l'Université de Turin, où il fit toute sa carrière.

Ses travaux ont eu pour objet les séries, le calcul intégral et surtout la théorie des nombres, où il se montra passé maître. La théorie des nombres complexes, la loi de réciprocité quadratique, la résolution en nombres entiers des équations indéterminées ont été de sa part l'objet de mémoires remarquables. La grande loi de réciprocité quadratique donnée par Gauss et démontrée une seconde fois par ce grand mathématicien, à la suite des recherches d'Euler et Legendre sur le même sujet, puis une quatrième, une cinquième, une sixième fois, toujours par Gauss, fut de nouveau l'objet des travaux de Jacobi, Eisenstein, Liouville, Lebesgue, Kummer, A. Stern, Zeller, Kronecker, Bouniakowsky, Shering, Petersen, Voigt, Busche, Th. Pepin. Tout spécialement, le mémoire de Genocchi sur le même sujet, *Sur la théorie des résidus quadratiques*, fut couronné par l'Académie des sciences de Bruxelles.

Genocchi s'intéressait aussi à l'histoire des mathématiques comme le montrent ses publications sur Léonard de Pise, la correspondance de Lagrange et d'Alembert, l'histoire de l'algèbre, et les manuscrits de Fermat *.

* Betti. — *Henri Betti* naquit près de Pistoie le 21 octobre 1823 et mourut le 11 août 1892, près de Pise.

Ses premiers travaux concernent la théorie des équations. Dans une célèbre lettre écrite à Chevalier, la veille de sa mort, Galois, à l'exemple de Fermat, avait énoncé toute une suite de théorèmes sans

en donner les démonstrations; cette lacune fut comblée par Betti. Entre
autres, il démontra que l'équation modulaire dont dépend la transformation des fonctions elliptiques peut être abaissée d'un degré et
n'est pas résoluble par radicaux pour les degrés 5, 7, 11. Sur plusieurs points, il se rencontra avec Hermite et Kronecker. Il était
sur la voie de la résolution de l'équation du cinquième degré par les
fonctions elliptiques, mais il fut devancé par Hermite et Kronecker.
On peut citer sur ce sujet les travaux de Sohnke, Mathieu, Königsberger, Joubert, Brioschi, Schläfli, Schröter, Gudermann, Gützlaff.

Les *leçons sur l'élasticité* de Betti, publiées en 1872, constituent
une œuvre très importante et font date dans l'histoire de cette théorie. Le théorème qui porte son nom et qui concerne l'équilibre des
solides élastiques, a pour beaucoup contribué à le faire reconnaître
comme un mathématicien de valeur *.

Cayley ([1]). — *Arthur Cayley* est un des plus grands mathématiciens anglais ; il naquit dans le comté de Surrey, le 16 août 1821
et, après avoir fait ses études au collège de la Trinité, à Cambridge, il
fut inscrit au barreau ; mais ses goûts le portant vers les mathématiques, il fut nommé, en 1863, à la chaire Sadlerian, à Cambridge,
où il passa le reste de sa vie. Il mourut le 26 janvier 1895.

Les écrits de Cayley se rapportent surtout aux mathématiques
pures. Nous avons déjà fait mention de ceux qui se rapportent
à la partition des nombres et aux fonctions elliptiques envisagées
au même point de vue que Jacobi. Ses dernières notes sur les
fonctions elliptiques visent principalement la théorie de la transformation et l'équation modulaire. Ce sont cependant ses recherches
sur la géométrie analytique et sur l'algèbre supérieure qui constituent ses principaux titres de gloire.

En géométrie analytique, la conception de ce qu'on désigne
(d'une façon peu heureuse, peut-être) sous le nom d'*Absolu* est
due à Cayley. Comme il l'établit d'ailleurs lui-même « la théorie,
en effet, est que les propriétés métriques d'une figure ne sont pas
les propriétés de la figure considérée *per se*... mais ses propriétés
quand on les considère en connexion avec une autre figure, à savoir
la conique nommée *Asbolu* » ; par suite, les propriétés métriques

_____

([1]) La collection de ses œuvres en treize volumes a été publiée à Cambridge,
1889-98.

peuvent être soumises aux méthodes descriptives. Il contribua largement à la théorie générale des courbes et des surfaces ; son travail est basé sur la supposition d'une liaison nécessairement étroite entre les opérations algébriques et géométriques.

En algèbre supérieure, on doit à Cayley la théorie des invariants ; ses dix mémoires classiques sur les formes binaires et ternaires, ses recherches sur les matrices et sur les algèbres non commutatives font époque dans le développement du sujet.

Sylvester. — *James-Joseph Sylvester*, né à Londres le 3 septembre 1814 et mort le 15 mars 1897, est contemporain de Cayley. Lui aussi fit ses études à Cambridge où il se lia d'amitié avec Cayley ; leur liaison dura toute leur vie. Comme Cayley, il fut inscrit au barreau et cependant ses goûts le poussaient vers les mathématiques. Il professa successivement à Woolwich, Baltimore et Oxford. Personnalité puissante, il fut un professeur entraînant, mais il est difficile de résumer ses écrits, car ils sont nombreux et sans liens les uns avec les autres.

Sur la théorie des nombres, Sylvester a écrit des notes importantes concernant la distribution des nombres premiers et la partition des nombres. En analyse, il s'occupa du calcul infinitésimal et des équations différentielles. Mais son étude favorite était peut-être l'algèbre supérieure ; parmi ses nombreux mémoires sur ce sujet, nous pouvons citer en particulier ceux qui se rapportent aux formes canoniques, à la théorie des contrevariants, aux réciprocants ou invariants différentiels, à la théorie des équations (notamment à la règle de Newton). Il créa la langue et la notation de la majeure partie des sujets qu'il traita.

Les écrits de Cayley et de Sylvester présentent un contraste marqué ; ceux de Cayley sont méthodiques, précis, réguliers et complets ; ceux de Sylvester sont vifs, inachevés, mais non moins vigoureux ni moins stimulants. L'algèbre supérieure surtout a vivement intéressé ces deux mathématiciens et sa forme moderne leur est due pour une grande part.

Lie ([1]). — Un autre grand analyste du XIXᵉ siècle, est *Marius-*

([1]) Voir la notice nécrologique par A.-R. Forsyth dans le *Year book of the Royal society*, Londres, 1901.

Sophus Lie, né le 12 décembre 1842, et mort le 18 février 1899. Lie fit ses études à Christiania, puis il obtint une bourse de voyages qui lui permit de faire la connaissance de Klein, Darboux et Jordan. C'est l'influence de ces trois hommes qui décida de sa carrière.

En 1870, il découvrit la transformation au moyen de laquelle on peut faire correspondre une sphère à une ligne droite et dont l'emploi permettait de transformer les théorèmes sur les assemblages de lignes en théorèmes sur des assemblages de sphères. Puis suivit une thèse sur la théorie des transformations tangentielles pour l'espace.

En 1872, il devint professeur à Christiania. Les premières recherches qu'il fit alors concernent les relations entre les équations différentielles et les transformations infinitésimales. Il fut ainsi naturellement conduit à la théorie générale des groupes continus finis de substitutions ; les résultats de ses études sur ce sujet sont contenus dans son ouvrage *Theorie der transformations gruppen*, Leipzig, 3 volumes, 1888-93. Il poursuivit ses travaux par l'étude des groupes continus infinis, et il faut espérer que ses découvertes sur ce sujet seront publiées d'ici peu. Vers 1879, Lie porta son attention sur la géométrie différentielle ; on publie actuellement l'exposition systématique de ses recherches sur cette question, sa *Geometrie der Berührungs-transformationen*.

Il fallut un certain temps pour que les travaux de Lie fussent estimés à leur juste valeur. Il en éprouva un vif désappointement. La réputation lui vint, mais lentement. En 1886, il se rendit à Leipzig, et en 1898 il retourna à Christiania, où un poste venait d'être créé pour lui. Malgré sa nouvelle situation, il conserva toujours un souvenir pénible du temps où il avait été méconnu, et les dix dernières années de sa vie en furent attristées.

L'*Algèbre supérieure* (en y comprenant la théorie des formes et la théorie des équations) a été traitée par tant d'autres auteurs qu'il est difficile de résumer les conclusions auxquelles ils sont arrivés ou de les signaler individuellement.

La convergence des séries a été étudiée par *J.-L. Raabe* (1801-1859) de Zurich ; *J.-L.-F. Bertrand* (1822-1900), qui fut secrétaire perpétuel de l'Académie des Sciences de Paris ; *E.-E. Kummer* (1810-1893) de Berlin ; *U. Dini* de Pise ; *A. Pringsheim* de

Munich ([1]) ; et *Sir Georges-Gabriel Stokes* ([2]) de Cambridge, auquel on doit le théorème bien connu sur les valeurs critiques des sommes de séries périodiques.

Quant à la théorie des groupes de substitutions, nous avons déjà signalé, d'une part, les travaux de Galois, Cauchy, Serret, Jordan, J.-A. de Séguier et Netto, puis ceux de Frobenius, Klein et Burnside pour les groupes discontinus, enfin ceux de Lie pour les groupes continus.

Nous pouvons encore mentionner les auteurs suivants : *C.-W. Borchardt* ([3]) (1817-1880) de Berlin, qui examina en particulier le rôle des fonctions génératrices dans la théorie des équations ; *C. Hermite* (1822-1901) qui envisagea la théorie des covariants associés dans les formes binaires, la théorie des formes ternaires, et qui appliqua les fonctions elliptiques à la détermination d'une solution de l'équation du cinquième degré et de l'équation différentielle de Lamé.

Enrico Betti (1823-1892) de Pise et *F. Brioschi* (1824-1897) de Rome, s'occupèrent tous deux de formes binaires. *S.-H. Aronhold* (1819-1884), développa les méthodes symboliques pour la théorie des formes invariantes.

R.-A. Gordan ([4]) d'Erlangen, écrivit sur la théorie des équations, sur les théories des groupes et des formes, et a montré qu'il n'y a qu'un nombre fini de formes adjointes. *R.-F.-A. Clebsch* ([5]) (1833-1872) de Göttingue étudia, indépendamment de toutes recherches déjà faites, la théorie des formes binaires dans quelques notes, réunies et publiées en 1871 ; il écrivit également sur les fonctions abéliennes. *P.-A. Mac-Mahon*, officier dans l'armée anglaise, a écrit sur la relation des fonc-

---

([1]) Sur les recherches de RAABE, BERTRAND, KUMMER, DINI et PRINGSHEIM, voir le *Bulletin de la Société mathématique de New-York*, Vol. II, 1892-1893, p. 1-10.

([2]) La collection des notes mathématiques et physiques de STOKES, a été publiée en deux volumes, à Cambridge, 1880 à 1883.

([3]) Une édition de ses œuvres réunies, préparée par G. HETTNER, a paru à Berlin en 1888.

([4]) Une édition de son travail sur les invariants (déterminants et formes binaires) préparée par G. KERSCHENSTEINER, a été publiée à Leipzig en trois volumes, 1885, 1887, 1893, le troisième volume n'est pas paru.

([5]) Un compte rendu de sa vie et de ses travaux se trouve dans les *Mathematische Annalen*, 1873, vol. VI, pp. 197-202, et 1874, vol. VII, pp. 1-55.

tions symétriques, les invariants et covariants, les formes adjointes binaires, et l'analyse combinatoire. *F.-C. Klein*, de Göttingue, comme suite à ses recherches déjà mentionnées, sur les fonctions et sur les groupes finis discontinus, s'est occupé des équations différentielles. *1.-R. Forsyth* de Cambridge, a développé la théorie des invariants et la théorie générale des équations différentielles, ternariants et quaternariants. *G. Painlevé*, a écrit sur la théorie des équations différentielles. Et enfin *D. Hilbert* de Gœttingue, a traité la théorie des formes homogènes.

Un exposé des écrits contemporains se rapportant à l'algèbre supérieure ne serait pas complet, si nous ne faisions pas mention des admirables ouvrages classiques : *Higher Algebra*, de G. Salmon, proviseur du Collège de la trinité à Dublin, *Algebra* de Weber, l'un et l'autre traduits en français, et *Cours d'algèbre supérieure* de J.-A. Serret (1819-1885) professeur à la Sorbonne, dans lesquels se trouvent exposées les principales découvertes modernes. Un superbe résumé historique de la théorie d'une variable complexe est donné dans l'ouvrage de H. Hankel *Vorlesungen über die complexen Zahlen*, Leipzig, 1867.

* **Puiseux**. — *Victor Puiseux* naquit à Argenteuil le 16 avril 1820 et mourut à Fontenay, dans le Jura, en 1883. Elève à l'Ecole normale, il débuta comme professeur à Rennes et passa de là à Besançon, où son mémoire *sur les fonctions algébriques*, venant en suite des beaux théorèmes de Cauchy sur le même sujet, le plaça au premier rang des jeunes géomètres d'alors. Nommé professeur en Sorbonne, il put s'adonner à son goût pour la mécanique céleste et prêta un précieux concours au Bureau des Longitudes et à l'Observatoire. Il eut la rare sagesse d'abandonner ces fonctions le jour où il se sentit incapable de les remplir.

Membre de l'Académie des sciences, Puiseux y laissa le souvenir d'un travailleur toujours prêt à prendre à sa charge les études qui s'imposaient au savant corps dont il faisait partie *.

* **Bouquet**. — *Jean-Claude Bouquet* naquit à Morteau en Franche-Comté le 7 septembre 1819 et mourut à Paris le 9 septembre 1885.

Après ses *Remarques sur les systèmes de droites dans l'espace,* il publia une note sur les *surfaces orthogonales* qui fut l'origine de savantes recherches de Bonnet, Cayley, M. Darboux et M. Lévy.

En collaboration avec Albert Briot, Bouquet résolut de mettre de l'ordre et de la précision dans l'œuvre immense de Cauchy ; ils surent en tirer une œuvre originale, concernant la nature des fonctions aux points singuliers. Fuchs a donné postérieurement le développement en séries des intégrales des équations linéaires. M. Poincaré a fait de même pour le cas d'équations non linéaires. Cauchy et Mme de Kowalewski avaient résolu le problème pour les points ordinaires. Bientôt suivit le *Traité des fonctions elliptiques* de Briot et Bouquet, fondé sur la théorie des imaginaires, œuvre considérable, qui eut le plus légitime succès.

C'est à Briot seul qu'on doit le *Traité des fonctions abéliennes.* Bouquet entra à l'Académie des sciences en 1875 *.

* **Codazzi.** — *Delfino Codazzi* naquit à Lodie le 7 mars 1824 et mourut à Pavie le 21 juillet 1873.

Professeur d'algèbre supérieure et de géométrie à l'Université de Pavie, il publia plusieurs travaux concernant la théorie des surfaces et les coordonnées curvilignes. En 1861, l'Académie des sciences de Paris lui accorda avec éloges une mention honorable au sujet d'un mémoire présenté pour le grand prix des sciences mathématiques, et concernant la théorie des surfaces applicables sur une surface de révolution. On y rencontre d'importantes formules, à dire vrai rencontrées déjà par Mainardi, et qui portent le nom de *formules de Codazzi* *.

* **Faà di Bruno.** — *François Faà di Bruno*, issu d'une noble famille, naquit à Alexandrie le 7 mars 1825 et mourut à Turin le 26 mars 1888.

D'abord capitaine au service de la maison de Savoie, il vint étudier à Paris, démissionna et suivit les cours de Cauchy, de Leverrier, se liant entre temps avec l'abbé Moigno et Hermite. De retour à Turin, il entra dans les ordres, mais il professa jusqu'à sa mort, dans la chaire d'analyse supérieure de l'université.

Plus important que ses travaux sur la théorie de l'élimination, sur le calcul des erreurs, est son *Traité des formes binaires*, écrit en français et traduit en allemand.

Faà di Bruno voulait composer également un grand traité en trois volumes sur la théorie et les applications des fonctions elliptiques ; malheureusement il ne put en écrire qu'environ la moitié. Deux importantes erreurs de l'auteur des *Fundamenta nova* y sont relevées*.

* **Catalan** ([1]). — *Eugène-Charles Catalan* naquit à Bruges en 1814 et mourut à Liège en 1894.

Elevé à Paris, il entra à l'Ecole polytechnique et fut nommé à sa sortie professeur au Collège de Châlons-sur-Marne ; il passa de là au collège Sainte-Barbe, à Paris.

Les premiers travaux de Catalan concernent le calcul des probabilités et la théorie des combinaisons reprises par tant d'auteurs, particulièrement MM. Rouché et André ; citons aussi ses remarques sur la théorie *des moindres carrés*, procédé conventionnel de résolution d'équations linéaires dont les coefficients sont entachés de légères erreurs, mais dont le nombre surpasse celui des inconnues. Etudiée par Gauss, Laplace et beaucoup d'autres, cette méthode passe pour la meilleure en l'espèce, mais est fort compliquée. Catalan a le mérite de l'avoir simplifiée. MM. Mansion et Goedseels se sont occupés récemment du même sujet.

Catalan a publié un remarquable mémoire sur la transformation des intégrales multiples, se rencontrant sur ce point avec Jacobi et Laurent, puis une méthode de détermination des intégrales multiples, enfin divers travaux d'analyse.

Ses notes concernant les surfaces minima, où Plateau s'est illustré, la courbure de la transformée plane d'une courbe tracée sur une surface développable, les trajectoires orthogonales des sections circulaires d'un ellipsoïde, sur la projection stéréographique, ont une réelle valeur.

Ses publications sur la série harmonique, sur la transformation des séries, sur certaines lignes de courbure, sur les polyèdres lui valurent une chaire à l'université de Liège et d'être élu à l'Académie de Bruxelles. Dès lors, il se livra de plus en plus à ses travaux favoris, principalement la théorie des nombres, les polynômes de Legendre, les fonctions elliptiques et surtout les *produits infinis*, où il se rencontra encore avec Jacobi *.

([1]) P. MANSION. — *Discours sur les travaux mathématiques* de M. E.-C. CA-TALAN.

* Brioschi. — *François Brioschi* naquit à Milan le 22 décembre 1824 et mourut le 13 décembre 1897. Professeur à l'Université de Pavie, secrétaire général de l'Instruction publique, député, sénateur, fondateur de l'Institut technique supérieur de Milan, membre de la plupart des grands corps savants, il eut une carrière des plus brillantes.

Dans l'espace de cinquante années, il publia environ deux cents cinquante mémoires, concernant l'algèbre, la géométrie, le calcul intégral.

En géométrie supérieure, on peut citer ses travaux sur les lignes de courbure, sur les surfaces dont les lignes de courbure sont planes ou circulaires, sur l'intégration des équations différentielles auxquelles on est conduit par la considération des lignes géodésiques, sur les tangentes doubles de quelques lignes du quatrième ordre à points doubles.

Pour l'analyse, il y a lieu de rappeler ses mémoires sur les équations aux dérivées partielles du deuxième ordre, sur la distinction des maxima et minima dans le calcul des variations, sur une propriété des équations aux dérivées partielles du premier ordre, sur la réduction des intégrales elliptiques.

En algèbre, ses principales publications se rapportent à la *théorie des déterminants et leurs applications*, ouvrage qui eut les honneurs de nombreuses traductions, et surtout à la *théorie des formes algébriques*, qui fut l'objet de toute sa prédilection. A propos de l'ouvrage dictatique de Brioschi sur les déterminants, citons ceux de Spottiswoode, Baltzer, Günther, Dostor, Scott, Muir, Mansion. La théorie de l'élimination doit de nombreux progrès à Brioschi, et aussi à Sylvester, Cayley, Salmon, Jacobi, Hesse, Cauchy, Gordan.

Brioschi fut moins un esprit original qu'un habile calculateur ; il sut mettre au point nombre de théories importantes, et c'est à ce titre surtout qu'il a laissé, et justement, un nom dans la science [*].

* Casorati. — *Félix Casorati* naquit à Pavie le 17 décembre 1835 et y mourut le 11 septembre 1890. En 1858, il fut nommé professeur d'algèbre et géométrie analytique, puis en 1863 de calcul infinitésimal, à l'université de sa ville natale.

Il fut ensuite membre de la plupart des académies italiennes et étrangères.

Les travaux [de Casorati se rapportent presque uniquement à l'analyse ; les plus importants concernent la théorie des fonctions d'une variable complexe et comprennent sept mémoires parmi les quarante-sept qu'il a publiés ; ce sont : quelques réflexions relatives à la théorie générale des fonctions d'une variable, théorème fondamental dans la théorie de la discontinuité des fonctions, théorie des fonctions d'une variable complexe, relations fondamentales entre les modules de périodicité des intégrales abéliennes de première espèce, autour du nombre des modules des équations ou des courbes algébriques d'un genre donné, sur les fonctions analytiques, sur de récents travaux de Weierstrass et Mittag-Leffler au sujet des fonctions d'une variable complexe *.

* **Halphen** ([1]). — *Georges-Henri Halphen* naquit à Rouen le 30 octobre 1844 et mourut à Paris en 1889. Entré à l'Ecole polytechnique en 1862, il s'y fit bientôt remarquer par un incontestable talent d'algébriste. Il prit part à la campagne de 1870, puis fut nommé en 1873 répétiteur à l'Ecole polytechnique. Il put dès lors se consacrer entièrement aux sciences mathématiques.

Un de ses premiers travaux se rapporte à cet important problème de géométrie : une conique est définie par cinq conditions, en sorte que l'équation générale d'un système de coniques assujetties à quatre conditions renferme un seul paramètre ; combien un pareil système contient-il de coniques satisfaisant à une cinquième condition ? L'amiral de Jonquières avait indiqué une solution simple mais incomplète du problème. Chasles l'avait complétée, sans donner la démonstration de son résultat, qui était erroné. En 1873 seulement, Clebsh, l'un des savants les plus justement célèbres de l'Allemagne, et Halphen résolurent définitivement la question. Il se trouvait même que la solution d'Halphen était susceptible d'extension à une courbe quelconque, plane ou gauche, et aux surfaces.

En ce premier travail, apparaît nettement l'esprit méthodique d'Halphen, qui se préoccupait bien plus de trouver effectivement les solutions des problèmes posés et d'en tirer toutes les conséquences

([1]) H. Poincaré. — *Journal de l'Ecole Polytechnique*, 1890.

que d'étendre indéfiniment et superficiellement les frontières de la Science.

Une autre question de pure géométrie, étude des points singuliers des courbes algébriques, retint longtemps Halphen. Cette question est analogue à la précédente et n'offre pas moins d'importance pour l'Analyse que pour la Géométrie. D'une part, en effet, elle touche aux travaux classiques de Puiseux sur la théorie générale des fonctions et, d'autre part, elle se rattache aux transformations birationnelles des courbes algébriques et, par conséquent, aux propriétés fondamentales des transcendantes abéliennes.

C'est à ce dernier point de vue que se plaça Halphen. Il sut montrer entre autres résultats intéressants, qu'une courbe plane quelconque peut être considérée comme la perspective d'une courbe gauche admettant un point singulier unique à tangentes séparées.

Le chef-d'œuvre d'Halphen est son Mémoire sur les courbes gauches algébriques, couronné en 1881 par l'Académie de Berlin.

Les courbes gauches ne peuvent être définies par un nombre unique, comme les courbes planes, qui le sont par leur degré. Le genre des courbes gauches n'est pas non plus lié à leur degré par une relation algébrique, comme il se fait pour les courbes planes. La classification des courbes gauches présentait donc des difficultés spéciales et considérables, que sut vaincre Halphen. A titre d'applications, il donna dans son mémoire la classification des courbes des vingt premiers degrés et des courbes de degré 120.

Rappelons à ce propos les travaux de Nöther, bien qu'ils soient d'ordres tout différents, en ce sens surtout qu'ils se rapportent à des problèmes ayant leurs analogies, en géométrie plane.

Les travaux géométriques d'Halphen se rattachent tous à la géométrie énumérative, qui a pour but de déterminer le nombre des points, des droites, des courbes ou des surfaces qui satisfont à certaines conditions données. Cette branche de la géométrie a été fondée par Chasles. Nombre de géomètres s'y sont intéressés dans la suite. Halphen a le mérite d'y avoir introduit la rigueur bien à tort négligée par ses devanciers.

C'est au moyen des invariants de Laguerre, dont nous avons parlé à propos de Galois, qu'Halphen réussit à intégrer une classe très remarquable d'équations différentielles, travail qui lui valut, en 1880, le grand prix des sciences mathématiques proposé par l'Académie des sciences de Paris.

Deux notes mémorables de cet éminent géomètre que fut Laguerre avaient appelé l'attention des géomètres sur les invariants des équations différentielles linéaires. Halphen y trouva de suite un rapport avec ses recherches antérieures et y vit un moyen d'édifier une théorie complète des invariants des équations linéaires. Le nombre des invariants absolus distincts d'une équation linéaire étant inférieur de deux unités à son ordre, et ces invariants pouvant être effectivement obtenus en ramenant l'équation à une forme dite canonique, on peut reconnaître par un procédé déduit de ces données si une équation différentielle linéaire est susceptible d'être ramenée, au moyen d'un changement de variable et de fonction n'altérant pas sa forme, à certains types connus déjà intégrés. Les relations entre invariants absolus jouent dans cette question un rôle capital et c'est de la nature de ces relations qu'Halphen déduisit la solution du beau problème qu'il s'était posé.

C'est ainsi qu'Halphen élargit considérablement le champ des formes intégrables connues à son époque, et qui étaient les équations à coefficients constants, certains cas particuliers de l'équation de Gauss, certaines équations du second ordre à quatre points singuliers et les équations à coefficients doublement périodiques de M. Picard.

Halphen avait entrepris dans ses dernières années une œuvre de longue haleine que la mort ne lui laissa pas le temps d'achever : son *Traité des fonctions elliptiques* et de leurs applications. Le but de ce grand ouvrage, dont les trois quarts ont vu le jour, était de mettre au service des astronomes ces belles théories, jusqu'alors restées dans le domaine de la science pure. Les notations employées sont celles de Weierstrass. Le rôle des fonctions pu, σu y est prépondérant et les fonctions σ. sn, dn, cn y sont reléguées au second plan. L'avantage des notations nouvelles est incontestable. Par exemple, il n'est plus nécessaire dans les questions de physique ou de mécanique, où interviennent les fonctions elliptiques, de distinguer trois cas : une seule analyse suffit.

Halphen a été prématurément enlevé à la science ; géomètre éminent alors qu'il était relativement jeune, il se fut classé dans la suite parmi les mathématiciens illustres.

Hermite [1] *. — *Charles Hermite* naquit à Dieuze, en Lorraine, le 24 décembre 1822 et mourut le 14 janvier 1901 à Paris. Il fit ses études au collège de Nancy, puis à Paris, au collège Henri IV et au collège Louis-le-Grand, où sa vocation de mathématicien s'affirma : déjà il lisait à la Bibliothèque Sainte-Geneviève le *Traité de la résolution des équations numériques* de Lagrange et achetait avec ses économies la traduction française des *Recherches arithmétiques* de Gauss.

Ses premières recherches, concernant l'impossibilité de résoudre algébriquement l'équation du cinquième degré, furent publiées en 1842 dans les *Nouvelles Annales de Mathématiques*. Il donne une démonstration fort simple de la proposition découverte par Abel.

La même année, il entrait à l'Ecole polytechnique et menait de front les études classiques qui lui étaient imposées et ses recherches personnelles. Dès le mois de janvier 1843, il écrit à Jacobi pour lui faire part de ses recherches sur les fonctions abéliennes. Il étendait aux fonctions abéliennes un théorème important des fonctions elliptiques, découvert par Abel. En août 1844, il écrit de nouveau à Jacobi, cette fois au sujet de la transformation des fonctions elliptiques : il énonce alors les principes de la théorie des fonctions θ. Jacobi s'intéressa vivement à ces recherches, au point d'insérer les deux notes d'Hermite dans l'édition complète de ses œuvres.

Plus tard, en 1855, Hermite étend aux fonctions abéliennes le problème de la *transformation*, résolu pour les fonctions elliptiques par Abel et Jacobi. Etant données les deux équations différentielles, qui pour un radical portant sur un polynôme arbitraire du cinquième ou du sixième degré, définissent les fonctions abéliennes, Hermite considère simultanément les quinze fonctions uniformes quadruplement périodiques introduites par Göpel et Rosenhaïn, et qui sont les analogues de *snx*, *cnx*, *dnx*. Le problème de la transformation est dès lors ainsi posé : Pour un polynôme donné, déterminer un nouveau polynôme tel qu'en formant des combinaisons linéaires convenables des équations différentielles relatives à ce polynôme, les quinze fonctions abéliennes cor-

---

[1] Cf. *L'œuvre scientifique* de CHARLES HERMITE par E. PICARD, « Acta mathematica », tome XXV.

respondantes s'expriment rationnellement à l'aide des quinze premières.

Pour résoudre ce problème algébrique, Hermite se place au point de vue transcendant et cherche d'abord à étendre aux fonctions θ de deux variables l'analyse qu'il indiquait jadis à Jacobi au sujet des fonctions θ d'une variable. De grandes difficultés se présentaient aussitôt, difficultés qui furent plus tard l'occasion de remarquables travaux de MM. Clebsch, Nöther, Enriques, Castelnuovo, Humbert, Picard. Notons en passant que si les courbes algébriques possèdent un seul invariant, le genre, les surfaces en possèdent plusieurs. MM. Picard et Simart ont résumé les questions de cette nature dans un beau traité, actuellement en cours de publication.

Les difficultés qui se présentaient à Hermite étaient surtout de nature arithmétique et n'avaient pas leur analogue dans la théorie des fonctions elliptiques. De là, la nécessité de fonder en quelque sorte une branche d'analyse nouvelle, ce que sut faire Hermite en un admirable travail, bien souvent commenté, et qui a ouvert la voie à d'importants mémoires de Laguerre et de M. Jordan.

Hermite n'abandonnait point pour cela la théorie des fonctions elliptiques, dont les belles formules, disait-il, remplissaient de joie son âme d'algébriste. En 1858, il reprend l'étude de leur transformation et y rencontre entr'autres une solution de l'équation du cinquième degré, solution non-algébrique, cela va sans dire, et analogue à la solution trigonométrique de l'équation du troisième degré. Cette solution s'effectue à l'aide des fonctions modulaires, dont le rôle important en arithmétique et en géométrie s'accentue en ce sens qu'elles ont conduit aux célèbres fonctions fuchsiennes découvertes par M. Poincaré.

Dès sa jeunesse, Hermite fut séduit par la théorie des nombres. La lecture d'un théorème de Jacobi, démontrant l'impossibilité d'une fonction d'une variable à trois périodes, des *Recherches arithmétiques* de Gauss, l'amenèrent à étudier les formes quadratiques, c'est-à-dire les polynômes homogènes du second degré, et à introduire dans cette théorie la considération de variables continues ; il en devait tirer nombre de résultats intéressants, ceux notamment qui concerne leur réduction. Citons encore ses beaux travaux relatifs à leurs invariants, où il devait se rencontrer avec Cayley et Sylvester.

Mais passons à un autre genre d'études qui eussent suffi à immortaliser le nom d'Hermite : les fractions continues algébriques.

Déjà la théorie des fractions continues arithmétiques, c'est-à-dire la représentation approchée d'un nombre incommensurable par un nombre rationnel, avait été étendue aux fonctions d'une variable. Etant donnée une fonction d'une variable x développée en série de Taylor suivant les puissances entières, positives ou négatives, de x, on avait étudié les fractions rationnelles dont le développement suivant les puissances de x restituait, aux termes de degrés supérieurs près, le développement de la fonction, étude qui devait former plus tard le sujet de beaux mémoires contemporains. Ce mode de représentation conduisit Hermite à l'une de ses plus belles découvertes : la transcendance du nombre e, base des logarithmes népériens. Son point de départ, dans ce mémoire célèbre *Sur la fonction exponentielle*, publié en 1873, est l'approximation simultanée d'un certain nombre d'exponentielles de la forme e^{ax} au moyen de fractions rationnelles. Les différences entre ces exponentielles et les fractions rationnelles, ou fractions continues, qui les représentent approximativement, sont évaluées à l'aide d'intégrales définies ; faisant $x = t$ dans les formules, puis supposant que a est un nombre entier, il en résulte cette conclusion : que e ne peut satisfaire à aucune équation algébrique à coefficients entiers. L'intérêt qui s'attache à un nombre aussi fondamental que e, donnait un prix immense à cette découverte. Neuf ans plus tard, M. Lindemann, s'inspirant des études d'Hermite, faisait à son tour, et dans le même ordre d'idées, une découverte capitale : il démontrait la transcendance du nombre π. Ainsi était établie rigoureusement et définitivement l'impossibilité de la quadrature du cercle, l'impossibilité de construire avec la règle et le compas un carré ou rectangle d'aire équivalente à celle d'un cercle donné : problème qui tenta les plus grands mathématiciens d'autrefois, et que, dit-on, s'entêtent encore à résoudre de vains chercheurs.

Weierstrass a donné en 1890 une démonstration directe de la transcendance de ces deux nombres e et π, qu'Hilbert, en 1893, réduisit encore, si bien que cette belle question est devenue classique.

Après son mémoire sur la fonction exponentielle, Hermite continua ses recherches sur les fractions continues algébriques. On connaissait depuis Gauss le rôle des polynômes de Legendre dans le développement de $\log \dfrac{x-1}{x+1}$ en fraction continue, et les recherches de MM. Heine et Christoffel avaient montré les rapports qui existent entre la théorie des fractions continues et certaines équations différentielles linéaires du second ordre. Hermite étend tous ces résultats en montrant comment une certaine équation d'ordre $n+1$, généralisant l'équation de Gauss, se lie aux modes d'approximations simultanées dont il avait donné une application dans son mémoire *Sur la fonction exponentielle*.

La théorie des fractions continues algébriques, qui semble devoir réserver tant de surprises aux géomètres est encore à peine ébauchée. Elle comprend deux problèmes distincts : développer une fonction donnée en fraction continue, étudier la convergence du développement.

Il n'existe pas encore de méthode générale, analogue au théorème de Taylor, pour le développement en série, permettant de développer une fonction en fraction continue. Seules quelques fonctions fort simples ont été jusqu'ici développées et les mémoires que Laguerre a publiés à ce sujet font autorité.

Le problème de la convergence, étudié incidemment par Laguerre et Riemann, repris dans un cas étendu par Stieltjes, élève d'Hermite enlevé prématurément à la science, mis au concours en 1906 comme sujet du Grand Prix des Sciences mathématiques par l'Académie des Sciences de Paris, est loin d'avoir livré tous ses secrets. Une conclusion semble cependant se dégager de l'ensemble des travaux récemment publiés sur ce sujet, travaux tout particulièrement encouragés par MM. Appell et Mittag-Leffler : les fractions continues permettent de représenter les fonctions dans tout le plan de la variable, sauf sur certains arcs de lignes qui sont parmi les coupures voulues par la théorie des fonctions analytiques.

Les fractions continues seraient ainsi un instrument d'étude des plus puissants, dépassant comme valeur les séries de puissances et même les séries de polynômes, étudiées récemment par MM. Mittag-Leffler et Painlevé.

Hermite s'est aussi occupé de généraliser les fractions continues algébriques, mais bien qu'il en ait tiré des conclusions intéressantes, il semble que ce genre d'études doive attendre pour progresser que l'étude des fractions continues algébriques ordinaires soit plus avancée.

Parmi les travaux originaux d'Hermite figurent aussi ses études sur la décomposition des fonctions doublement périodiques de troisième espèce. M. Appell devait y apporter des compléments très importants, qui contribuèrent à illustrer son nom.

Hermite a joué un rôle des plus importants dans la science mathématique moderne, non seulement par ses écrits originaux, mais encore par son enseignement.

En 1869, il fut nommé professeur en Sorbonne et débuta par la théorie des équations. En 1875, il devait abandonner l'exposé de l'algèbre et se consacrer au calcul intégral et à la théorie des fonctions. Son enseignement, fait de causeries merveilleuses, prononcées d'un ton grave, où des horizons immenses s'ouvraient tout à coup, a laissé un souvenir impérissable. Vrai directeur scientifique, il répondait par ailleurs à toute question, avec une bienveillance exquise, donnant sans compter son temps et ses idées, persuadé qu'un savant ne contribue pas seulement aux progrès de la science par ses travaux personnels, mais aussi par les conseils donnés, particulièrement à ceux qui entrent dans la vie scientifique. Sa correspondance avec Stieltjes, récemment publiée, en est la meilleure preuve.

L'enseignement d'Hermite à la Sorbonne a exercé une très grande influence. Ses cours ont été lithographiés et tous les géomètres contemporains les ont lus et médités. C'est lui qui fit connaître en 1880, les idées du grand mathématicien Weierstrass et qui vulgarisa la théorie des fonctions analytiques, lui aussi qui illustra d'exemples classiques les propositions générales de Weierstrass et de Mittag-Leffler.

Par contre, Hermite se sentait peu d'intérêt pour les raffinements de rigueur qu'on a voulu depuis quelques années introduire dans les fondements des mathématiques. Surtout il s'opposait à ce qu'on attirât l'attention des débutants sur ces sujets délicats et, sur ce dernier point, il avait raison. « L'admiration est le principe du savoir ; je m'autoriserai de cette pensée pour exprimer le désir qu'on fasse la part plus large, pour les étudiants, aux choses simples et belles, qu'à l'extrême rigueur aujourd'hui si en honneur, mais bien peu attrayante, souvent même fatigante et sans profit pour le commençant qui n'en peut comprendre l'intérêt. » Toute la méthode d'enseignement d'Hermite, dit M. Picard dans sa belle monographie, tient en raccourci dans ces quelques lignes : personne plus que lui ne sut exciter l'admiration pour les choses simples et belles *.

* **Wronski.** — *Hœné Wronski*, que nous citons à dessein ici, car il semble avoir été l'un des précurseurs de la science actuelle, naquit à Posen en 1778, et mourut à Neuilly en 1853. Il eut une existence fort agitée, combattant dans les rangs de l'armée polonaise, puis s'engageant au service de la Russie et plus tard à celui de la France.

Wronski a laissé une œuvre mathématique, médiocrement exposée par Montferrier, qui paraît importante, mais qui est mal connue. Ses travaux sur la résolution numérique des équations, sur certaines questions de l'analyse, ont une haute valeur.

Il s'est préoccupé de satisfaire formellement aux systèmes algébriques ou différentiels par des développements en séries dont la convergence serait utilement étudiée *.

* **Bertrand.** — *Joseph-Louis-François Bertrand* naquit à Paris le 11 mars 1822 et y mourut le 3 avril 1900. Il fut enfant prodige au plus large sens du mot, connaissant dès l'âge de neuf ans les principes de l'algèbre et de la géométrie. A dix-sept ans, il était docteur ès-sciences mathématiques et fut reçu premier à l'Ecole polytechnique. Un an plus tard, il fut admis à l'agrégation des facultés, puis à celle des lycées. Il sortit élève-ingénieur des mines de l'Ecole polytechnique. Il quitta la carrière d'ingénieur pour professer au lycée St-Louis, tout en étant agrégé des facultés (1). Dans la suite, il enseigna l'analyse à l'Ecole polytechnique et la physique mathématique au Collège de France.

---

(1) * On sait que l'agrégation des lettres et l'agrégation des sciences confèrent un droit spécial à une chaire, non pas de l'Enseignement supérieurs, mais de l'Enseignement secondaire. Au contraire, l'agrégation de médecine et l'agrégation de droit ouvrent les portes des facultés de médecine et de droit. Vers 1850, une agrégation des Sciences, spéciale aux professeurs de facultés, fût de même instituée ; mais elle tomba bientôt en désuétude. Bertrand fût l'un des rares savants à se pourvoir de ce diplôme et, bizarrerie, il n'enseigna jamais dans les facultés. *

Nous citerons ses mémoires sur les systèmes orthogonaux, sur la théorie des surfaces, sur une classe de courbes dont les normales principales sont aussi les normales principales d'une autre courbe, sur le nombre des valeurs que peut prendre une fonction quand on y permute les lettres qu'elle renferme, question étudiée déjà par Lagrange, Ruffini et Cauchy, puis par Tchebychef et le prince de Polignac.

En mécanique, Bertrand a publié une note intéressante sur la similitude en mécanique (question déjà abordée par Newton et par Reech), sur les courbes tantochrones, un remarquable travail sur les intégrales communes à plusieurs problèmes de dynamique, un mémoire important sur un théorème de Poisson, un autre sur le mouvement d'un point matériel, une note concernant les polyèdres réguliers étoilés, dus à Poinsot, enfin un Traité de Calcul différentiel et intégral justement apprécié.

Ses critères concernant la convergence des séries sont importants, nous l'avons dit.

On ne doit pas oublier que Bertrand a publié nombre d'articles de science vulgarisée et d'histoire des sciences, où des faits du plus haut intérêt sont exposés dans un langage digne des maîtres de la littérature française. *

* **Laguerre.** — *Edmond Laguerre* naquit à Bar-le-Duc le 9 avril 1834 et mourut le 14 août 1886. Nous avons déjà parlé de ses travaux et nous n'y reviendrons pas, mais nous devons une courte notice à ce mathématicien de grand talent qui n'eût qu'un seul défaut : être trop modeste.

Son œuvre se compose de 140 notes ou mémoires se rapportant à l'emploi des imaginaires en géométrie, aux applications du calcul intégral et de la théorie des formes à la Géométrie, à la Géométrie infinitésimale, à la Géométrie de direction, aux méthodes d'approximation pour certaines fonctions analytiques, à la résolution numérique des équations, aux équations différentielles et aux fonctions elliptiques, aux fractions continues algébriques. Ses travaux ont été publiés par les soins de l'Académie des sciences et on ne peut que regretter que cet esprit original et fécond ait été enlevé à la science si prématurément. Laguerre, officier d'artillerie, était répétiteur et examinateur à l'Ecole polytechnique, professeur suppléant au Collège de France. Il mourut peu après son admission à l'Académie des sciences. *

* **Stieltjes.** — *Thomas-Jean Stieltjes* naquit à Zwolle, en Hollande, le 29 décembre 1856 et mourut à Toulouse en 1893. Fils d'un ingénieur distingué, il fit de brillantes études scientifiques et entra en 1877 à l'Observatoire de Leyde, où il se consacra pendant six ans à une étude approfondie de l'Astronomie. En même temps, il se livrait à des recherches historiques concernant cette branche de la science, et l'on sait aujourd'hui quel intérêt s'attache aux découvertes qu'il y fit. En 1883, il demandait, mais en vain, une chaire de mathématiques à l'université de Gröningue. Il vint alors étudier à Paris et fut appelé en 1886 à la faculté des sciences de Toulouse.

La période la plus féconde de sa trop courte vie scientifique commençait.

Son principal travail a trait aux fractions continues algébriques et à la convergence de certaines de celles ci : Le premier peut-on dire, il fit quelques pas dans cette voie difficile de l'analyse, qui semble réserver tant de surprises aux mathématiciens, encore qu'elle ait à peine été étudiée. Citons aussi ses recherches d'arithmétique supérieure.

Sa correspondance, avec Hermite a été récemment publiée et montre à l'évidence que Stieltjes doit être considéré comme l'un des grands mathématiciens des temps modernes. Nous avons eu l'occasion d'analyser plusieurs de ses travaux et ceux de ses continuateurs : nous n'y reviendrons pas. *

Géométrie analytique. — Il est utile maintenant d'attirer l'attention sur une autre division des mathématiques pures, la géométrie analytique, qui a reçu, ces dernières années, de grands développements. Le sujet a été étudié par une foule d'auteurs modernes, mais nous ne nous proposons pas d'exposer leurs recherches ; nous nous contenterons simplement de mentionner les noms des mathématiciens suivants.

James Booth ([1]) (1806-1878) et *James Mac Cullagh* ([2]) (1809-

([1]) Voir son *Treatise on some new Geometrical methods*, Londres, 1873.
([2]) Voir la collection de ses œuvres éditée par JELLETT et HANGTON, Dublin, 1860.

1846) tous deux de Dublin, ont été, au xix⁰ siècle, deux des premiers écrivains de la Grande Bretagne qui se soient occupés de géométrie analytique; mais leurs études concernent surtout des sujets déjà étudiés avant eux. *Julius Plücker* (¹) (1801-1868), de Bonn, introduisit de nouveaux développements dans cette science; il se consacra spécialement à l'étude des courbes algébriques, à une géométrie dans laquelle la droite est l'élément de l'espace, à la théorie des congruences et des complexes. * On lui doit encore l'importante méthode des notations abrégées, les coordonnées tangentielles, les coordonnées trilinéaires, l'emploi des formes canoniques. On doit aussi à Plücker des recherches concernant les singularités dites *ordinaires* des courbes planes algébriques, recherches auxquelles la notion de *classe*, introduite par *Gergonne,* donna naissance.

Gergonne, né à Nancy en 1771, mort à Montpellier en 1859, professeur à l'École Centrale de Nîmes, professeur d'astronomie à Montpellier, recteur de l'Académie de cette ville, exerça une grande influence sur la Géométrie de son temps par ses *Annales de Mathématiques,* publiées à Nîmes de 1810 à 1831, et qui furent pendant plus de quinze ans la seule publication du monde entier exclusivement consacrée aux mathématiques. Il sut reconnaître la valeur des méthodes de Poncelet et les perfectionner même par le *principe de dualité.*

Les célèbres formules de Plücker, auxquelles nous avons fait allusion plus haut, ont été généralisées par Salmon et surtout par Cayley qui, ajouterons-nous à ce propos, a contribué pour une bonne part à la théorie des surfaces du 3⁰ et du 4⁰ ordre *.

En 1847, Plücker échangea sa chaire de mathématiques pour une chaire de physique; ses nouvelles recherches se rapportent au spectre solaire et au magnétisme.

La majeure partie des mémoires qu'écrivirent *A. Cayley* et *Henry Smith* sur la géométrie analytique concernent la théorie des courbes et des surfaces; les plus remarquables de *L.-O. Hesse* (1811–1874) de Munich, sont relatifs à la géométrie plane des courbes; * mieux que Plücker, il sut développer la méthode des homogènes; il enrichit, ainsi que Paul Serret, la théorie des surfaces

---

(¹) Les œuvres réunies de PLÜCKER, en trois volumes, éditées par A. SCHOEN-FLIES et F. POCKELS, ont été publiées à Leipzig, 1875, 1896.

du 2ᵉ ordre d'une foule de propriétés élégantes * ; ceux de M. *Darboux*, traitent de la géométrie des surfaces ; ceux de *G.-H. Halphen* et de M. *Appell* s'occupent des particularités des surfaces et des courbes gauches. Les singularités des courbes et des surfaces ont également été étudiées par *H.-G. Zeuthen*, de Copenhague, et par *H.-C.-H. Schubert* (¹), de Hambourg. La théorie des courbes gauches a été discutée par *M. Nöther*, d'Erlangen ; et *R.-F.-A. Clebsch*, a appliqué à la géométrie le théorème d'Abel.

* *Möbius* 1790-1868, a déterminé les formes des différentes cubiques au moyen de considérations purement géométriques et *Zeuthen* a discuté celles des courbes planes du quatrième ordre ; F. *Klein* a relié les résultats de Zeuthen à ses recherches sur les surfaces cubiques, *Kohn* s'est occupé des surfaces du quatrième ordre, *Dyck* a représenté au moyen de surfaces les fonctions d'une variable complexe, *Schönflies* et *Van Vleck* ont étudié les polygones tant rectilignes que curvilignes *.

Parmi les plus récents classiques sur la géométrie analytique, nous citerons : l'ouvrage de Clebsch *Vorlesungen über Geometrie*, édité par F. Lindemann ; les *Conic sections*, la *Geometry of three Dimensions*, et *Higher plane Curves*, de G. Salmon ; * les principales découvertes de ces savants sont respectivement reproduites dans ces traités dont les éditions françaises ont eu une grande vogue *.

Enfin, nous pouvons faire allusion à l'extension apportée à la géométrie analytique par *H.-G. Grassmann*, en 1844 et 1862, *G.-F.-B. Riemann*, en 1854, A. *Cayley* et plusieurs autres, à qui on doit l'idée de l'espace à *n* dimensions.

* **Clebsch** (²) *Rudolf Friedrich Alfred Clebsch*, naquit à Königsberger, en Prusse, en 1833 et mourut en 1872. De 1858 à 1863, il occupa la chaire de Mécanique rationnelle au Polytechnicum de Carlsruhe, et passa de là à l'Université de Giessen, puis à celle de Göttingue. Nous allons compléter ici ce que nous avons dit précédemment à son sujet. Ses travaux concernent la physique mathématique, le calcul des variations, les équations aux dérivées partielles du premier ordre, la théorie analytique générale des courbes et

---

(¹) Les leçons de Schubert ont été publiées, Leipzig, 1879.

(²) * Nous empruntons cette *addition*, et plusieurs autres, à l'*Étude sur le développement des méthodes géométriques* de M. Darboux, G.-V., à Paris, 1904.*

des surfaces, les fonctions abéliennes et leurs applications géométriques, les invariants. Il sut faciliter l'accès de l'œuvre de Riemann et y ajouter un intérêt concret par ses considérations géométriques. La manière dont il a généralisé toute la théorie des fonctions abéliennes a une grande valeur et a donné lieu à de remarquables travaux de Nöther, de MM. Picard, Poincaré et Appell.

Dans le dernier mémoire que Clebsch a écrit, il est question de l'application des fonctions abéliennes aux équations différentielles, aux transcendantes que définissent de telles équations. De même que les intégrales abéliennes peuvent être classées d'après les propriétés de la courbe fondamentale qui reste inaltérée pour une transformation rationnelle, de même Clebsch classe les transcendantes définies par les équations différentielles, d'après les propriétés invariantes des surfaces correspondantes pour des transformations rationnelles bi-uniformes. Ce point de vue a été repris, et de très-pénétrante façon, par M. Painlevé.

L'œuvre de Clebsch se relie surtout à celles de Gordan, Salmon, Cremona, Steiner et Riemann. On peut dire de lui qu'il a introduit dans la science des idées vraiment nouvelles et fécondes, en généralisant comme il l'a fait la théorie des fonctions abéliennes, et que le manque de rigueur dont il a parfois fait preuve tient plutôt aux usages de son temps qu'à sa propre tournure d'esprit.

Il montra, le premier, dans une longue série de travaux, toute l'importance de la notion de *genre* d'une courbe, en développant une foule de résultats et de solutions élégantes que l'emploi des intégrales abéliennes paraissait, tant il était simple, rattacher à leur véritable point de départ. L'étude des points d'inflexion des courbes du 3ᵉ ordre, celle des tangentes doubles des courbes du 4ᵉ ordre et, en général, la théorie de l'osculation, sur laquelle s'étaient si souvent exercés les anciens et les modernes, furent rattachées au beau problème de la division des fonctions elliptiques et des fonctions abéliennes. Dans un de ses mémoires, Clebsch avait étudié les courbes *rationnelles* ou de genre zéro ; cela le conduisit, vers la fin de sa vie trop courte, à envisager ce qu'on peut appeler aussi les surfaces *rationnelles* [1] *.

[1] * Cf. F. KLEIN, *Conférences sur les mathématiques*, Hermann, à Paris, 1898 *.

Analyse. — * Nous sommes loin aujourd'hui sur la route qu'ont ouverte Leibnitz et Newton, ces deux inventeurs du Calcul infinitésimal, si loin que non seulement on embrasse avec peine le chemin parcouru, mais encore qu'on distingue malaisément les nombreux embranchements créés dans la dernière moitié du xixᵉ siècle.

Même il est de simples mots, tels que celui de *fonction*, auxquels nous n'attachons plus du tout le même sens que les mathématiciens d'il y a cent ans.

Pour eux, une fonction était ce qu'est aujourd'hui une fonction pour les débutants. Si nous devons laisser ceux-ci à leur illusion, de crainte de décourager leur bonne volonté, il n'empêche que le vocable a profondément changé de sens.

Quel en est le sens actuel ? L'expliquer ici sera résumer l'histoire des mathématiques récentes et donner un aperçu, en son lieu, de ce qu'elle est. Les développements qui viendront dans la suite en seront singulièrement éclaircis.

Nous n'admettons plus qu'une fonction d'une variable soit simplement l'entité qu'on peut représenter par une courbe formant un trait continu.

Aux fonctions continues sans dérivées, découvertes par Riemann et Weierstrass, ne correspond en effet aucune courbe ; à certaines · fonctions $x = f(t)$, $y = \varphi(t)$, correspondent des aires et non plus des courbes, comme l'a montré M. Peano : quand t varie de a à b, le point x, y peut prendre des positions quelconques dans un certain rectangle. Si $F(x, y)$ est continue par rapport à x et par rapport à y, $F(x, y)$, nous apprend M. Dini, peut ne pas être continue par rapport à l'ensemble de x et de y. M. Lebesgue montre à son tour que les surfaces développables ne sont pas seules applicables sur un plan, car on peut, à l'aide de fonctions continues, obtenir des surfaces correspondant à un plan, de telle sorte que toute ligne rectifiable du plan ait pour correspondante une ligne rectifiable de même longueur de la surface, la surface n'étant pas réglée.

Le concept de fonction est donc quelque chose de plus complexe qu'on ne se l'imaginait autrefois.

On tend de plus en plus à définir, en général, les fonctions par une collection de fonctions simples : séries de monômes, séries de polynômes, séries trigonométriques ; et c'est l'étude approfondie de ces collections qui a changé l'idée qu'avaient nos ancêtres du mot fonction. Il se trouve, en effet, qu'on ne peut, par exemple, traiter une série de monômes comme un simple polynôme.

C'est l'idée des séries trigonométriques qui a ouvert la voie nouvelle.

Daniel Bernoulli montre le premier qu'on peut satisfaire à certaine équation différentielle par une série trigonométrique. Fourier affirme ensuite que toute fonction peut être représentée entre les valeurs o et 2π de l'argument par un développement de cette nature et qu'un même développement peut, entre ces limites, représenter des fonctions correspondant à des arcs de courbes différents. Plus tard, Dirichlet soumet à un examen sévère les séries trigonométriques. Il précise la condition suffisant à ce qu'un développement trigonométrique représente une fonction donnée dans l'intervalle de o à 2π, Du Bois Reymond et M. Jordan montrent qu'une fonction continue n'est pas toujours développable en série trigonométrique. Par contre, Riemann cherche les conditions nécessaires au développement; M. Lerch aussi, apporte une importante contribution à ce chapitre de l'analyse.

Fourier a ainsi posé le problème des séries trigonométriques, élément analytique aussi capital que la série de Taylor en relation étroite avec lui ([1]).

Tout particulièrement, les expressions des fonctions elliptiques par des séries simples de sinus et de cosinus, telles que les donne la formule de Fourier, ont, à bien des points de vue, une grande importance en Analyse et dans ses applications à la Physique, à l'Astronomie, à la théorie des nombres. Dans un mémoire justement célèbre *Sur les intégrales des fonctions à multiplicateur*, M. Appell a donné des développements analogues des fonctions quadruplement périodiques de deux variables inverses des intégrales hyperelliptiques de première classe.

Nous aurions beaucoup à dire encore sur ce sujet. Nous devons nous borner et passer à d'autres ordres d'idées.

La classification des équations aux dérivées partielles, intégrées au point de vue de la Physique mathématique, dépend de la théorie des caractéristiques, avec Monge, Cauchy, Backlund, MM. Goursat, Beudon.

([1]) Cf. Les ouvrages et mémoires récents de MM. LEBESGUE et FATOU.

Tenons-nous en au second ordre. Avec les caractéristiques imaginaires, on a affaire au type *elliptique* et au problème de Dirichlet : l'on donne, sur un contour fermé, une donnée, soit la fonction, soit la dérivée normale. C'est ici que se placent les admirables travaux de Riemann, Lamé, C. et F. Neumann, Schwartz, Robin, MM. Poincaré, Liapounof, Stecklof, Korn, Zaremba, Harnak, Pockels.

Tout récemment, M. Fredholm a obtenu une forme, à peu près définitive, de la solution, par sa magnifique résolution des équations fonctionnelles contenant une fonction inconnue, au premier degré, sous le signe de quadratures. Il y a là un progrès éminent, qui n'en laisse pas moins subsister l'essentiel des travaux plus anciens. Déjà, MM. Hilbert, Picard, Schmidt ont ajouté d'importants résultats à ceux de M. Fredholm. En particulier, M. Hilbert part du problème fini, discontinu, pour retrouver les transcendantes de M. Fredholm. ce qui est très intéressant. Et toutes les fonctions fondamentales de Laplace, Lamé, Poincaré, etc., sont retrouvées, avec ces fonctions intégrales, d'une manière naturelle.

D'autre part, à la suite de M. Hilbert, plusieurs auteurs ont étudié les problèmes de Dirichlet, comme le faisait Riemann, c'est-à-dire au point de vue du calcul des variations, et avec les précisions que l'on apporte ici depuis Weierstrass.

M. Picard, par la méthode des approximations successives, a d'ailleurs intégré des équations plus compliquées encore ; il a apporté des résultats fondamentaux au sujet de la nature analytique des solutions, suivi, en tout cela, par MM. Zaremba, Le Roy, Bernstein, etc. Ces approximations successives ont été appliquées, avec un égal bonheur, par M. Picard, aux équations hyperboliques, aux équations fonctionnelles (et ici se place un travail intéressant de M. Leau) aux équations différentielles ordinaires. Enfin, M. Goursat les a appliquées à la recherche des fonctions implicites. Il y a là une méthode des plus fécondes, et dont l'importance a été reconnue à l'occasion des équations de la Physique, traitées constamment, il est vrai, à un point de vue qui dépasse en généralité celui de la Physique mathématique, et qui diffère du point de vue Cauchy-Kowalewski.

Passons au type *hyperbolique*, c'est-à-dire aux équations qui ont leurs caractéristiques réelles.

On a alors affaire au problème de Cauchy, sauf que les données ne sont pas forcément analytiques, comme le suppose la démonstration de Mme de Kowalewski.

Riemann avait donné une méthode célèbre pour l'intégration de la plus simple des équations hyberboliques, à deux variables indépendantes. Pour l'équation des ondes sphériques, à quatre variables indépendantes, on avait les beaux travaux de Poisson et de Kirchhoff : on pourra consulter à ce sujet les belles leçons de M. P. Duhem. Récemment, M. Vito Volterra a renouvelé là question, par son étude de l'équation des ondes cylindriques, à trois variables indépendantes.

Ses travaux ont été suivis de ceux de M. O. Tedone, de M. J. Coulon, qui a donné d'intéressantes interprétations physiques de ses résultats, de M. R. d'Adhémar, qui a introduit la notion très objective de conormale et qui, en même temps que M. Hadamard, a fait usage des parties finies d'intégrales infinies. M. Hadamard publie, en ce moment, d'importants travaux sur ces questions, dont on commence à apercevoir la solution générale.

On possède ainsi de beaux ensembles de résultats sur les problèmes elliptiques et hyperboliques et, suivant l'expression de M. Hadamard, des problèmes nouveaux, qu'on peut qualifier de mixtes, se poseront : en des régions différentes de la frontière donnée, les données seront de nature différente.

Nous ne saurions oublier ici que M. Delassus, qui a étendu les résultats de MM. Méray, Riquier, Bourlet, sur le théorème de Cauchy-Kowalewski, a aussi fait l'extension de la méthode de Riemann aux équations hyperboliques à deux variables. M. Le Roux a apporté une contribution importante à l'étude de ces questions, ainsi que MM. Bianchi, Nicoletti ([1]). Nous devons encore citer, au sujet des équations différentielles, les études de M. Appell sur certaines équations spéciales, celles de M. Cotton sur les formes associées, de M. Hedrick sur la nature analytique des solutions, les théorèmes d'existence de M. Holmgren, les travaux de MM. Böcher, Levi-Civita, Lauricella, Arn. Sommerfeld.

On voit assez combien l'étude des équations différentielles peut

---

([1]) * Cf. Hadamard, *Leçons sur la théorie des ondes*, Paris, 1902, et R. d'Adhémar, *Les équations aux dérivées partielles*, Paris, 1907 *.

se faire à des points de vue différents, et quel a été, là comme ailleurs, le grand rôle de Cauchy.

Il faut dire, cependant, que Cauchy et ses disciples français n'ont point étudié les points singuliers dénommés essentiels, dont le point $z = 0$ pour la fonction $e^{\frac{1}{z}}$ donne l'exemple le plus simple. C'est Weierstrass qui montra, par la considération des facteurs primaires, que dans le voisinage d'un point singulier essentiel isolé, une fonction uniforme peut se représenter par le quotient de deux fonctions uniformes n'ayant pas de pôle de ce point singulier et que, dans le voisinage d'un tel point, la fonction s'approche autant qu'on veut de toute valeur donnée.

M. Picard et, longtemps après lui, M. Schottky, a établi ce très important résultat : que dans le voisinage d'un point singulier essentiel *isolé*, la fonction prend rigoureusement une infinité de fois toute valeur donnée, sauf pour deux valeurs particulières, au plus. Après M. Picard, M. Borel a approfondi et généralisé ce théorème.

Signalons maintenant les travaux de M. Hadamard sur le genre des fonctions entières et l'application qu'il en a faite à l'étude de la distribution des racines d'une fonction qui se rencontre dans l'étude des nombres premiers, ceux de M. Borel sur les zéros des fonctions entières, ceux de M. Darboux sur l'approximation des fonctions de grands nombres, ceux enfin de M. Lindelöf sur le prolongement analytique, renvoyant pour cette dernière question à ce que nous avons dit précédemment, mais nous ne saurions oublier ici que M. Appell, M. Picard aussi, a fait une magistrale étude de fonctions généralisant certaines intégrales abéliennes, qui se présentent dans la recherche des coefficients des fonctions abéliennes de deux variables, quand on les développe en séries trigonométriques.

Nous aurions encore à énumérer diverses découvertes importantes concernant les fonctions de deux variables et à parler à ce propos des travaux d'Hermite, de M. Picard ([1]), de M. Bourget, de M. Humbert, qui ont attaché leurs noms aux groupes hyper-

---

([1]) * Nous nous sommes largement inspirés dans cette note et dans plusieurs autres des Conférences faites par M. Picard en Amérique (Gauthier-Villars à Paris, 1905) *.

fuchsiens et hyperabéliens, aux fonctions abéliennes singulières, mais nous sortirions peut-être du cadre de cet ouvrage.

Nous ne saurions trop insister cependant sur la théorie des groupes, fondamentale aujourd'hui, car les groupes sont à la base de l'algèbre toute entière, théorie des formes, des invariants, etc., et de l'analyse. Ils définissent des transcendantes, telles que les fonctions fuchsiennes de M. Poincaré, nommées automorphes par MM. Klein et Fricke : ici se placent de remarquables travaux de MM. Humbert, Lerch, Picard, Stouff, Alezais.

Avec MM. Klein, Jordan, Poincaré, Painlevé, Boulanger, les groupes discontinus finis interviennent dans la théorie des équations différentielles linéaires. Les groupes continus sont à la base de la théorie généralisée de l'intégration des équations aux dérivées partielles, de S. Lie.

M. Picard, suivi par MM. Drach et Vessiot, a inauguré la classification générale des transcendantes par les groupes. La considération des groupes de transformation à un nombre fini de paramètres a conduit enfin M. Vessiot à une théorie complète de l'irréductibilité des systèmes différentiels, couronnée par l'Académie des Sciences.

C'est dire quelle place Galois et Lie tiennent dans la science actuelle. De ce dernier savant, dont le rôle n'a pas été complètement mis en lumière par M. Rouse-Ball, citons encore la Géométrie des sphères, développée par M. Darboux, et qui fait correspondre les lignes de courbure d'une surface aux lignes asymptotiques d'une autre surface, ses travaux sur les transformations de contact, dont bien des cas particuliers avaient déjà attiré l'attention des géomètres, telle la variation du paramètre, exposée par Lagrange dans le problème des trois corps ; une des plus importantes applications des transformations de contact se rencontre dans la théorie des équations aux dérivées partielles qui, à ce nouveau point de vue, acquiert un degré de profondeur jusqu'alors inconnu ; la véritable signification des mots *solution*, solution *générale*, *complète*, *singulière*, introduits par Lagrange et Monge, devient tout-à-fait claire. Nous aurons à revenir sur ces questions et il apparaîtra alors que Lie tient l'une des premières places dans la science actuelle.

Peut-être est-il bon de rappeler ici qu'avec MM. Fuchs et Poincaré, M. Painlevé a montré quel grand rôle jouait dans l'intégration d'importantes équations différentielles non linéaires la célèbre équation de *Riccati* en tant qu'élément de réduction.

Puis, ce sont les conditions déterminant les intégrales des équations différentielles qui prennent de nos jours des formes très diverses. Ainsi certaines données peuvent remplacer les conditions usuelles de continuité.

Bien différentes de cet ordre d'idée sont les questions qui concernent la recherche effective des intégrales. Après Euler, Lagrange et Monge (Monge dont de beaux travaux sur des questions de minimum ont été heureusement repris par M. Appell, Monge, cette gloire de la science française dont, croyons-nous, M. Rouse-Ball n'a point assez fait ressortir le mérite, qui ne connaît son admirable ouvrage sur les applications de l'analyse à la Géométrie) après Ampère encore, M. Darboux a publié un mémoire fondamental sur les équations du second ordre. M. Goursat a rassemblé dans un ouvrage considérable les méthodes proposées, en y ajoutant ses belles découvertes personnelles.

MM. Lerch, Appell, Picard, Goursat ont étudié aussi les séries hypergéométriques à deux et plusieurs variables, M. Appell enfin, l'inversion des intégrales doubles, les fonctions abéliennes, les fonctions qui généralisent les fonctions circulaires et Eulériennes, le développement en série de fonctions holomorphes et d'importantes équations différentielles qui se rencontrent en mécanique.

Nous devons rappeler ici que plusieurs mathématiciens contemporains, ceux que nous venons de citer surtout, ont ouvert cette belle voie qui généralise la notion d'*intégrale* abélienne.

Les intégrales de fonctions rationnelles attachées à une courbe algébrique donnent les propriétés essentielles de cette courbe ou, si l'on veut, de l'irrationnelle algébrique à un paramètre. L'étude des surfaces, ou irrationnelles algébriques à deux paramètres par les intégrales doubles complexes attachées à la surface est non moins intéressante. Elle a été remarquablement abordée par M. Picard. Le problème est d'ailleurs lié à l'*Analysis situs*, où viennent se placer de beaux travaux de M. Poincaré.

Rappelons encore à propos de ce dernier paragraphe les noms de MM. Enriques, Castelnuovo, Humbert, Séveri, Lacaze, Traynard, Betti, Heegard.

A l'occasion de Cauchy, enfin, nous avons vu combien, aujourd'hui, l'idée de fonction analytique est fondamentale encore que dérivée de son sens primitif, puisque MM. du Bois Reymond, Pringsheim, Lerch, Borel ont fait connaître des fonctions non analytiques ayant toutes leurs dérivées jusqu'à l'infini. En ces dernières années, et après Weierstrass, toutes les questions de principe ont été élucidées. C'est ainsi que la théorie des Ensembles, fondée par M. Cantor, est venue se placer à la base des plus larges classifications, et a permis d'en faire un corps de doctrine d'une harmonie parfaite. Citons à ce propos les travaux de M. Baire sur les fonctions discontinues, ceux de Riemann, de MM. Jordan, Darboux, Lebesgue, de la Vallée-Poussin, sur les fonctions intégrables et sommables, ceux de M. Osgood sur la convergence des séries, uniformes ou non.

Toujours dans le même ordre d'idées, Weierstrass, MM. Poincaré, Borel, Pringsheim, Lerch, Zoretti ont heureusement étudié les prolongements analytiques, avec ou sans espaces lacunaires, Laguerre, MM. Borel, Lindelöf et P. Boutroux ont lié la croissance des fonctions aux notions de genre et d'ordre, M. Painlevé enfin a étudié les équations différentielles à ce même point de vue, fondamental, de la croissance.

M. Appell, dans son mémoire sur les fonctions périodiques de deux variables, ainsi que MM. Picard, Poincaré et Kœnigs, ont abordé le problème extrêmement difficile de définir les fonctions par des relations fonctionnelles. Ce problème du plus haut intérêt offre un champ des plus vastes aux mathématiciens de l'avenir.

D'autre part, on a vu combien les travaux concernant les fonctions spéciales, elliptiques, abéliennes, fuchsiennes, hyperabéliennes, hyperfuchsiennes, Zéta et autres ont pris d'importance dans ces dernières années.

Plus haut, nous avons assez longuement parlé de la *Théorie des nombres et de l'Algèbre*. Une mention spéciale doit cependant être accordée aux travaux récents de M. Lerch sur certains théorèmes d'Arithmétique et les formes quadratiques et à *P. Tchébychef*, qui naquit le 26 mai 1821 à Borovsk, en Russie, et mourut à Pétersbourg le 8 décembre 1894. Nommé professeur à l'université de cette ville en 1853, il y professa des cours fort estimés sur les intégrales définies, sur les équations différentielles, sur la théorie des nombres et sur le calcul des probabilités. En 1874, il fût élu associé de l'Académie des sciences de Paris. Tchébychef est un arithméticien de valeur, bien qu'il se soit surtout occupé de l'application des mathématiques aux sciences expérimentales : questions de maximum et de minimum d'un genre différent de celles qui conduisirent à l'invention du calcul différentiel et du calcul des variations, recherches des valeurs approchées des nombres, des fonctions, des intégrales, recherches sur les fractions continues et, surtout : théorie des probabilités, où il se montre analyste de talent. Peut-être pourrait-on regretter qu'il n'ait point poursuivi ses premières recherches sur la théorie des nombres, où il étudia avec bonheur la loi de distribution des nombres premiers.

Rappelons en dernier lieu que Fourier a le premier envisagé un système d'équations du premier degré en nombre infini, les inconnues étant elles-mêmes en nombre infini. De tels systèmes se présentent dans plusieurs systèmes d'analyse, quand on veut développer le quotient de deux séries trigonométriques, quand on veut intégrer une équation différentielle linéaire à coefficients périodiques au moyen d'une fonction périodique ou au moyen du produit d'une telle fonction par une exponentielle, problème qui se pose en mécanique céleste.

M. Poincaré a fait de ces systèmes d'équations une magistrale étude et a montré que, fait singulier, des égalités en nombre infini peuvent, dans certains cas être remplacées par des inégalités en nombre infini, aussi.

L'analyse se limiterait donc singulièrement en se bornant à l'étude des systèmes d'équations en nombre fini, algébrique ou non, encore que les premières et parmi celles-ci les plus simples seules, soient bien connues.

Ajoutons qu'en ces vingt dernières années, de remarquables traités classiques d'Analyse ont vu le jour, ceux de MM. Jordan, Picard, Humbert, Goursat, de la Vallée-Poussin, Appell, pour ne citer que les auteurs français *.

Géométrie synthétique. — Les écrivains que nous venons de citer se sont, pour la plupart, intéressés à l'analyse.

Nous allons maintenant parler de quelques-uns des travaux les plus importants du siècle concernant la géométrie synthétique (¹).

On peut dire que la géométrie synthétique moderne a son origine dans les travaux de l'illustre Monge, en 1800, de Carnot, en 1803, et de Poncelet, en 1822 ; mais les œuvres de ces savants laissent seulement entrevoir la grande extension que cette branche des mathématiques devait recevoir en Allemagne et en France et dont Steiner, Von Staudt et Chasles sont peut-être les auteurs et les propagateurs les plus connus.

Steiner (²). — *Jacob Steiner*, « le plus grand géomètre depuis Apollonius », naquit à Utzensdorf, le 8 mars 1796, et mourut à Berne, le 1ᵉʳ avril 1863. Son père était campagnard et jusqu'à l'âge de quatorze ans, l'enfant n'eut aucune occasion d'apprendre à lire et à écrire. Dans la suite, il se rendit à Heidelberg, puis à Berlin, subvenant à ses besoins en donnant des leçons. Son ouvrage, *Systematische Entwickelungen*, fut publié en 1832 et sa réputation fut aussitôt faite : il contient une discussion complète du principe de dualité, des relations projectives et homographiques des points en ligne droite, des faisceaux de droites, etc., basée sur les propriétés métriques. Grâce à l'influence de Crelle et Jacobi, qui furent frappés de la puissance de cet ouvrage, une chaire de géométrie fut créée pour Steiner, à Berlin, et il l'occupa jusqu'à sa mort. Les plus importantes de ses autres recherches sont contenues dans des notes parues à l'origine dans le *Journal de Crelle*, et sont comprises dans sa *Synthetische Geometrie* : elles traitent principalement des propriétés des courbes algébriques et des surfaces, des podaires et des roulettes, des maxima et minima ; la discussion est purement géométrique. Les ouvrages de Steiner peuvent être considérés comme une autorité classique en ce qui concerne la géométrie synthétique récente. * Steiner se rencontra avec Cayley, Salmon, Cremona, dans l'étude des surfaces

---

(¹) Les œuvres réunies de Steiner, éditées par Weierstrass, ont été publiées en deux volumes, Berlin, 1881-82. Un récit de sa vie se trouve dans *Erinnerung an Steiner*, par C.-F. Geiser, Schaffhausen, 1874.

(²) L'*Aperçu historique sur l'origine et le développement des méthodes en géométrie*, par M. Chasles, Paris, seconde édition, 1875, et *Die synthetische Geometrie in Alterthum und in der Neuzeit*, par Th. Reye, Strasbourg, 1886, contiennent d'intéressants résumés de l'histoire de géométrie ; mais l'ouvrage de Chasles est écrit à un point de vue exclusivement français.

du 3ᵉ ordre, devenue aussi simple et aussi facile que celle des surfaces du second ordre. On ne saurait en dire autant des surfaces du
4ᵉ ordre, étudiées aussi par Steiner, Kummer, Cayley, Moutard,
Laguerre, Cremona, pour ne citer que les plus anciens. Steiner,
avec Plücker, a apporté d'importants développements à la théorie
des polaires *.

Von Staudt. — Un système de géométrie pure, complètement
distinct de celui mis au jour par Steiner* et Chasles*, fut proposé par
Charles-Georges-Christian von Staudt, né à Rothenburg, le 24 janvier
1788, mort en 1867, et qui occupait la chaire de mathématiques, à
Erlangen. Dans sa *Geometrie der Lage*, il proposait un système de
géométrie construit sans aucune référence au nombre ou à la grandeur et, malgré sa forme abstraite, parvenait à établir les propriétés projectives non-métriques des figures, envisageait les points
imaginaires, les lignes et les plans et même obtenait une définition géométrique du nombre : ses vues furent encore étendues
dans son ouvrage *Beiträge zur Geometrie der Lage*, 1856-1860.
Cette géométrie est curieuse et brillante ; elle a été utilisée par Culmann, dans sa statique graphique dont elle forme la base.

Comme ouvrages classiques sur la géométrie synthétique, nous
citerons : le *Traité de géométrie supérieure*, de Chasles, 1852 ;
Vorlesungen über synthetische Geometrie, de Steiner, 1867 ; les
Éléments de géométrie projective, de Cremona, et la *Geometrie der
Lage*, de Th. Reye, Hanovre, 1866–1868. Une bonne exposition
des méthodes modernes de la géométrie pure se trouve dans l'ouvrage *Introduzione ad una teoria geometrica delle curve piane*,
1862, continué par *Preliminari di una teoria geometrica delle su-
perficie*, de Luigi Cremona, de l'Ecole polytechnique de Rome.

Les différences dans les idées et dans les méthodes anciennement
observées entre la géométrie synthétique et la géométrie analytique
tendent à disparaître avec leur développement ultérieur.

* **Dupin.** — *Pierre-Charles-François baron Dupin*, naquit à
Varzy près Nevers, d'une famille d'ancienne bourgeoisie, en 1784,
et mourut à Paris en 1873. Il entra à l'Ecole polytechnique et en
sortit à dix-huit ans avec le titre d'ingénieur des constructions
navales.

Ses travaux sur les *surfaces cyclides*, en suite de ceux de Fermat, Euler et Monge, et avant ceux de M. Darboux, sont justement célèbres ; mais sa carrière très active d'ingénieur, à Anvers, à Corfou, à Toulon, ne lui laissait guère le loisir de se livrer à ses études favorites. Il put cependant tirer d'intéressantes conclusions, concernant les lignes de courbure, de l'étude des déblais et remblais. Son nom reste aussi attaché à la notion de l'*indicatrice*, qui devait renouveler après Euler et Meunier toute la théorie de la courbure, celle des tangentes conjuguées, des lignes asymptotiques, qui ont pris une place si importante dans les récentes recherches. L'étude de la lumière enfin et les principes fondamentaux de la résistance des matériaux, lui doivent de notables progrès.

Professeur au Conservatoire des Arts et Métiers, ingénieur et économiste distingué, membre de l'Académie des sciences, Dupin fut nommé, en 1826, député du Tarn, et conserva ces fonctions jusqu'en 1870 *.

* **Chasles.** — *Michel Chasles* naquit à Chartres, en 1793, et mourut à Paris en 1880. Elève à l'Ecole polytechnique, il publia trois notes de géométrie qui ne furent point alors appréciées à leur valeur, devint, sur le désir de son père, associé d'agent de change, se lança dans la vie mondaine et ne revint qu'après des revers de fortune à ses études premières. C'était en 1827. Dix ans plus tard, grâce surtout à son *Aperçu historique sur l'origine et le développement des méthodes en géométrie*, il avait mérité et acquis une grande notoriété.

L'Aperçu historique fut publié en 1834. L'année suivante, Chasles publiait plusieurs beaux mémoires sur la théorie de l'attraction, puis découvrit, après Gauss et Green, le théorème qui porte le nom de ce dernier mathématicien ; en 1843, il obtint la chaire de géodésie et de machines à l'Ecole polytechnique et, peu après, la chaire de géométrie supérieure, créée spécialement pour lui, en Sorbonne. Son *Traité de Géométrie supérieure* et son *Traité des sections coniques*, malheureusement inachevé, ont une haute valeur. Ses beaux théorèmes sur le déplacement d'un corps solide ont apporté une contribution précieuse à la Cinématique.

Chasles, avec Cayley, Cremona, Salmon, La Gournerie, a étudié encore les surfaces réglées algébriques, dont certaines applications sont fort importantes.

Chasles n'entra à l'Académie des sciences qu'à l'âge de 58 ans.

Un illustre géomètre anglais a cru pouvoir dire de lui qu'il était « l'empereur de la géométrie » *.

* **Bellavitis.** — *Giusto Bellavitis*, de pauvre, mais noble famille, naquit à Bassano, le 22 novembre 1803, et mourut à Padoue, le 9 novembre 1880. Son père fit son éducation. En 1840, il fut nommé membre pensionné du Royal Institut Vénitien des sciences et, en 1845, professeur à l'Université de Padoue. Son premier travail, où il réfutait certaines erreurs du traité de mécanique de Ventaroli, parut en 1836. On lui doit quelques mémoires concernant le calcul différentiel, entre autres la détermination de l'aire des polygones et celle du volume des polyèdres en fonctions des distances respectives des sommets, formules retrouvées par Staudt, en 1842 ; une étude sur les fonctions inverses ; une étude sur des séries se rapportant aux factorielles et aux intégrales eulériennes ; une classification des courbes du 3° et du 4° ordre. Il fit aussi des recherches concernant la partition des nombres, l'analyse indéterminée, les imaginaires, les nombres de Bernoulli, les déterminants et les substitutions linéaires.

Son œuvre originale est le *Calcul des équipollences*. Carnot, dans sa *Géométrie de position*, publiée en 1803, avait déjà parlé de l'importance qu'aurait l'introduction en géométrie d'un algorithme représentant à la fois la grandeur et la position des diverses parties d'une figure. Ce fut en 1835 que Bellavitis sut réaliser le vœu du géomètre français. Son calcul des équipollences jouit d'avantages incontestables qui sont les suivants : à chaque propriété de points en ligne droite, répond une propriété de points du plan ; les solutions graphiques des problèmes sont aisées à obtenir ; la théorie des courbes peut se faire indépendamment de tout système de coordonnées, et les formules en sont à la fois simplifiées et généralisées ; la théorie des imaginaires se présente sous un aspect nouveau.

C'est en vain que Bellavitis voulut étendre à l'Espace sa théorie des équipollences. Il n'y put réussir. Hamilton, seulement, avec ses *quaternions*, devait vaincre la difficulté.

Bellavitis résolut nombre de problèmes au moyen des équipollences, et en obtint parfois des solutions brèves et élégantes. Ses contemporains ne le suivirent guère dans cette voie. Seul, M. Laisant parvint à manier, à l'égal du maître, cet instrument. Il semble, en effet, que le *Calcul barycentrique*, de Möbius, et les *quaternions* d'Hamilton aient quelque peu éclipsé l'algorithme de Bellavitis *.

* **Cremona.** — *Louis Cremona* naquit à Pavie, le 8 décembre 1830, et mourut à Rome, le 10 juin 1903. Il fit ses études à l'Université de Pavie, sous la direction de Brioschi. Il professa à Crémone, Milan, Bologne et Rome.

On lui doit de très nombreux mémoires de géométrie.

En 1848, Steiner, reprenant la théorie des polaires d'un point par rapport à une courbe, montra comment elle pouvait servir de fondement à une théorie des courbes planes, indépendamment de tout système de coordonnées. De cette simple donnée, de certains travaux aussi de Chasles et de Jonquières sur la géométrie projective, Cremona sut tirer sa remarquable *Introduction à la théorie géométrique des courbes planes* où figurent non seulement les résultats alors acquis, mais encore nombre de faits nouveaux et intéressants. Il y est question du rapport anharmonique, de l'involution, de la génération des courbes planes, de la détermination des courbes, des polaires, des Steinériennes, des Hessiennes, des formules de Plücker, des courbes du troisième ordre.

Cremona étudia les courbes gauches, les surfaces réglées du troisième et du quatrième ordre, et surtout les transformations géométriques ; ses travaux à ce sujet sont des plus remarquables. Mieux que Magnus, il sut en donner une théorie générale, dont les applications à l'analyse sont nombreuses et importantes. C'est grâce à cette théorie, surtout, qu'il a laissé un nom dans la science.

Citons, parmi ses principaux ouvrages, ses *Éléments de calcul graphique* et ses *Éléments de géométrie projective**.

* *La Géométrie infinitésimale.* — Quelques-uns des disciples de Monge, citons parmi eux Lancret et Dupin, s'attachèrent à développer les notions mises au jour par leur maître, sur les courbes à double courbure, sur la génération des surfaces, notions dont le germe se rencontre dans l'*Application de l'Analyse à la Géométrie* de leur illustre précurseur.

A la suite des *Disquisitiones generales circa superficies curvas* de Gauss (1827), la méthode infinitésimale, l'application du Haut Calcul à la Géométrie, prit en France un essor remarquable. Ce sont Frenet, Bertrand, Molins, J.-A. Serret, Bouquet, Puiseux, O. Bonnet, Paul Serret qui développent la théorie des courbes, Jacobi qui intègre l'équation différentielle des lignes géodésiques de l'ellipsoïde, Lamé qui fonde la théorie des coordonnées curvilignes dans l'espace, Ribaucour qui rend mobiles les axes usuels de coordonnées et tire le plus heureux parti, comme l'a montré M. Darboux, de cette idée si simple.

On doit à Bonnet et Liouville la notion de courbure géodésique, que Gauss possédait, mais n'avait pas fait connaître. Ribaucour, Halphen et Lie ont étudié les surfaces dont les rayons de courbure sont fonctions l'un de l'autre, Bonnet a donné la notion des surfaces associées, Weierstrass a établi un lien étroit entre les surfaces minima et les fonctions d'une variable complexe et a montré que certaines formules de Monge peuvent servir de base à l'étude des surfaces minima.

On sait déterminer, depuis Riemann, les surfaces minima qui passent par des contours déterminés, les plus simples, et, pour le contour général, l'étude a été brillamment commencée.

Les surfaces à courbure constante ont fait l'objet de beaux travaux. Leur équation générale n'a pu être intégrée, malgré sa simplicité apparente, mais on a pu obtenir en termes finis les équations de quelques-unes d'entre elles.

Minding et Bour ont étudié la déformation générale des surfaces. La théorie des lignes de courbure et des lignes asymptotiques a fait de grands progrès. Dupin, Bertrand, Hamilton, Kummer, Ribaucour ont attaché leurs noms aux congruences, Cayley, Lamé aux systèmes triples orthogonaux, Jacobi et Ossian Bonnet aux lignes géodésiques, qui sont, sur les surfaces, les plus courts chemins d'un point à un autre.

Sophie Lie se place au premier rang des mathématiciens qui ont cultivé cette branche de la Géométrie. On lui doit une transformation célèbre qui fait correspondre une sphère à une droite et permet, par suite, de rattacher toute proposition relative à des droites à une proposition relative à des sphères ; il a étudié les congruences et les complexes de courbes, transformations de contact surtout, qui ont jeté un jour si vif sur la théorie des équations aux dérivées partielles d'ordre supérieur.

M. Darboux a fait la synthèse de la plupart des découvertes précitées dans deux ouvrages justement appréciés, où se retrouvent aussi ses propres travaux : ses *Leçons sur la théorie générale des surfaces* et ses *Leçons sur les systèmes orthogonaux*.

Fort intéressantes sont les courbes définies par une équation différentielle ordinaire. Les points singuliers des courbes correspondant à l'équation très simple

$$\frac{dx}{X} = \frac{dy}{Y} \text{ (X et Y polynômes en } x, y),$$

se partagent en trois types, que M. Poincaré appelle *cols*, *nœuds* et *foyers*. Les travaux les plus récents sur les points singuliers des courbes intégrales de cette équation sont dus à M. Bendixon ; le savant géomètre suédois a établi en particulier que s'il existe pour cette équation une courbe intégrale allant à l'origine avec une tangente déterminée, toutes les courbes intégrales allant à l'origine y parviendront avec des tangentes déterminées. Les courbes intégrales peuvent être fermées ; elles peuvent avoir un foyer comme point asymptote, elles peuvent être asymptotes à une courbe fermée, solution elle-même de l'équation différentielle, courbes fermées que M. Poincaré appelle *cycles limites* et qui jouent un rôle capital dans cette étude.

Nous avons jusqu'ici parlé des courbes intégrales des seules équations linéaires et du premier ordre.

Les difficultés s'accroissent quand on passe aux équations du premier ordre et de degré supérieur.

Là, l'étude des points singuliers a été poussée fort loin, mais ce fait qu'une courbe intégrale recouvre parfois une aire, complique fort l'étude des courbes dans l'ensemble du plan. Il arrive aussi que certains développements en série, utilisables pour le premier ordre, ne donnent rien qui vaille quand on passe aux ordres supérieurs.

M. Hadamard a étudié les lignes géodésiques de surfaces à courbures opposées. Il a établi que là existent des lignes géodésiques se rapprochant d'une géodésique fermée déterminée, puis l'aban-

·donnant pour se rapprocher d'une autre, puis passant à une troisième, et ainsi de suite indéfiniment.

C'est à l'aide de faits particuliers de ce genre qu'on établit les
bases des théories générales. Nous l'avons déjà dit et nous le répétons à dessein *.

La Géométrie non-euclidienne. — Les études relatives aux fon-
·dements de la géométrie ont donné lieu récemment à des travaux
très remarquables.

La question de l'exactitude des hypothèses généralement faites
en géométrie avait déjà été examinée par J. Saccheri, vers 1733 ;
·et elle a été discutée à des époques plus récentes par N.-I. Lobats-
chewsky (1793-1856) de Kasan, en 1826 et encore en 1840 ; par
Gauss, peut-être en 1792, mais certainement en 1831 et en 1846 ;
et par J. Bolyai (1802-1860), en 1832, dans l'appendice, au pre-
·mier volume de son père, *Testamen* ; mais le mémoire présenté, en
1854, par Riemann, attira l'attention générale sur la question
d'une géométrie non-euclidienne et, depuis, la théorie a été développée et simplifiée par divers écrivains, notamment par A. Cayley,
de Cambridge, E. Beltrami (¹) (1835-1900), de Pavie ; H.-L.-F.
von Helmholtz (1821-1894), de Berlin ; F.-C. Klein, de Göt-
·tingue, et A.-N. Whitehead, de Cambridge, dans son *Universal
Algebra*. Le sujet est si technique que nous nous contenterons de
présenter un simple aperçu du concept (²) d'où l'idée est dérivée.

Pour qu'un espace à deux dimensions possède les propriétés
géométriques qui nous ont été rendues familières par l'étude de la
géométrie élémentaire, il est nécessaire que l'on puisse construire,
en un point quelconque de cet espace, une figure congruente à une
figure donnée. Lorsque le produit des rayons principaux de courbure

---

(¹) Une liste des écrits de Beltrami est donnée dans les *Annali di matematica*,
mars 1900.

(²) Comme références voir nos *Mathematical Recreations and Problems*,
Londres, 1896, chap. x. Une histoire sommaire de la géométrie non-euclidienne est donnée dans les ouvrages de F. Engel et P. Stäckel, Leipzig, 1895,
1899, etc. ; voir aussi J. Frischauf, *Elements der absoluten Geometrie*, Leipzig,
1876 ; et un rapport de G.-B. Halsted, sur les progrès de la question, a été
inséré dans le journal *Science*, N. S., vol. X, New-York, 1899, pp. 545-557.

en chaque point de l'espace ou de la surface est constant, et seulement dans ce cas, on le peut. Trois sortes de surfaces jouissent de cette propriété, ce sont : 1° les surfaces sphériques pour lesquelles le produit est positif ; 2° les surfaces planes, qui nous conduisent à la géométrie euclidienne, et pour lesquelles le produit est zéro ; et ce que Beltrami a appelé surfaces pseudo-sphériques, pour lesquelles le produit est négatif. De plus, si une quelconque de ces surfaces est déformée sans déchirure ni duplicature, la mesure de sa courbure demeure constante. Ainsi, ces trois sortes de surfaces représentent trois types distincts sur lesquels on peut construire des figures congruentes. Par exemple, une surface plane peut être enroulée de façon à former un cône, ou un cylindre, et le système de géométrie correspondant à une surface conique, ou cylindrique, sera identique à celui correspondant à un plan.

Une simple particularité distingue les unes des autres ces trois espaces à deux dimensions. D'un point d'un espace sphérique, ou d'une autre surface quelconque à une courbure positive constante, on ne peut mener aucune ligne géodésique parallèle à une ligne géodésique donnée, la ligne géodésique étant définie comme « la plus courte distance entre deux points ». Par un point de l'espace euclidien, ou d'un plan, on peut mener une ligne géodésique, c'est-à-dire une ligne droite, et une seulement, parallèle à une ligne droite donnée. Par un point de l'espace pseudo-sphérique, on peut mener plusieurs lignes géodésiques parallèles à une ligne géodésique donnée.

On pourrait croire que nous sommes en mesure de démontrer que notre espace est plan, puisque par un point donné nous ne pouvons mener qu'une seule ligne parallèle à une droite donnée. Mais cela n'est pas, car on conçoit fort bien que nos moyens d'observation ne nous permettent pas d'avancer avec une certitude absolue que deux lignes sont parallèles ou non ; par suite, il ne nous est pas possible d'utiliser cette proposition pour affirmer que notre espace est ou n'est pas plan. Une meilleure preuve pourrait être basée sur cette proposition que, dans tout espace à deux dimensions de courbure constante, si la somme des angles d'un triangle diffère de deux angles droits, la différence est une quantité proportionnelle à l'aire du triangle. Il est dès lors possible que, bien que cette différence soit imperceptible pour les triangles que nous pouvons me-

surer, * même les plus grands, les triangles géodésiques, par
exemple *, elle puisse être sensible pour les triangles présentant des
dimensions un million de fois plus grandes.

Si l'espace considéré est sphérique ou pseudo-sphérique, son
étendue est limitée ; si l'espace est plan, il s'étend à l'infini, * géométriquement et non philosophiquement parlant *. Pour ce qui
regarde l'espace pseudo-sphérique, nous ajouterons que, s'il est
construit dans l'espace à quatre dimensions, son étendue peut être
infinie.

Dans l'aperçu que nous venons de présenter des fondements de
la géométrie non-euclidienne, nous avons admis tacitement que
la mesure d'un même segment était indépendante de sa situation.
M. Klein a montré qu'il n'en est pas ainsi ; on peut, sous condition de
choisir de façon convenable la loi suivant laquelle varie la mesure
d'une distance, obtenir trois systèmes de géométrie plane analogues
aux trois systèmes mentionnés ci-dessus et qui sont respectivement : la géométrie elliptique, la géométrie parabolique et la géométrie hyperbolique.

Ce qui précède s'applique seulement à l'hyperespace à deux
dimensions. La question de savoir s'il n'y a pas plusieurs sortes
d'hyperespace à trois ou plus de trois dimensions, se présente
alors naturellement ici. Riemann a montré qu'il existe trois sortes
d'hyperespace à trois dimensions ayant des propriétés analogues
à celles des trois sortes d'hyperespace à deux dimensions déjà
étudiées. Ces espaces se distinguent les uns des autres par ce fait que,
par un point donné on ne peut mener aucune surface géodésique
parallèle à une surface donnée, ou qu'on en peut faire passer une
seule, ou encore qu'on en peut mener un faisceau ; une surface
géodésique étant telle que toute ligne géodésique joignant deux de
ses points est tout entière sur la surface.

* **Beltrami.** — *Eugène Beltrami* naquit à Crémone le 16 novembre 1835 et mourut à Rome le 18 février 1900. Divers travaux lui valurent d'être nommé en 1862, professeur d'algèbre et
de géométrie analytique à l'université de Bologne. C'est à Rome
qu'il acheva sa carrière, membre de la plupart des académies savantes et comblé d'honneurs.

L'ouvrage qui le mit en vue est ses *Recherches sur les applica-*

lions de l'analyse à la géométrie. Dans son mémoire classique *sur l'interprétation de la géométrie non-euclidienne,* il arriva à cette conclusion si importante : que les théorèmes de la géométrie non Euclidienne trouvaient leur réalisation sur les surfaces à courbure constante négative. A propos de l'étude qu'il fit des surfaces à courbure constante positive, il démontra que l'espace à courbure constante positive est contenu dans l'espace à courbure constante négative.

M. Hilbert, il est vrai, dans un mémoire postérieur, *Ueber Flächen von Konstanter Gausscher Krummung* a démontré qu'il n'existe pas de surfaces à courbures constantes négatives absolument régulières, ce qui limite singulièrement l'interprétation de la géométrie non-Euclidienne imaginée par Beltrami.

Beltrami publia aussi plusieurs mémoires sur diverses questions de physique mathématique.

Comme plusieurs mathématiciens, il était musicien distingué *.

Mécanique. — Nous terminerons ce chapitre par quelques notes, plus ou moins décousues, sur les branches des mathématiques d'un caractère moins abstrait, qui traitent les problèmes se présentant dans la nature. Nous commencerons par la mécanique, qui peut être étudiée graphiquement ou analytiquement.

Méthodes graphiques. — Dans la science graphique, on a établi des règles pour résoudre les divers problèmes au moyen d'épures : les procédés utilisés sont étudiés dans la géométrie projective et le sujet est étroitement lié à la géométrie moderne. Cette façon d'aborder les questions, mise en œuvre déjà par Newton [1], a été jusqu'ici appliquée principalement à des problèmes concernant la mécanique, l'élasticité et l'électricité. Elle est particulièrement utile dans l'art de l'ingénieur et, dans cette partie, un bon dessinateur doit être capable d'obtenir approximativement les solutions de la plupart des équations, différentielles ou autres, qu'il pourrait vraisemblablement rencontrer, cela sans faire des erreurs dépassant celles qui proviennent de notre connaissance imparfaite de la structure des matériaux employés.

On peut dire que cette théorie a pris naissance avec les travaux

[1] Cf. pp. 22-23 de ce volume.

de Poncelet, mais nous pensons que c'est seulement au cours de ces vingt dernières années que des exposés systématiques du sujet ont été publiés. Parmi les traités les mieux connus nous pouvons citer : la *Graphische Statik*, par C. *Culmann*, Zurich, 1875, récemment éditée par W. Ritter ; les *Lezioni di Statica grafica*, par *A. Favaro*, Padoue, 1877 (une traduction française annotée par P. Terrier, a été publiée en deux volumes, 1879-1885) ; le *Calcolo grafico* par L. *Cremona*, Milan, 1879 (une traduction anglaise par T. H. Beare, a été publiée à Oxford, en 1889), qui est fondé en grande partie sur l'ouvrage de Mobius ; *la statique graphique*, par M. *Lévy*, Paris, 4 volumes, 1886-1888 (¹) ; *la statica graphica*, par C. *Sairotti*, Milan, 1888 ; * *la Nomographie* par M. *d'Ocagne*, Paris *.

La note suivante, résumant le travail de Culmann, donnera une idée suffisante du caractère général de ces ouvrages. Culmann commence par la description des procédés donnant la représentation géométrique des quatre opérations fondamentales : addition, soustraction, multiplication et division ; il passe ensuite à l'extraction des racines et à l'élévation aux puissances, cette dernière opération étant effectuée au moyen de la spirale logarithmique. Il montre alors comment des quantités, telles que les volumes, les moments et les moments d'inertie, peuvent être représentées par des lignes droites ; il en déduit les règles pour combiner les forces, les couples, etc. Puis il explique la construction et l'usage de l'ellipsoïde d'inertie, et de ses éléments. Le reste de l'ouvrage, c'est-à-dire sa majeure partie, montre comment les tracés géométriques, faits d'après les principes exposés, donnent les solutions de nombreux problèmes pratiques relatifs aux cintres, ponts, charpentes, à la pression des terres sur les murs et sur les voûtes, etc.

Le sujet a été traité durant ces vingt dernières années par de nombreux mathématiciens surtout en Italie et en Allemagne, et a été appliqué à un grand nombre de questions. Mais comme nous avons déclaré au commencement de ce chapitre que nous éviterions, autant que possible, de discuter les ouvrages des auteurs vivants, nous n'en dirons pas plus long sur ce sujet.

* **Poinsot**. — *Louis Poinsot* naquit en 1777 à Clermont-en-Beauvaisis, où son père était épicier, et mourut à Paris en 1859.

(¹) * Une 3ᵐᵉ édition est en cours de publication *.

Elève au collège Louis-le-Grand, il fut reçu en 1795 à l'Ecole polytechnique, passa de là à l'Ecole des Ponts et Chaussées et débuta
dans l'enseignement comme professeur dans un lycée de Paris.

La théorie des équations l'attira tout d'abord, puis il dirigea
ses réflexions sur la mécanique théorique et bientôt ses *Eléments
de statique*, publiés en 1803, attirèrent sur lui l'attention des mathématiciens. Le livre sut intéresser l'Académie des Sciences :
tout y était nouveau ou présenté de manière nouvelle. Ses mémoires *sur la composition des moments et des aires dans la mécanique, sur la théorie générale de l'équilibre et du mouvement des systèmes, sur la précession des équinoxes*, suivirent de près et lui
valurent à 31 ans la situation d'inspecteur général de l'Université.

Peu après il publiait un excellent mémoire sur les polygones et
les polyèdres où se trouvaient décrits quatre polyèdres réguliers
nouveaux. *Broscius*, en 1652, avait déjà décrit les polygones étoilés
de Poinsot, mais ce travail était resté dans l'oubli.

En 1824, lors de l'avènement de Charles X, Poinsot, alors
membre de l'Académie des sciences, fut privé de sa charge d'inspecteur général de l'Université. Sa fortune personnelle le rendait
indifférent à une telle mésaventure. Bien plus, il n'en eut que plus
de temps à consacrer à l'étude et c'est alors qu'il élabora d'importants travaux concernant la dynamique des corps solides,
parmi lesquels la *Théorie nouvelle de la rotation des corps*, que
les recherches de d'Alembert, Euler et Lagrange semblaient avoir
épuisée, et *la théorie des cônes circulaires roulants*, travaux qui sont
restés classiques *.

Clifford ([1]). — Nous pouvons ajouter ici une courte note sur
Clifford qui fut l'un des premiers mathématiciens anglais de
la dernière moitié du siècle à préconiser, de préférence à l'analyse, l'usage des méthodes graphiques et géométriques. *William
Kingdon Clifford*, né à Exeter, le 4 mai 1845, et mort à Madère,
le 3 mars 1879, fit ses études au Collège de la Trinité, Cambridge,
et en fut un des membres. En 1871, il fut nommé professeur de
mathématiques appliquées au Collège de l'Université, à Londres, et

([1]) Pour de plus amples détails sur la vie de CLIFFORD et ses travaux voir les
autorités citées dans l'article qui lui est consacré dans le *Dictionary of National
Biography*, vol. XI.

occupa ce poste jusqu'à sa mort. Son remarquable talent dans le choix de ses exemples et sa faculté à saisir les analogies firent de lui un des plus brillants interprètes des principes mathématiques. Il tomba malade en 1876, et l'auteur de ce livre entreprit de le remplacer dans ses cours pendant quelques mois ; Clifford se rendit alors en Algérie d'où il revint à la fin de l'année, mais il eut une rechute en 1878. Ses plus importants ouvrages sont : sa *Theory of Biquaternions, on the classification of Loci* (inachevé) et *The theory of Graphs* (inachevé). Sa *Canonical Dissection of a Riemann's surface*, et les *Elements of Dynamics* contiennent également beaucoup de choses intéressantes.

Mécanique analytique. — Revenons maintenant à la mécanique envisagée au point de vue analytique. On peut dire que toutes les connaissances des grands mathématiciens du XVIIIe siècle, relatives à la mécanique mathématique des solides, ont été résumées dans l'admirable *Mécanique analytique* de Lagrange, dans le *Traité de mécanique* de Poisson, * et surtout dans le *Traité de Mécanique* de M. P. Appell *, et que l'application à l'astronomie des résultats obtenus forme le sujet de la *Mécanique céleste* de Laplace et de l'ouvrage analogue de Tisserand.

Nous avons déjà parlé de ces ouvrages. * La mécanique des systèmes à frottements a reçu de M. Painlevé des développements importants ; elle montre la complication de la dynamique des solides naturels. Quant à la mécanique des fluides, qui présente plus de difficultés encore que celle des solides, la théorie en est encore à peine ébauchée avec les travaux de MM. Boussinesq, Boulanger, Masoni, Lallin, Maillet, Allievi, Joukowsky, Guyon, Helmholtz, Brillouin, Poincaré, Duhem.

Un long chapitre serait à écrire sur la Mécanique analytique. Nous n'avons pas cru devoir le faire, de crainte que l'édition française de l'ouvrage de M. Rouse-Ball n'en fût surchargée. Le même motif nous a empêché de compléter comme il aurait convenu le trop court aperçu qu'il donne de l'Astronomie théorique moderne et de la Physique mathématique *.

La statique théorique, spécialement la théorie du *potentiel* et de *l'attraction*, a attiré d'une façon très marquée l'attention des mathématiciens du siècle dernier.

Nous avons déjà dit que l'idée de potentiel est due à Lagrange et qu'elle apparaît dans un mémoire remontant à 1773. L'idée fut aussitôt saisie par Laplace qui l'introduisit franchement dans son mémoire de 1784; on lui en attribua parfois, bien qu'un peu injustement, le mérite de l'invention.

Nous avons parlé des travaux de *Gauss* sur la question de l'attraction. La théorie des surfaces de niveau et des lignes de force est surtout due à *Chasles* qui détermina également l'attraction d'un ellipsoïde sur un point extérieur quelconque. Rappelons également ici le *Barycentrisches calcul*, publié en 1826, de A.-F. *Mœbius* ([1]) (1790-1868), l'un des élèves les plus connus de Gauss.

Green ([2]). — *George Green* fut l'un des premiers géomètres de ce siècle qui fit avancer l'étude des propriétés du potentiel. Né près de Nottingham, en 1793, dans une humble condition, il mourut à Cambridge, en 1841. Il s'instruisit lui-même en étudiant dans quelques livres de mathématiques qu'il avait réussi à se procurer. En 1827, il écrivit une note sur le potentiel, le mot s'y trouve introduit pour la première fois, dans laquelle il en établit les principales propriétés, et applique les résultats aux théories de l'électricité et du magnétisme. On y rencontre l'important théorème qui porte aujourd'hui son nom. Ce remarquable mémoire, lu par quelques voisins, qui surent en apprécier tout le mérite, fut publié par souscription en 1828, mais ne paraît pas avoir tout d'abord attiré beaucoup l'attention. Des résultats semblables furent établis indépendamment, en 1839, par Gauss à qui on en doit la vulgarisation.

En 1832 et 1833, Green présenta à la Société de physique de Cambridge, des mémoires sur l'équilibre des fluides et la théorie des attractions dans l'espace à n dimensions; dans la dernière de ces années, sa note sur le mouvement d'un fluide sous l'influence des vibrations d'un ellipsoïde solide, fut lue devant la Société royale d'Édinbourg. En 1833, il entra au collège Caïus, à Cambridge, et

([1]) La collection de ses œuvres a été publiée, à Leipzig, en quatre volumes, 1885-7.

([2]) Une édition des œuvres complètes de GREEN a été publiée à Cambridge, en 1871, et a été réimprimée à Paris, A. Hermann, 1903.

en devint, plus tard, membre agrégé. Il se lança alors dans des recherches nouvelles et produisit, en 1837, ses notes sur le mouvement des ondes dans un canal, et sur la réflexion et la réfraction
du son et de la lumière. Dans la dernière, il déduit au moyen du
principe de l'énergie, les lois géométriques de la propagation du son
et de la lumière à la théorie des ondulations, il explique le phénomène de la réflexion totale et certaines propriétés d'un milieu vibrant. Il étudia également la propagation de la lumière dans un
milieu cristallin quelconque.

La *Dynamique théorique*, que Jacobi avait mise sous sa forme
moderne, a été étudiée par la plupart des auteurs mentionnés ci-
dessus. Nous pouvons également répéter ici que le principe de la
« moindre action », fut étudié par Sir William Hamilton en 1827,
et que les « équations d'Hamilton » furent données en 1835. Nous
signalerons encore les recherches dynamiques de J. Bour et de
J. Bertrand. L'usage des coordonnées généralisées, introduites par
Lagrange, est devenu maintenant d'un emploi courant dans les
questions de dynamique, de même que dans beaucoup de problèmes relatifs à la physique.

Comme classiques usuels, nous pouvons indiquer les ouvrages de
E.-J. Routh, de Cambridge, * ceux de M. P. Appell, de Paris *,
sur la dynamique moléculaire et les corps rigides ; les *Leçons sur
l'intégration des équations différentielles de la mécanique*, par Painlevé, Paris, 1895, et l'*Intégration des équations de la mécanique*,
par J. Graindorge, Bruxelles, 1889. Nous pouvons également faire
allusion ici au traité de *Philosophie naturelle*, de sir William
Thomson, aujourd'hui lord Kelvin, et P.-G. Tait.

Nous passerons sous silence la mécanique des fluides, liquides et
gaz, considérée indépendamment des théories physiques sur lesquelles elle repose ; nous nous référerons simplement aux mémoires
de Green, sir George Stokes, lord Kelvin, mieux connu sous le nom
de sir William Thomson, et von Helmholtz. La théorie attrayante,
mais difficile des tourbillons est due aux écrivains cités en dernier
lieu. Un des problèmes relatifs à cette théorie a été également envisagé par J.-J. Thomson. La question de la propagation du son peut
être traitée comme une conséquence des principes de l'hydrodynamique, mais sur ce point, nous renvoyons le lecteur désireux

d'avoir de plus amples renseignements à l'ouvrage publié en 1877, à Cambridge. par lord Rayleigh.

L'*Astronomie théorique* est comprise dans la *Dynamique théorique*, ou tout au moins, est étroitement liée à cette dernière. Parmi ceux qui, dans ce siècle, se sont consacrés à l'étude de l'astronomie théorique, *Gauss* occupe un des premiers rangs ; nous avons déjà parlé de ses travaux.

Bessel ([1]). — Des contemporains de Gauss, le plus connu est *Friedrich-Wilhelm Bessel*, qui naquit à Minden, le 22 juillet 1784, et mourut à Kœnigsberg, le 17 mars 1846. Bessel débuta comme employé dans une maison de commerce, mais, en 1806, il fut pris comme aide à l'Observatoire de Lilienthal. De là, il fut appelé à la direction du nouvel Observatoire prussien de Kœnigsberg, où il résida jusqu'à sa mort. Bessel a introduit, en mathématiques pures, les fonctions qui portent aujourd'hui son nom ; le fait date de 1824, bien que l'usage de ces fonctions soit indiqué dans un mémoire antérieur de sept ans. Mais ses travaux les plus remarquables consistent dans la réduction (donnée dans ses *Fundamenta Astronomiæ*, Kœnisberg, 1818), des observations de 3 222 étoiles faites à Greenwich par Bradley, et sa détermination de la parallaxe annuelle de l'étoile 61 du Cygne. Les observations de Bradley ont été, de nouveau, récemment réduites par A. Auwers, de Berlin.

Leverrier ([2]). — L'un des événements astronomiques les plus marquants de ce siècle a été la découverte de la planète Neptune par Leverrier et Adams. *Urbain-Jean-Joseph Leverrier*, fils d'un petit employé de Normandie, naquit à Saint-Lô, le 11 mars 1811, et mourut à Paris, le 23 septembre 1877. Elève de l'Ecole polytechnique, il y fut nommé professeur d'astronomie en 1837. Dans ses premières recherches astronomiques, communiquées à l'Acadé-

---

([1]) Voir l'ouvrage *History of Astronomy*, par A.-M. CLERK, Edinbourg, 1887, pp. 36-53. La collection des œuvres de BESSEL avec sa correspondance a été éditée par R. ENGELMANN et publiée en quatre volumes à Leipzig, 1875-82.

([2]) Pour de plus longs détails sur sa vie voir l'*Eloge*, de BERTRAND, insérée dans le vol. XLI des *Mémoires de l'Académie* : et pour un exposé de son œuvre, voir l'adresse d'Adams dans le vol. XXXVI des *Monthly Notices* de la Société astronomique royale.

mie des sciences en 1839, il calculait avec une approximation beaucoup plus grande que Laplace l'étendue des variations des inclinaisons et des excentricités des orbites planétaires. La découverte faite en 1846, simultanément par Leverrier et Adams, de la planète Neptune, au moyen des perturbations que sa présence provoquait dans l'orbite d'Uranus, attira l'attention générale sur l'astronomie physique et contribua à augmenter la confiance des savants dans le principe de la gravitation universelle. En 1855, Leverrier succéda à Arago comme directeur de l'Observatoire de Paris, qu'il réorganisa conformément aux exigences de l'astronomie moderne. Leverrier s'imposa alors la tâche de discuter les recherches théoriques relatives aux mouvements des planètes et de reviser toutes les tables dressées à cet usage. Il vécut juste assez pour signer la dernière épreuve de ce travail.

Adams ([1]). — Le savant anglais à qui revient la gloire d'avoir découvert, en même temps que Leverrier, la planète Neptune, est *John Couch Adams* qui naquit dans le Cornwall, le 5 juin 1819, fit ses études au Collège Saint-Jean, à Cambridge, fut nommé plus tard professeur de la chaire Lowndeau, à cette Université, puis directeur de l'Observatoire et enfin mourut à Cambridge, le 21 janvier 1892.

Le nom d'Adams rappelle particulièrement trois problèmes importants. Le premier est relatif à la découverte de la planète Neptune, comme conséquence des perturbations que sa présence produisait sur l'orbite d'Uranus : la découverte d'Adams est très peu antérieure à celle de Leverrier, * mais son travail ne fut pas publié en temps utile, et la priorité appartient sans conteste à Leverrier,. * qui n'eût pas connaissance de son travail.

Le second est son mémoire de 1855 sur l'accélération séculaire du mouvement moyen de la Lune. Laplace l'avait calculée en partant de l'hypothèse qu'elle était causée par l'excentricité de l'orbite terrestre et il avait obtenu un résultat concordant, en grande partie, avec la valeur déduite de la comparaison des documents relatifs aux éclipses anciennes et modernes. Adams montra que certains termes avaient été négligés, et que si on en

[1] La collection des mémoires d'ADAMS, avec une biographie, a paru en 2 volumes, Cambridge, 1896-1900.

tenait compte, le résultat ne serait que la moitié, environ, de celui trouvé par Laplace. Plana, Pontécoulant et d'autres astronomes du Continent, nièrent l'exactitude des calculs d'Adams, mais son travail fut vérifié et reconnu exact par Delaunay en France et Cayley en Angleterre.

La troisième question liée au nom d'Adams, est sa détermination, en 1867, de l'orbite des Léonides ou étoiles filantes qui furent particulièrement visibles en novembre 1865, et dont la période est d'environ trente-trois ans. H. A. Newton et Yale (1830-1896) avaient montré qu'il n'y avait que cinq orbites possibles. Adams calcula la perturbation que produiraient les planètes sur le mouvement du nœud de l'orbite d'un essaim de météores dans chacun des cas, et trouva que ses résultats concordaient avec l'observation pour une seule des orbites possibles et qu'il y avait désaccord pour les autres. Comme conclusion l'orbite était déterminée.

* **Tisserand**. — *Félix Tisserand* naquit le 11 janvier 1845 à Nuits-Saint-Georges, en Bourgogne, et mourut à Paris en 1899. Son père était tonnelier. Élève à l'École normale, il entra bientôt à l'Observatoire de Paris et s'adonna dès lors entièrement à l'étude de l'Astronomie. En 1868, il alla observer à Malacca l'éclipse totale de soleil, puis fut nommé peu après directeur de l'Observatoire de Toulouse, où il eut comme élèves MM. Bigourdan et Perrotin. Après la mort de Leverrier, Tisserand entra à l'Académie des sciences, obtint en Sorbonne la chaire de mécanique céleste et fut appelé à la direction de l'Observatoire de Paris. Il y résolut, à l'aide de formules de Jacobi, un difficile problème concernant les comètes, et y écrivit son célèbre *Traité de mécanique céleste*, qui est son œuvre capitale. *

Les autres astronomes bien connus de ce siècle sont G. A. A. *Plana* (1781-1894), dont le travail sur le mouvement de la lune a été publié en 1832 ; le comte *P. G. D. Pontécoulant* (1795-1871); *C. E. Delaunay* (1816-1872), dont les travaux sur la théorie de la lune tracent la meilleure méthode qui ait été encore indiquée pour les recherches analytiques concernant le problème dans son ensemble et dont les Tables lunaires, incomplètes, figurent parmi les belles œuvres astronomiques du siècle ; P. A. Hansen ([1]) (1795-1874), directeur de l'Observatoire de Gotha, qui calcula les tables de la Lune publiées à Londres en 1857, tables qui sont encore employées pour la préparation du Nautical Almanac, et qui établit les méthodes employées pour la détermination des perturbations lunaires et planétaires.

Parmi les astronomes vivants, nous pouvons citer : G. W. Hill qui figurait encore tout récemment dans le personnel de l'American Ephemeris et qui, en 1884, détermina les inégalités du mouvement de la lune dues à la non-sphéricité de la terre, recherche qui complétait la théorie de la lune de Delaunay ([2]). Hill s'est également occupé du mouvement séculaire du périgée de la lune et du périgée des planètes sous certaines conditions, et a écrit sur la théorie analytique du mouvement de Jupiter et de Saturne, en vue de la préparation de tables donnant leurs positions à un instant quelconque donné. Simon Newcomb, directeur de l'American Ephemeris, reprit les observations faites depuis les premières années à Greenwich, appliqua les résultats à la théorie de la Lune et revisa les tables d'Hansen. G. H. Darwin de Cambridge, a étudié l'effet des marées sur les sphéroïdes visqueux, l'effet du frottement des marées sur les orbites planétaires, la mécanique des essaims météoriques, etc.. H. Poincaré de Paris, qui a discuté le difficile problème des trois corps et la forme prise par une masse fluide sous l'influence de sa propre attraction. Le traité sur la théorie de la lune de E. W. Brown, Cambridge, 1896, et un rapport (inséré dans le Report of the British Association, Londres, 1899, vol. LXIX, pp. 111-159) par E. T. Whittaker sur la solution du problème des trois corps, contiennent des exposés importants sur les progrès récents des théories lunaires et planétaires.

Dans la dernière moitié du siècle, les résultats de l'analyse spectrale ont été appliqués à la détermination de la constitution des corps célestes et de leurs mouvements dans la direction du rayon les joignant à la Terre. L'histoire des débuts de l'analyse spectrale

([1]) Pour une exposition de ses nombreux mémoires voir les Transactions of the Royal Society of London. pour 1876-77.

([2]) Pour le développement récent de la Théorie lunaire, voir les Transactions of the British Association, vol. LXV, Londres, 1895, p. 614.

sera toujours associée aux noms de *G. R. Kirchoff* (1824-1887) de Berlin, de *A. J. Angström* (1814-1874) d'Upsal, et de *sir George G. Stokes* de Cambridge. mais elle appartient à l'optique plutôt qu'à l'astronomie. Pour montrer combien était inattendue cette application à l'astronomie. rappelons ce fait que A. Comte, discutant en 1842 l'étude de la nature, regrettait le temps que quelques astronomes perdaient à observer les étoiles fixes, puisque, disait-il, on ne pouvait rien apprendre par elles ; et réellement, aurait-on pu croire, il y a un siècle, qu'il serait possible d'étudier la constitution chimique de ces corps ?

Durant ces dernières années, l'art de la photographie a permis d'étendre encore plus loin le champ des observations astronomiques.

Physique mathématique. — Notre exposition de l'histoire des mathématiques et des autres sciences dans ce siècle, ne serait certainement pas complète, si nous ne faisions allusion aux applications des mathématiques aux nombreux problèmes concernant la chaleur, l'élasticité, la lumière, l'électricité, et tant d'autres sujets se rattachant à la physique. L'histoire de la physique mathématique est d'ailleurs si vaste que nous ne pourrions prétendre l'exposer, lors même qu'elle serait de nature à figurer dans une histoire des mathématiques. Quoi qu'il en soit, nous la considérons comme dépassant les limites que nous nous sommes tracées dans ce chapitre. C'est à regret cependant que nous abandonnons ce sujet parce que l'Ecole de Cambridge a largement contribué à son développement ; à l'appui de ce que nous avançons, et pour ne donner seulement que deux ou trois exemples, citons les noms de sir George G. Stokes, professeur depuis 1848, Lord Kelvin (sir William Thomson), J. Clerk Maxwell, 1831-1879, professeur de 1871 à 1879, Lord Rayleigh, professeur de 1879 à 1884, et J.-J. Thomson, professeur depuis 1884. Il est toutefois intéressant de noter que le progrès de nos connaissances en physique est en grande partie dû à l'application des mathématiques et qu'il devient de plus en plus difficile à l'expérimentateur de laisser une trace dans l'histoire de la science, s'il n'est en même temps mathématicien.

* Comme nous l'avons dit à propos de la Mécanique Analytique,

nous bornons nos additions aux Mathématiques pures, de crainte de défigurer l'ouvrage de M. Rouse-Ball.

Nous ne saurions nous empêcher de dire ici, cependant, que des hommes comme Cauchy, comme Fourier, ont joué un rôle aussi considérable dans la Physique mathématique que dans l'Analyse pure : nous l'avons vu précédemment.

Et de même, les Mathématiques pures ont joué un rôle important dans les travaux des grands physiciens modernes qu'ont été Green, Stockes, Kirchhoff, Helmholtz, Riemann, Beltrami, Poincaré, Christoffel, Hugoniot, Bjœrknes, Dini, Betti, Carl et Frantz Neumann, F. Klein, Boussinesq, Gibbs, Duhem, Brillouin, Lord Kelvin. *

ÉTUDE
SUR LE DÉVELOPPEMENT.

DES

MÉTHODES GÉOMÉTRIQUES

Lue le 24 septembre 1904, au Congrès des Sciences et des Arts à Saint-Louis

PAR

Gaston DARBOUX

I

(¹) Pour bien se rendre compte des progrès que la Géométrie a faits au cours du siècle qui vient de finir, il importe de jeter un coup d'œil rapide sur l'état des Sciences mathématiques au commencement du XIXᵉ siècle. On sait que, dans la dernière période de sa vie, Lagrange, fatigué des recherches d'Analyse et de Mécanique, qui lui assurent pourtant une gloire immortelle, avait négligé les Mathématiques pour la Chimie qui, d'après lui, devenait facile comme l'Algèbre, pour la Physique, pour les spéculations philosophiques. Cet état d'esprit de Lagrange, nous le retrouvons presque toujours à certains moments de la vie des plus grands savants. Les idées nouvelles qui leur sont apparues dans la période féconde de la jeunesse et qu'ils ont introduites dans le domaine commun leur ont donné tout ce qu'ils pouvaient en attendre ; ils ont rempli leur tâche et éprouvent le besoin de tourner vers des sujets tout nouveaux l'activité de leur esprit. Ce besoin, il faut le reconnaître, devait se manifester avec une force toute particulière à l'époque de Lagrange. A ce moment, en effet, le programme des recherches ouvertes aux géomètres par la découverte du Calcul in-

---

(¹) Bien que M. de Montessus ait déjà fait quelques emprunts à cette étude, nous croyons devoir la reproduire intégralement, à cause de la grande lumière qu'elle projette sur le développement de la géométrie depuis un siècle.

NOTE DE L'ÉDITEUR.

finitésimal paraissait bien près d'être épuisé. Des équations différentielles plus ou moins compliquées à intégrer, quelques chapitres
à ajouter au Calcul intégral, et il semblait qu'on allait toucher aux
bornes mêmes de la Science. Laplace achevait l'explication du système du monde et jetait les bases de la Physique moléculaire. Des
voies nouvelles s'ouvraient pour les sciences expérimentales et pré-
paraient l'étonnant développement qu'elles ont reçu au cours du
siècle qui vient de finir. Ampère, Poisson, Fourier et Cauchy lui-
même, le créateur de la théorie des imaginaires, se préoccupaient
avant tout d'étudier l'application des méthodes analytiques à la
Mécanique, à la Physique moléculaire et semblaient croire qu'en
dehors de ce nouveau domaine, qu'ils avaient hâte de parcourir,
les cadres de la Théorie et de la Science étaient définitivement
fixés.

La Géométrie moderne, c'est un titre que nous devons revendiquer pour elle, est venue, dès la fin du xviiie siècle, contribuer
dans une large mesure au renouvellement de la Science mathématique tout entière, en offrant aux recherches une voie nouvelle et
féconde, et surtout en nous montrant, par des succès éclatants,
que les méthodes générales ne sont pas toutes dans la Science et que,
même dans le sujet le plus simple, il y a beaucoup à faire pour un
esprit ingénieux et inventif. Les belles démonstrations géométriques de Huyghens, de Newton et de Clairaut étaient oubliées ou
négligées. Les idées géniales introduites par Desargues et Pascal
étaient restées sans développement et paraissaient être tombées sur
un sol stérile. Carnot, par l'*Essai sur les transversales* et la *Géométrie de position*, Monge surtout, par la création de la Géométrie
descriptive et par ses belles théories sur la génération des surfaces,
sont venus renouer une chaîne qui paraissait brisée. Grâce à eux,
les conceptions des inventeurs de la Géométrie analytique, Descartes et Fermat, ont repris auprès du Calcul infinitésimal de
Leibniz et de Newton la place qu'on leur avait laissé perdre et
qu'elles n'auraient jamais dû cesser d'occuper. Avec sa Géométrie,
disait Lagrange en parlant de Monge, ce diable d'homme se ren-
dra immortel. Et, en effet, non seulement la Géométrie descriptive a permis de coordonner et de perfectionner les procédés employés dans tous les arts, « où la précision de la forme est une
condition de succès et d'excellence pour le travail et ses pro-

duits » ; mais elle est apparue comme la traduction graphique
d'une Géométrie générale et purement rationnelle, dont de nombreuses et importantes recherches ont démontré l'heureuse fécondité. A côté de la *Géométrie descriptive* nous ne devons pas d'ailleurs
oublier de placer cet autre chef-d'œuvre qui a nom l'*Application
de l'analyse à la Géométrie;* nous ne devons pas oublier non plus
que c'est à Monge que sont dues la notion des lignes de courbure
et l'élégante intégration de l'équation différentielle de ces lignes
pour le cas de l'ellipsoïde, que Lagrange, dit-on, lui enviait. Il
faut insister sur ce caractère de l'ensemble de l'OEuvre de Monge.
Le rénovateur de la Géométrie moderne nous a montré, dès le début, ses successeurs l'ont peut-être oublié, que l'alliance de la
Géométrie et de l'Analyse est utile et féconde, que cette alliance
est peut-être une condition de succès pour l'une et pour l'autre.

II

A l'école de Monge se formèrent de nombreux géomètres : Ha-
chette, Brianchon, Chappuis, Binet, Lancret, Dupin, Malus, Gaul-
tier de Tours, Poncelet, Chasles, etc. Parmi eux, Poncelet se
place au premier rang. Négligeant tout ce qui, dans les travaux de
Monge, se rattache à l'Analyse de Descartes ou concerne la Géométrie infinitésimale, il s'attacha exclusivement à développer les
germes contenus dans les recherches purement géométriques de
son illustre devancier. Fait prisonnier par les Russes en 1813 au
passage du Dnieper et interné à Saratoff, Poncelet employa les
loisirs que lui laissait sa captivité à la démonstration des principes
qu'il a développés dans le *Traité des propriétés projectives des figures*, paru en 1822, et dans les grands Mémoires sur les polaires
réciproques et sur les moyennes harmoniques, qui remontent à
peu près à la même époque. C'est donc à Saratoff qu'est née, on
peut le dire, la Géométrie moderne. Renouant la chaîne interrom-
pue depuis Pascal et Desargues, Poncelet introduisit à la fois l'homologie et les polaires réciproques, mettant ainsi en évidence, dès
le début, les idées fécondes sur lesquelles la Science a évolué [pen-
dant 50 ans.
Présentées en opposition avec la Géométrie analytique, les méthodes de Poncelet ne furent pas favorablement accueillies par les

analystes français. Mais telles étaient leur importance et leur nouveauté qu'elles ne tardèrent pas à susciter, de divers côtés, les
recherches les plus approfondies. Poncelet avait été seul à découvrir les principes ; plusieurs géomètres, au contraire, apparurent
presque en même temps pour les étudier sur toutes leurs faces et
pour en déduire les résultats essentiels qui y étaient implicitement
contenus.

A cette époque, Gergonne dirigeait avec éclat un Recueil périodique qui a aujourd'hui pour l'histoire de la Géométrie un prix
inestimable. Les *Annales de Mathématiques*, publiées à Nîmes de
1810 à 1831, ont été pendant plus de quinze ans le seul journal du
monde entier exclusivement consacré aux recherches de mathématiques. Gergonne, qui nous a laissé à bien des égards un
excellent modèle du directeur de journaux scientifiques, avait les
défauts de ses qualités ; il collaborait, souvent contre leur gré,
avec les auteurs des Mémoires qui lui étaient envoyés, remaniait
leur rédaction et leur faisait dire quelquefois plus ou moins qu'ils
n'auraient voulu. Quoi qu'il en soit, il fut vivement frappé de
l'originalité et de la portée des découvertes de Poncelet. On connaissait déjà en Géométrie quelques méthodes simples de transformation des figures ; on avait même employé l'homologie dans le
plan, mais sans l'étendre à l'espace, comme le fit Poncelet, ni surtout sans en connaître la puissance et la fécondité. D'ailleurs
toutes ces transformations étaient *ponctuelles*, c'est-à-dire qu'elles
faisaient correspondre un point à un point. En introduisant les
polaires réciproques, Poncelet faisait au plus haut degré œuvre
d'inventeur ; car il donnait le premier exemple d'une transformation dans laquelle à un point corrrespondait autre chose qu'un
point. Toute méthode de transformation permet de multiplier le
nombre de théorèmes, mais celle des polaires réciproques avait
l'avantage de faire correspondre à une proposition une autre proposition d'aspect tout différent. Il y avait là un fait essentiellement
nouveau. Pour le mettre en évidence, Gergonne inventa le système,
qui depuis a eu tant de succès, des Mémoires écrits sur doubles
colonnes, avec les propositions corrélatives en regard ; et il eut
l'idée de substituer aux démonstrations de Poncelet, qui exigeaient
l'intermédiaire d'une courbe ou d'une surface du second ordre, le
fameux *principe de dualité*, dont la signifiéation, un peu vague

d'abord, fut suffisamment éclaircie par les discussions qui s'établirent à ce sujet entre Gergonne, Poncelet et Plücker.

Bobillier, Chasles, Steiner, Lamé, Sturm et bien d'autres que j'oublie étaient, en même temps que Plücker et Poncelet, les collaborateurs assidus des *Annales de Mathématiques*. Gergonne, devenu recteur de l'Académie de Montpellier, dut interrompre, en 1831, la publication de son journal. Mais le succès qu'il avait obtenu, le goût des recherches qu'il avait contribué à développer avaient commencé à porter leur fruit. Quételet venait de créer en Belgique la *Correspondance mathématique et physique*. Crelle, dès 1826, faisait paraître à Berlin les premières feuilles de son célèbre journal, où il publiait les Mémoires d'Abel, de Jacobi, de Steiner. Un grand nombre d'Ouvrages séparés allaient aussi paraître, où les principes de la Géométrie moderne devaient être magistralement exposés et développés.

C'est d'abord en 1827 le *Calcul barycentrique* de Möbius, œuvre vraiment originale, remarquable par la profondeur des conceptions, la netteté et la rigueur de l'exposition ; puis en 1828 les *Analytisch-geometrische Entwickelungen* de Plücker dont la seconde partie parut en 1831 et qui furent bientôt suivis du *System der analytischen Geometrie* du même auteur, publié à Berlin en 1835. En 1832, Steiner faisait paraître à Berlin son grand ouvrage : *Systematische Entwickelung der Abhängigkeit der geometrischen Gestalten von einander*, et, l'année suivante, les *Geometrische Constructionen ausgeführt mittelst der geraden Linie und eines festen Kreises*, où se trouvait confirmée par les exemples les plus élégants une proposition de Poncelet relative à l'emploi d'un seul cercle pour les constructions géométriques. Enfin, en 1830, Chasles envoyait à l'Académie de Bruxelles, qui, heureusement inspirée, avait mis au concours une étude des principes de la Géométrie moderne, son célèbre *Aperçu historique sur l'origine et le développement des méthodes en Géométrie*, suivi du *Mémoire sur deux principes généraux de la Science : la dualité et l'homographie*, qui fut publié seulement en 1837.

Le temps nous manquerait pour apprécier dignement ces beaux Ouvrages et pour faire ici la part de chacun d'eux. A quoi d'ailleurs pourrait nous conduire une telle étude, sinon à une vérification nouvelle des lois générales du développement de la Science. Quand

les temps sont mûrs, quand les principes fondamentaux ont été reconnus et énoncés, rien n'arrête la marche des idées ; les mêmes
découvertes, ou des découvertes à peu près équivalentes, se pro-
duisent à peu près au même instant, et dans les lieux les plus divers. Sans entreprendre une discussion de ce genre qui pourrait
d'ailleurs paraître inutile ou devenir irritante, il importe cependant
que nous fassions ressortir une différence fondamentale entre les
tendances des grands géomètres qui, vers 1830, vinrent donner à
la Géométrie un essor inconnu jusque-là.

III

Les uns, comme Chasles et Steiner, qui consacrèrent leur vie
entière aux recherches de pure Géométrie, opposèrent ce qu'ils
appelaient la *synthèse* à l'*analyse* et, adoptant dans l'ensemble
sinon dans le détail les tendances de Poncelet, ils se proposèrent
de constituer une doctrine indépendante, rivale de l'analyse de
Descartes.

Poncelet n'avait pu se contenter des ressources insuffisantes
fournies par la méthode des projections ; pour atteindre les imaginaires, il avait dû imaginer ce fameux *principe de continuité* qui
a donné naissance à de si longues discussions entre lui et Cauchy.
Convenablement énoncé, ce principe est excellent et peut rendre
de grands services. Poncelet lui faisait du tort en se refusant à le
présenter comme une simple conséquence de l'Analyse ; et Cauchy,
d'autre part, ne voulait pas reconnaître que ses propres objections,
applicables sans doute à certaines figures transcendantes, demeuraient sans force dans les applications faites par l'auteur du *Traité
des propriétés projectives*. Quelque opinion que l'on se fasse au sujet d'une telle discussion, elle montra du moins de la manière la
plus claire que le système géométrique de Poncelet reposait sur
une base analytique et nous savons du reste, par la publication
malencontreuse des cahiers de Saratoff, que c'est à l'aide de l'analyse de Descartes qu'ont été établis les principes qui servent de
base au *Traité des propriétés projectives*.

Moins ancien que Poncelet, qui d'ailleurs abandonna la Géométrie pour la Mécanique où ses travaux ont eu une influence
prépondérante, Chasles, pour qui fut créée en 1847 une chaire de

Géométrie supérieure à la Faculté des Sciences de Paris, s'efforça
de constituer une doctrine géométrique entièrement indépendante
et autonome. Il l'a exposée dans deux ouvrages de haute importance, le Traité de *Géométrie supérieure*, qui date de 1852, et le
Traité des sections coniques, malheureusement inachevé et dont
la première partie seule a paru en 1865.

Dans la préface du premier de ces ouvrages, il indique très
nettement les trois points fondamentaux qui permettent à la nouvelle doctrine de participer aux avantages de l'analyse et lui paraissent marquer un progrès dans la culture de la science. Ce sont :

1° L'introduction du principe des signes, qui simplifie à la fois
les énoncés et les démonstrations, et donne à l'analyse des transversales de Carnot toute la portée dont elle est susceptible ;

2° L'introduction des imaginaires, qui supplée au principe de
continuité et fournit des démonstrations aussi générales que celles
de la géométrie analytique ;

3° La démonstration simultanée des propositions qui sont corrélatives, c'est-à-dire qui se correspondent en vertu du principe de
dualité.

Chasles étudie bien dans son Ouvrage l'homographie et la corrélation ; mais il écarte systématiquement dans son exposition
l'emploi des transformations des figures, lesquelles, pense-t-il, ne
peuvent suppléer à des démonstrations directes parce qu'elles
masquent l'origine et la véritable nature des propriétés obtenues
par leur moyen. Il y a du vrai dans ce jugement, mais la marche
même de la science nous permet de le trouver trop sévère. S'il
arrive souvent que, employées sans discernement, les transformations multiplient inutilement le nombre des théorèmes, il ne
faut pas méconnaître qu'elles nous aident souvent aussi à mieux
connaître la nature des propositions mêmes auxquelles elles ont été
appliquées. N'est-ce pas l'emploi de la projection de Poncelet qui
a conduit à la distinction si féconde entre les propriétés projectives
et les propriétés métriques, qui nous a fait aussi connaître la haute
importance de ce rapport anharmonique, dont la propriété essentielle se trouve déjà dans Pappus, et dont le rôle fondamental n'a
commencé à apparaître après quinze siècles que dans les recherches
de la géométrie moderne ?

L'introduction du principe des signes n'était pas aussi nouvelle que le croyait Chasles au moment où il écrivait son *Traité de Géométrie supérieure*. Déjà Möbius, dans son *Calcul Barycentrique*, avait donné suite à un *desideratum* de Carnot, et employé les signes de la manière la plus large et la plus précise, en définissant pour la première fois le signe d'un segment et même celui d'une aire. Il a réussi plus tard à étendre l'usage des signes à des longueurs qui ne sont pas portées sur la même droite et à des angles qui ne sont pas formés autour d'un même point. D'ailleurs Grassmann, dont l'esprit a tant d'analogie avec celui de Möbius, avait dû nécessairement employer le principe des signes dans les définitions qui servent de base à sa méthode si originale d'étude des propriétés de l'étendue.

Le second caractère que Chasles assigne à son système de géométrie, c'est l'emploi des imaginaires. Ici sa méthode était réellement nouvelle et il a su l'illustrer par des exemples de haut intérêt. On admirera toujours les belles théories qu'il nous a laissées sur les surfaces homofocales du second degré, où toutes les propriétés connues et d'autres nouvelles, aussi variées qu'élégantes, dérivent de ce principe général qu'elles sont inscrites dans une même développable circonscrite au cercle de l'infini. Mais Chasles n'a introduit les imaginaires que par leurs fonctions symétriques et n'aurait pu, par conséquent, définir le rapport anharmonique de quatre éléments lorsque ceux-ci cessent d'être réels en tout ou en partie. Si Chasles avait pu établir la notion du rapport anharmonique d'éléments imaginaires, une formule qu'il donne dans la *Géométrie supérieure* (p. 118 de la nouvelle édition) lui aurait immédiatement fourni cette belle définition de l'angle comme logarithme d'un rapport anharmonique qui a permis à Laguerre, notre confrère regretté, de résoudre d'une manière complète le problème, si longtemps cherché, de la transformation des relations qui contiennent à la fois des angles et des segments dans l'homographie et la corrélation.

Comme Chasles, Steiner, le grand et le profond géomètre, a suivi la voie de la géométrie pure ; mais il a négligé de nous donner un exposé complet des méthodes sur lesquelles il s'appuyait. On peut toutefois les caractériser en disant qu'elles reposent sur l'introduction de ces formes géométriques élémentaires, que Désargues avait déjà considérées, sur le développement qu'il a su

donner à la théorie des polaires de Bobillier, et enfin sur la construction des courbes et des surfaces de degrés supérieurs, à l'aide
de faisceaux ou de réseaux de courbes ou de surfaces d'ordres moindres. A défaut des recherches récentes, l'Analyse suf-
firait à montrer que le champ ainsi embrassé a l'étendue même
de celui dans lequel nous introduit sans effort l'analyse de
Descartes.

IV

Pendant que Chasles, Steiner, et plus tard, comme nous le
verrons, v. Staudt, s'attachaient à constituer une doctrine rivale
de l'Analyse et dressaient en quelque sorte autel contre autel, Gergonne, Bobillier, Sturm, Plücker surtout, perfectionnaient la géométrie de Descartes et constituaient un système analytique en
quelque sorte adéquat aux découvertes des géomètres. C'est à Bobillier et à Plücker que nous devons la méthode dite *des notations
abrégées*. Bobillier lui a consacré quelques pages vraiment neuves
dans les derniers volumes des *Annales* de Gergonne. Plücker a
commencé à la développer dans son premier Ouvrage, bientôt
suivi d'une série de travaux où sont établies d'une manière pleinement consciente les bases de la géométrie analytique moderne.
C'est à lui que nous devons les coordonnées tangentielles, les coordonnées trilinéaires, employées avec des équations homogènes, et
enfin l'emploi des formes canoniques dont la validité se reconnaît
par la méthode, si trompeuse quelquefois mais si féconde, dite de
l'énumération des constantes. Toutes ces heureuses acquisitions
allaient infuser un sang nouveau à l'analyse de Descartes et la
mettre en mesure de donner leur pleine signification aux conceptions dont la géométrie dite *synthétique* n'avait pu se rendre complètement maîtresse. Plücker, auquel il est sans doute équitable
d'adjoindre Bobillier, enlevé par une mort prématurée, doit être
regardé comme le véritable initiateur de ces méthodes de l'Analyse
moderne où l'emploi des coordonnées homogènes permet de traiter
simultanément, et sans que le lecteur s'en aperçoive [pour ainsi
dire, en même temps qu'une figure, toutes celles qui s'en déduis-
sent par l'homographie et la corrélation.

V

A partir de ce moment s'ouvre une période brillante pour les recherches géométriques de toute nature. Les analystes interprètent tous leurs résultats et se préoccupent de les traduire par des constructions. Les géomètres s'attachent à découvrir dans chaque question quelque principe général, le plus souvent indémontrable sans le secours de l'analyse, pour en faire découler sans effort une foule de conséquences particulières, solidement reliées les unes aux autres et au principe d'où elles dérivent. Otto Hesse, brillant disciple de Jacobi, développe d'une manière admirable cette méthode des homogènes à laquelle Plücker peut-être n'avait pas su donner toute sa valeur. Boole découvre dans les polaires de Bobillier la première notion du covariant ; la théorie des formes se crée par les travaux de Cayley, de Sylvester, d'Hermite, de Brioschi. Plus tard, Aronhold, Clebsch et Gordan et d'autres géomètres encore vivants lui fournissent ses notations définitives, établissent le théorème fondamental relatif à la limitation du nombre des formes covariantes et achèvent ainsi de lui donner toute son ampleur.

La théorie des surfaces du second ordre, édifiée principalement par l'école de Monge, s'enrichit d'une foule de propriétés élégantes, établies principalement par O. Hesse, qui doit trouver plus tard en Paul Serret un digne émule et un continuateur.

Les propriétés des polaires des courbes algébriques sont développées par Plücker et surtout par Steiner. L'étude déjà ancienne des courbes du troisième ordre est rajeunie et enrichie d'une foule d'éléments nouveaux. Steiner, le premier, étudie par la Géométrie pure les tangentes doubles des courbes du quatrième ordre, et Hesse, après lui, applique les méthodes de l'algèbre à cette belle question, ainsi qu'à celle des points d'inflexion du troisième ordre.

La notion de *classe* introduite par Gergonne, l'étude d'un paradoxe en partie élucidé par Poncelet et relatif aux degrés respectifs de deux courbes polaires réciproques l'une de l'autre, donnent naissance aux recherches de Plücker relatives aux singularités dites *ordinaires* des courbes planes algébriques. Les célèbres formules auxquelles Plücker est ainsi conduit sont plus tard étendues par Cayley et par d'autres géomètres aux courbes algébriques, par

Cayley encore et par Salmon aux surfaces algébriques. Les singularités d'ordre supérieur sont à leur tour abordées par les géomètres ; contrairement à une opinion alors très répandue, Halphen démontre que chacune de ces singularités ne peut être considérée comme équivalente à un certain groupe de singularités ordinaires et ses recherches closent pour un temps cette difficile et importante question.

L'Analyse et la Géométrie, Steiner, Cayley, Salmon, Cremona se rencontrent dans l'étude des surfaces du troisième ordre ; et, conformément aux prévisions de Steiner, cette théorie devient aussi simple et aussi facile que celle des surfaces du second ordre.

Les surfaces réglées algébriques, si importantes pour les applications, sont étudiées par Chasles, par Cayley dont on retrouve l'influence et la trace dans toutes les recherches mathématiques, par Cremona, Salmon, La Gournerie ; elles le seront plus tard par Plücker dans un travail sur lequel nous aurons à revenir.

L'étude de la surface générale du quatrième ordre paraît être trop difficile encore ; mais celle des surfaces particulières de cet ordre avec points multiples ou lignes multiples est commencée, avec Plücker pour la surface des ondes, avec Steiner, Kummer, Cayley, Moutard, Laguerre, Cremona et bien d'autres chercheurs. Quant à la théorie des courbes gauches algébriques, enrichie dans ses parties élémentaires, elle reçoit enfin, par les travaux d'Halphen et de Nœther qu'il nous est impossible de séparer ici, les plus notables accroissements. Une théorie nouvelle de grand avenir naît avec les travaux de Chasles, de Clebsch et de Cremona ; elle concerne l'étude de toutes les courbes algébriques qui peuvent être tracées sur une surface déterminée.

L'homographie et la corrélation, ces deux méthodes de transformation qui ont été l'origine lointaine de toutes les recherches précédentes, en reçoivent à leur tour un accroissement inattendu : elles ne sont pas les seules qui fassent correspondre un seul élément à un seul élément, comme aurait pu le montrer une transformation particulière brièvement signalée par Poncelet dans le *Traité des propriétés projectives*. Plücker définit la *transformation par rayons vecteurs réciproques* ou *inversion* dont Sir W. Thomson et Liouville ne tardent pas à montrer toute l'importance, tant pour la Physique mathématique que pour la Géométrie. Un contemporain de Möbius et de Plücker, Magnus, croit avoir trouvé la transformation la plus générale qui fasse correspondre un point à un point, mais les recherches de Cremona nous apprennent que la transformation de Magnus n'est que le premier terme d'une série de transformations birationnelles que le grand géomètre italien nous apprend à déterminer méthodiquement, au moins pour les figures de la Géométrie plane. Les transformations de Cremona conserveront longtemps un grand intérêt, bien que des recherches ultérieures nous aient appris qu'elles se ramènent toujours à une série d'applications successives de la transformation de Magnus.

VI

Tous les travaux que nous venons d'énumérer, d'autres sur lesquels nous reviendrons plus loin, trouvent leur origine et, en quelque sorte, leur premier moteur dans les conceptions de la Géométrie moderne ; mais le moment est venu d'indiquer rapidement une autre source de grands progrès pour les études de Géométrie. La théorie des fonctions elliptiques de Legendre, trop négligée par les géomètres français, est développée et agrandie par Abel et Jacobi. Avec ces grands géomètres, bientôt suivis de Riemann et de Weierstrass, la théorie des fonctions abéliennes que, plus tard, l'Algèbre essaiera de suivre avec ses seules ressources, vient apporter à la Géométrie des courbes et des surfaces une contribution dont l'importance ne cessera de grandir.

Déjà Jacobi avait employé l'analyse des fonctions elliptiques à la démonstration des célèbres théorèmes de Poncelet sur les polygones inscrits et circonscrits, inaugurant ainsi un chapitre qui s'est enrichi depuis d'une foule de résultats élégants ; il avait obtenu aussi, par des méthodes se rattachant à la Géométrie, l'intégration des équations abéliennes.

Mais c'est Clebsch qui, le premier, montra dans une longue série de travaux toute l'importance de la notion de *genre* d'une courbe, due à Abel et à Riemann, en développant une foule de résultats et de solutions élégantes que l'emploi des intégrales abéliennes paraissait, tant il était simple, rattacher à leur véritable point de départ. L'étude des points d'inflexion des courbes du troisième ordre, celle des tangentes doubles des courbes du quatrième ordre et, en général, la théorie de l'osculation sur laquelle s'étaient si souvent exercés les anciens et les modernes, furent rattachées au beau problème de la division des fonctions elliptiques et des fonctions abéliennes.

Dans un de ses Mémoires, Clebsch avait étudié les courbes *rationnelles* ou de genre zéro ; cela le conduisit, vers la fin de sa vie trop courte, à envisager ce qu'on peut appeler aussi les surfaces *rationnelles*, celles qui peuvent être simplement représentées par un plan. Il y avait là un vaste champ de recherches, ouvert déjà pour les cas élémentaires par Chasles, et dans lequel Clebsch fut suivi par Cremona et beaucoup d'autres savants. C'est à cette occasion que Cremona, généralisant ses recherches de Géométrie plane, fit connaître non plus la totalité des transformations birationnelles de l'espace, mais quelques-unes des plus intéressantes parmi ces transformations. L'extension de la notion de genre aux surfaces algébriques est déjà commencée ; déjà aussi des travaux de haute valeur ont montré que la théorie des intégrales simples ou multiples de différentielles algébriques trouvera, dans l'étude des surfaces comme dans celle des courbes, un champ étendu d'applications importantes ; mais ce n'est pas au rapporteur de la Géométrie qu'il convient d'insister sur ce sujet.

VII

Pendant que se constituaient ainsi les méthodes mixtes dont nous venons d'indiquer les principales applications, les géomètres purs ne restaient pas inactifs. Poinsot, le créateur de la théorie des couples, développait, par une méthode purement géométrique, « celle, disait-il, où l'on ne perd de vue, à aucun moment, l'objet de la recherche », la théorie de la rotation d'un corps solide que les recherches de d'Alembert, d'Euler et de Lagrange semblaient avoir épuisée ; Chasles apportait une contribution précieuse à la Cinématique par ses beaux théorèmes sur le déplacement d'un corps solide, qui ont été étendus depuis par d'autres méthodes élégantes au cas où le mouvement a des degrés divers de liberté. Il faisait connaître ces belles propositions sur l'attraction en général, qui figurent sans désavantage à côté de celles de Green et de Gauss. Chasles et Steiner se rencontraient dans l'étude de l'attraction des

ellipsoïdes et montraient ainsi une fois de plus que la Géométrie a
sa place marquée dans les questions les plus hautes du calcul intégral.

Steiner ne dédaignait pas de s'occuper en même temps des parties élémentaires de la Géométrie. Ses recherches sur les contacts
des cercles et des coniques, sur les problèmes isopérimétriques, sur
les surfaces parallèles, sur le centre de gravité de courbure exci-
taient l'admiration de tous par leur simplicité et leur profondeur.

Chasles introduisait son principe de correspondance entre deux
objets variables qui a donné naissance à tant d'applications ;
mais ici l'analyse reprenait sa place pour étudier le principe dans
son essence, le préciser et le généraliser. Il en fut de même en ce
qui concernait la fameuse théorie des *caractéristiques* et les nombreuses recherches de de Jonquières, de Chasles, de Cremona,
d'autres encore qui devaient fournir les bases d'une branche nouvelle de la Science, la *Géométrie énumérative*. Pendant plusieurs
années, le célèbre postulat de Chasles fut admis sans aucune objection ; une foule de géomètres crurent l'avoir établi d'une manière
irréfutable. Mais, comme disait alors Zeuthen, il est bien difficile
de reconnaître si, dans les démonstrations de ce genre, il ne subsiste pas toujours quelque point faible que leur auteur n'a point
aperçu ; et, en effet, Halphen, après des essais infructueux, venait
couronner définitivement toutes ces recherches en indiquant nettement dans quels cas on peut admettre le postulat de Chasles et
dans quels cas il faut le rejeter.

VIII

Tels sont les principaux travaux qui ont remis en honneur la
synthèse géométrique et lui ont assuré, au cours du siècle dernier,
la place qui lui revient dans la recherche mathématique. De nombreux et illustres travailleurs ont pris part à ce grand mouvement
géométrique, mais il faut reconnaître qu'il eut comme chefs et
comme conducteurs Chasles et Steiner. Tel était l'éclat jeté par
leurs merveilleuses découvertes qu'elles ont rejeté dans l'ombre, au
moins d'une manière momentanée, les publications d'autres
géomètres modestes, moins préoccupés peut-être de trouver des
applications brillantes, propres à faire aimer la Géométrie, que de

constituer cette science elle-même sur une base absolument solide. Leurs travaux ont reçu peut-être une récompense plus tardive, mais leur influence croît chaque jour ; elle s'accroîtra sans doute encore. Les passer sous silence serait sans doute négliger un des principaux facteurs qui joueront leur rôle dans les recherches futures. C'est surtout à v. Staudt que nous faisons allusion en ce moment. Ses travaux géométriques ont été exposés dans deux Ouvrages de grand intérêt : la *Geometrie der Lage*, parue en 1847, et les *Beiträge zur Geometrie der Lage*, publiées en 1856, c'est-à-dire quatre ans après la Géométrie supérieure.

Chasles, nous l'avons vu, s'était préoccupé de constituer un corps de doctrine indépendant de l'analyse de Descartes et il n'y avait pas complètement réussi. Nous avons indiqué déjà un des reproches que l'on peut adresser à ce système : les éléments imaginaires n'y sont définis que par leurs fonctions symétriques, ce qui les exclut nécessairement d'une foule de recherches. D'autre part, l'emploi constant du rapport anharmonique, des transversales et de l'involution, qui exige des transformations analytiques fréquentes, donne à la *Géométrie supérieure* un caractère presque exclusivement métrique qui l'éloigne notablement des méthodes de Poncelet. Revenant à ces méthodes, v. Staudt s'attacha à constituer une géométrie affranchie de toute relation métrique et reposant exclusivement sur les rapports de situation. C'est dans cet esprit qu'a été conçu son premier Ouvrage, la *Géométrie der Lage* de 1847. L'auteur y prend pour point de départ les propriétés harmoniques du quadrilatère complet et celles des triangles homologiques, démontrées uniquement par des considérations de géométrie à trois dimensions, analogues à celles dont a fait un si fréquent usage l'École de Monge.

Dans cette première partie de son œuvre, v. Staudt a négligé entièrement les éléments imaginaires. C'est seulement dans les *Beitrage*, son second Ouvrage, qu'il est parvenu, par une extension très originale de la méthode de Chasles, à définir géométriquement un élément imaginaire isolé et à le distinguer de son conjugué. Cette extension, bien que rigoureuse, est pénible et très abstraite. On peut la définir en substance comme il suit : deux points imaginaires conjugués peuvent toujours être considérés comme les points doubles d'une involution sur une droite réelle ; et de même

qu'on passe d'une imaginaire à sa conjuguée par le changement de
i en — i, de même on distinguera les deux points imaginaires en
faisant correspondre à chacun l'un des deux sens différents que l'on
peut attribuer à la droite. Il y a là quelque chose d'un peu artifi-
ciel ; le développement de la théorie élevée sur de telles bases est
nécessairement compliqué. Par des méthodes purement projectives, v. Staudt établit toute une méthode de calcul des rapports
anharmoniques des éléments imaginaires les plus généraux. Comme
toute géométrie, la géométrie projective emploie la notion de l'ordre et l'ordre engendre le nombre ; on ne saurait donc s'étonner que
v. Staudt ait pu constituer sa méthode de calcul ; mais il faut admi-
rer l'ingéniosité qu'il a dû déployer pour y parvenir. Malgré les
efforts des géomètres distingués qui ont essayé d'en simplifier
l'exposition, nous craignons que cette partie de la géométrie de
v. Staudt, pas plus que la géométrie d'ailleurs si intéressante du
profond penseur Grassmann, ne puisse prévaloir contre les méthodes analytiques qui ont conquis aujourd'hui la faveur presque
universelle. La vie est courte, les géomètres connaissent et pra-
tiquent aussi le principe de la moindre action. Malgré ces craintes
qui ne doivent décourager personne, il nous paraît que, sous la
forme première qui lui a été donnée par v. Staudt, la géométrie
projective doit devenir la compagne nécessaire de la géométrie
descriptive, qu'elle est appelée à renouveler cette géométrie dans
son esprit, ses procédés et ses applications. C'est ce qui a déjà été
compris dans plusieurs pays, et notamment en Italie où le grand
géomètre Cremona n'avait pas dédaigné d'écrire, pour les écoles,
un Traité élémentaire de Géométrie projective.

IX

Dans les articles qui précèdent, nous avons essayé de suivre et
de faire apparaître nettement les conséquences les plus lointaines
des méthodes de Monge et de Poncelet. En créant les coordonnées
tangentielles et les coordonnées homogènes, Plücker avait paru
épuiser tout ce que pouvaient fournir à l'analyse la méthode des
projections et celle des polaires réciproques. Il lui restait, vers la
fin de sa vie, à revenir sur ses premières recherches pour leur
donner une extension qui devait élargir dans des proportions inat-
tendues le domaine de la Géométrie.

Précédée par des recherches innombrables sur les systèmes de lignes droites, dues à Poinsot, Möbius, Chasles, Dupin, Malus, Hamilton, Kummer, Transon, surtout à Cayley qui a introduit le premier la notion des coordonnées de la droite, recherches qui ont leur origine, soit dans la statique et la cinématique, soit dans l'optique géométrique, la géométrie de la ligne droite de Plücker sera toujours regardée comme la partie de son œuvre où l'on rencontre les idées les plus neuves et les plus intéressantes. Que Plücker ait constitué le premier une étude méthodique de la ligne droite, cela est déjà important, mais cela n'est rien à côté de ce qu'il a découvert. On dit quelquefois que le principe de dualité met en évidence ce fait que le plan, aussi bien que le point, peut être considéré comme un élément de l'espace. Cela est vrai ; mais, en ajoutant la ligne droite comme élément possible de l'espace au plan et au point, Plücker a été conduit à reconnaître que n'importe quelle courbe, n'importe quelle surface peuvent aussi être considérées comme éléments de l'espace, et ainsi est née une Géométrie nouvelle qui a déjà inspiré un grand nombre de travaux, qui en suscitera plus encore à l'avenir. Une belle découverte dont nous parlerons plus loin a déjà rattaché la géométrie des sphères à celle des lignes droites et permis d'introduire la notion des coordonnées d'une sphère. La théorie des systèmes de cercles est déjà commencée ; elle se développera sans doute quand on voudra étudier la représentation, que nous devons à Laguerre, d'un point imaginaire dans l'espace par un cercle orienté.

Mais avant d'exposer le développement de ces idées nouvelles qui ont vivifié les méthodes infinitésimales de Monge, il faut que nous revenions en arrière pour reprendre l'histoire des branches de la Géométrie que nous avons négligées jusqu'à présent.

X

Parmi les travaux de l'École de Monge, nous nous sommes bornés jusqu'ici à considérer ceux qui se rattachent à la Géométrie *finie* ; mais quelques-uns des disciples de Monge s'attachèrent surtout à développer les notions nouvelles de géométrie infinitésimale apportées par leur maître sur les courbes à double courbure, sur les lignes de courbure, sur la génération des surfaces, notions qui sont exposées au moins en partie dans l'*Application de l'analyse à la Géométrie*. Parmi eux, nous devons citer Lancret, auteur de beaux travaux sur les courbes gauches et surtout Charles Dupin, le seul peut-être qui ait suivi toutes les voies ouvertes par Monge.

Entre autres travaux, on doit à Dupin deux ouvrages que Monge n'aurait pas hésité à signer : les *Développements de Géométrie pure*, parus en 1813, et les *Applications de Géométrie et de Méchanique*, qui datent de 1822. C'est là qu'on trouve cette notion de l'*indicatrice* qui devait renouveler, après Euler et Meunier, toute la théorie de la courbure, celle des tangentes conjuguées, des lignes asymptotiques qui ont pris une place si importante dans les recherches récentes. Nous ne saurions oublier la détermination de la surface dont toutes les lignes de courbure sont des cercles, ni surtout le Mémoire sur les systèmes triples de surfaces orthogonales où se trouve, en même temps que la découverte du système triple formé de surfaces du second degré, le célèbre théorème auquel le nom de Dupin demeurera attaché.

Sous l'influence de ces travaux et de la renaissance des méthodes synthétiques, la géométrie des infiniment petits reprenait dans toutes les recherches la place que Lagrange avait voulu lui arracher pour toujours. Chose singulière, les méthodes géométriques ainsi restaurées allaient recevoir la plus vive impulsion à la suite de la publication d'un Mémoire qui, au premier abord tout au moins, paraît se rattacher à la plus pure analyse ; nous voulons parler de l'écrit célèbre de Gauss : *Disquisitiones generales circa superficies curvas* qui fut présenté en 1827 à la Société de Gœttingue et dont l'apparition marque, on peut le dire, une date décisive dans l'histoire de la Géométrie infinitésimale.

A partir de ce moment, la méthode infinitésimale prit en France un essor jusque-là inconnu. Frenet, Bertrand, Molins, J.-A. Serret, Bouquet, Puiseux, Ossian Bonnet, Paul Serret développèrent la théorie des courbes gauches. Liouville, Chasles, Minding se joignirent à eux pour poursuivre l'étude méthodique du Mémoire de Gauss. L'intégration faite par Jacobi de l'équation différentielle des lignes géodésiques de l'ellipsoïde suscita un grand nombre de recherches. En même temps, les problèmes étudiés dans l'*Application de l'Analyse* de Monge, furent largement développés. La détermination de toutes les surfaces ayant leurs lignes de courbure

planes ou sphériques vint compléter, de la manière la plus heureuse, quelques-uns des résultats partiels déjà obtenus par Monge.

A ce moment, un géomètre des plus pénétrants, suivant le jugement de Jacobi, Gabriel Lamé, qui, comme Charles Sturm, avait
commencé par la Géométrie pure et avait déjà apporté à cette
science les contributions les plus intéressantes par un petit Ouvrage
publié en 1817 et par des Mémoires insérés dans les *Annales* de
Gergonne, utilisait les résultats obtenus par Dupin et Binet sur le
système des surfaces homofocales du second degré et, s'élevant à la
notion des coordonnées curvilignes de l'espace, il devenait le créateur de toute une théorie nouvelle destinée à recevoir dans la
Physique mathématique les applications les plus variées.

XI

Ici encore, dans cette branche infinitésimale de la Géométrie,
on retrouve les deux tendances que nous avons signalées à propos
de la Géométrie des quantités finies. Les uns, au nombre desquels
il faut placer J. Bertrand et O. Bonnet, veulent constituer une
méthode autonome qui repose directement sur l'emploi des infiniment petits. Le grand *Traité de Calcul différentiel*, de Bertrand,
contient plusieurs Chapitres sur la théorie des courbes et des surfaces qui sont, en quelque sorte, l'illustration de cette conception.
Les autres suivent les voies analytiques usuelles en s'attachant
seulement à bien reconnaître et à mettre en évidence les éléments
qui doivent figurer au premier plan. Ainsi fait Lamé en introduisant sa théorie des *paramètres différentiels*. Ainsi fait Beltrami en
étendant avec beaucoup d'ingéniosité l'emploi de ces invariants
différentiels au cas de deux variables indépendantes, c'est-à-dire à
l'étude des surfaces.

Il semble qu'aujourd'hui on se rallie à une méthode mixte dont
l'origine se trouve dans les travaux de Ribaucour, sous le nom
de *périmorphie*. On conserve les axes rectangulaires de la Géométrie analytique, mais en les rendant mobiles et en les rattachant
de la manière qui paraît la plus commode au système que l'on veut
étudier. Ainsi disparaissent la plupart des objections que l'on a
adressées à la méthode des coordonnées. On réunit les avantages
de ce que l'on appelle quelquefois la Géométrie *intrinsèque* à ceux

qui résultent de l'emploi de l'analyse régulière. Cette analyse
d'ailleurs n'est nullement abandonnée ; les complications de calcul
qu'elle entraîne presque toujours, dans ses applications à l'étude
des surfaces et des coordonnées rectilignes, disparaissent le plus
souvent si l'on emploie les notions sur les invariants et les covariants des formes quadratiques de différentielles que nous devons
aux recherches de Lipschitz et de Christoffel, inspirées par les
études de Riemann sur la Géométrie non euclidienne.

XII

Les résultats de tant de travaux ne se sont pas fait attendre. La
notion de la courbure géodésique que Gauss possédait déjà, mais
sans l'avoir publiée, a été donnée par Bonnet et Liouville, la théorie
des surfaces dont les rayons de courbure sont fonctions l'un de
l'autre, inaugurée en Allemagne par deux propositions qui figure-
raient sans désavantage dans le Mémoire de Gauss, a été enrichie
par Ribaucour, Halphen, S. Lie et par d'autres, d'une foule de
propositions. Parmi ces propositions, les unes concernent ces surfaces envisagées d'une manière générale ; d'autres s'appliquent aux
cas particuliers où la relation entre les rayons de courbure prend
une forme particulièrement simple : aux surfaces minima, par
exemple, et aussi aux surfaces à courbure constante, positive ou
négative.

Les surfaces minima ont été l'objet de travaux qui font de leur
étude le chapitre le plus attrayant de la Géométrie infinitésimale.
L'intégration de leur équation aux dérivées partielles constitue une
des plus belles découvertes de Monge ; mais, par suite de l'imper-
fection de la théorie des imaginaires, le grand géomètre n'avait pu
tirer de ses formules aucun mode de génération de ces surfaces, ni
même aucune surface particulière. Nous ne reviendrons pas ici sur
l'historique détaillé que nous avons présenté dans nos *Leçons sur
la théorie des surfaces ;* mais il convient de rappeler les recherches
fondamentales de Bonnet qui nous ont donné, en particulier, la
notion des *surfaces associées à une surface donnée,* les formules de
Weierstrass qui établissent un lien étroit entre les surfaces minima
et les fonctions d'une variable complexe, les recherches de Lie par
lesquelles il a été établi que les formules mêmes de Monge peuvent

aujourd'hui servir de base à une étude fructueuse des surfaces minima. En cherchant à déterminer les surfaces minima de classes ou de degrés les plus petits, on a été conduit à la notion des surfaces minima doubles qui relève de l'*Analysis situs*.

Trois problèmes d'inégale importance ont été étudiés dans cette théorie.

Le premier, relatif à la détermination des surfaces minima inscrites suivant un contour donné à une développable également donnée, a été résolu par des formules célèbres qui ont conduit à un grand nombre de propositions. Par exemple, toute droite tracée sur une telle surface est un axe de symétrie.

Le second, posé par S. Lie, concerne la détermination de toutes les surfaces minima algébriques inscrites dans une développable algébrique, sans que la courbe de contact soit donnée. Il a été aussi entièrement élucidé.

Le troisième et le plus difficile est celui que les physiciens résolvent par l'expérience, en plongeant un contour fermé dans une solution de glycérine. Il concerne la détermination de la surface minima passant par un contour donné.

La solution de ce problème dépasse évidemment les ressources de la Géométrie. Grâce aux ressources de l'Analyse la plus haute, il a pu être résolu pour des contours particuliers dans le Mémoire célèbre de Riemann et dans les recherches profondes qui ont suivi ou accompagné ce Mémoire. Pour le contour le plus général, son étude a été brillamment commencée, elle sera continuée par nos successeurs.

Après les surfaces minima, les surfaces à courbure constante devaient attirer l'attention des géomètres. Une remarque ingénieuse de Bonnet rattache les unes aux autres les surfaces dont l'une ou l'autre des deux courbures, courbure moyenne ou courbure totale, est constante. Bour avait annoncé que l'équation aux dérivées partielles des surfaces à courbure constante pouvait être complètement intégrée. Ce résultat n'a pu être retrouvé ; il paraît même plus que douteux si l'on se reporte à une recherche où S. Lie a essayé en vain d'appliquer une méthode générale d'intégration des équations aux dérivées partielles à l'équation particulière des surfaces à courbure constante. Mais, s'il est impossible de déterminer en termes finis toutes ces surfaces, on a pu du moins en obtenir quelques-unes, caractérisées par des propriétés spéciales, telles que celle d'avoir leurs lignes de courbure planes ou sphériques ; et l'on a montré, en employant une méthode qui réussit dans beaucoup d'autres problèmes, que l'on peut faire dériver de toute surface à courbure constante une infinité d'autres surfaces de même nature, par des opérations nettement définies qui n'exigent que des quadratures.

La théorie de la déformation des surfaces dans le sens de Gauss a été aussi beaucoup enrichie. On doit à Minding et à Bour l'étude détaillée de cette déformation spéciale des surfaces réglées qui laisse rectilignes les génératrices. Si l'on n'a pu, comme nous venons de le dire, déterminer les surfaces applicables sur la sphère, on s'est attaqué avec plus de succès à d'autres surfaces du second degré et, en particulier, au paraboloïde de révolution. L'étude systématique de la déformation des surfaces générales du second degré est déjà entamée ; elle est de celles qui donneront prochainement les résultats les plus importants.

La théorie de la déformation infiniment petite constitue aujourd'hui un des chapitres les plus achevés de la Géométrie. Elle est la première application un peu étendue d'une méthode générale qui paraît avoir beaucoup d'avenir.

Étant donné un système d'équations différentielles ou aux dérivées partielles, propre à déterminer un certain nombre d'inconnues, il convient de lui associer un système d'équations que nous avons appelé *système auxiliaire* et qui détermine les systèmes de solutions infiniment voisins d'un système donné quelconque de solutions. Le système auxiliaire étant nécessairement linéaire, son emploi dans toutes les recherches fournit de précieuses lumières sur les propriétés du système proposé et sur la possibilité d'en obtenir l'intégration.

La théorie des lignes de courbure et des lignes asymptotiques a été notablement étendue. Non seulement on a pu déterminer ces deux séries de lignes pour des surfaces particulières telles que les surfaces tétraédrales de Lamé ; mais aussi, en développant les résultats de Moutard relatifs à une classe particulière d'équations linéaires aux dérivées partielles du second ordre, on a pu généraliser tout ce qui avait été obtenu pour les surfaces à lignes de courbures planes ou sphériques, en déterminant complètement toutes les classes de surfaces pour lesquelles on peut résoudre le problème de la *représentation sphérique*. On a résolu de même le problème corrélatif relatif aux lignes asymptotiques en faisant connaître toutes les surfaces dont on peut déterminer en termes finis la déformation infiniment petite. Il y a là un vaste champ de recherches dont l'exploration est à peine commencée.

L'étude infinitésimale des congruences rectilignes, déjà commencée depuis longtemps par Dupin, Bertrand, Hamilton, Kummer, est venue se mêler à toutes ces recherches. Ribaucour, qui y a pris une part prépondérante, a étudié des classes particulières de congruences rectilignes et, en particulier, les congruences dites *isotropes*, qui interviennent de la manière la plus heureuse dans l'étude des surfaces minima.

Les systèmes triples orthogonaux dont Lamé avait fait usage en Physique mathématique sont devenus l'objet de recherches systématiques. Cayley le premier a formé l'équation aux dérivées partielles du troisième ordre dont on avait fait dépendre la solution générale de ce problème. Le système des surfaces homofocales du second degré a été généralisé et a donné naissance à cette théorie des *cyclides* générales dans laquelle on peut employer à la fois les ressources de la Géométrie métrique, de la Géométrie projective et de la Géométrie infinitésimale. On a fait connaître beaucoup d'autres systèmes orthogonaux. Parmi eux il convient de signaler les systèmes *cycliques* de Ribaucour, pour lesquels une des trois familles admet des cercles pour trajectoires orthogonales, et les systèmes plus généraux pour lesquels ces trajectoires orthogonales sont simplement des courbes planes. L'emploi systématique des imaginaires, qu'il faut bien se garder d'exclure de la Géométrie, a permis de rattacher toutes ces déterminations à l'étude de la déformation finie d'une surface particulière.

Parmi les méthodes qui ont permis d'établir tous ces résultats, il convient de noter l'emploi systématique des équations linéaires aux dérivées partielles du second ordre et des systèmes formés de telles équations. Les recherches les plus récentes montrent que cet emploi est appelé à renouveler la plupart des théories.

La Géométrie infinitésimale ne pouvait négliger l'étude des deux problèmes fondamentaux que lui posait le calcul des variations.

Le problème du plus court chemin sur une surface a été l'objet des magistrales études de Jacobi et d'Ossian Bonnet. On a poursuivi l'étude des lignes géodésiques, on a appris à les déterminer pour de nouvelles surfaces. La théorie des ensembles est venue permettre de suivre ces lignes dans leur cours sur une surface donnée. La solution d'un problème relatif à la représentation de deux surfaces l'une sur l'autre a beaucoup accru l'intérêt des découvertes de Jacobi et de Liouville relatives à une classe particulière de surfaces dont on sait déterminer les lignes géodésiques. Les résultats qui concernent ce cas particulier ont conduit à l'examen d'une question nouvelle : rechercher tous les problèmes de calcul des variations dont la solution est fournie par les courbes satisfaisant à une équation différentielle donnée.

Enfin, les méthodes de Jacobi ont été étendues à l'espace à trois dimensions et appliquées à la solution d'une question qui présentait les plus grandes difficultés : l'étude des propriétés de minimum appartenant à la surface minima passant par un contour donné.

XIII

Parmi les inventeurs qui ont contribué au développement de la Géométrie infinitésimale, Sophus Lie se distingue par plusieurs découvertes capitales qui le placent au premier rang. Il n'était pas de ceux qui laissent paraître dès l'enfance les aptitudes les plus caractérisées et, au moment de quitter l'Université de Christiania en 1865, il hésitait encore entre la Philologie et les Mathématiques. Ce sont les travaux de Plücker qui lui donnèrent pour la première fois pleine conscience de sa véritable vocation. Il publia en 1869 un premier travail sur l'interprétation des imaginaires en Géométrie et, dès 1870, il était en possession des idées directrices de toute sa carrière.

J'ai eu à cette époque le plaisir de le voir souvent, de l'entretenir à Paris, où il était venu avec son ami F. Klein. Un cours de M. Sylow suivi par Lie lui avait révélé toute l'importance de la théorie des substitutions ; les deux amis étudiaient cette théorie dans le grand Traité de C. Jordan ; ils avaient pleine conscience du rôle important qu'elle était appelée à jouer dans tant de branches des Sciences mathématiques où elle n'avait pas encore été appliquée. Ils ont eu l'un et l'autre la bonne fortune de contribuer par leurs travaux à imprimer aux études mathématiques la direction qui leur avait paru la meilleure.

Dès 1870, Sophus Lie présentait à l'Académie des Sciences de Paris une découverte extrêmement intéressante. Rien ne ressemble moins à une sphère qu'une ligne droite, et cependant Lie avait imaginé une transformation singulière qui faisait correspondre une sphère à une droite et permettait, par suite, de rattacher toute proposition relative à des droites à une proposition relative à des sphères et *vice versa*. Dans cette méthode si curieuse de transformation, chaque propriété relative aux lignes de courbure d'une surface fournit une proposition relative aux lignes asymptotiques de la surface transformée. Le nom de Lie demeurera attaché à ces relations si cachées qui rattachent l'une à l'autre la ligne droite et la sphère, ces deux éléments essentiels et fondamentaux de la recherche géométrique. Il les a développées dans un Mémoire rempli d'idées neuves qui a paru en 1872.

Les travaux qui suivirent ce brillant début de Lie confirmèrent pleinement les espérances qu'il avait fait naître. La conception de Plücker relative à la génération de l'espace par des lignes droites, par des courbes ou des surfaces arbitrairement choisies, ouvre à la théorie des formes algébriques un champ qui n'a pas encore été exploré, que Clebsch a commencé à peine à reconnaître et à délimiter. Mais, du côté de la Géométrie infinitésimale, cette conception a été mise en pleine valeur par Sophus Lie. Le grand géomètre norvégien a su d'abord y trouver la notion des congruences et des complexes de courbes, et ensuite celle des *transformations de contact* dont il avait trouvé, pour le cas du plan, le premier germe dans Plücker. L'étude de ces transformations l'a conduit à perfectionner, en même temps que M. Mayer, les méthodes d'intégration que Jacobi avait instituées pour les équations aux dérivées partielles du premier ordre ; mais surtout elle jette la lumière la plus éclatante sur les parties les plus difficiles et les plus obscures des théories relatives aux équations aux dérivées partielles d'ordre supérieur. Elle a permis à Lie, en particulier, d'indiquer tous les cas dans lesquels la méthode des caractéristiques de Monge est pleinement applicable aux équations du second ordre à deux variables indépendantes.

En continuant l'étude de ces transformations spéciales, Lie fut conduit à construire progressivement sa magistrale théorie des groupes continus de transformations et à mettre en évidence le rôle si important que la notion de groupe joue en Géométrie. Parmi les éléments essentiels de ses recherches, il convient de signaler les transformations infinitésimales dont l'idée lui appartient exclusivement.

Trois grands Ouvrages publiés sous sa direction par d'habiles et dévoués collaborateurs contiennent l'essentiel de ses travaux et leurs applications à la théorie de l'intégration, à celle des unités complexes et à la Géométrie non euclidienne.

XIV

Me voici arrivé par une voie indirecte à cette Géométrie non euclidienne dont l'étude prend dans les recherches des géomètres une place qui grandit chaque jour. Si j'étais seul à vous entretenir de Géométrie, je prendrais plaisir à vous rappeler tout ce qui a été fait sur ce sujet depuis Euclide, ou du moins depuis Legendre, jusqu'à nos jours. Envisagée successivement par les plus grands géomètres du dernier siècle, la question s'est progressivement élargie. C'est par le célèbre *postulatum* relatif aux parallèles que l'on a commencé ; c'est par l'ensemble des axiomes géométriques que l'on finit.

Les *Éléments* d'Euclide, qui ont résisté au travail de tant de siècles, auront du moins l'honneur de provoquer, avant de finir, une longue suite de travaux admirablement enchaînés qui contribueront, de la manière la plus efficace, au progrès des Mathématiques, en même temps qu'ils fourniront aux philosophes les points de départ les plus précis et les plus solides pour l'étude de l'origine et de la formation de nos connaissances. Je suis assuré d'avance que mon distingué collaborateur n'oubliera pas, parmi les problèmes du temps présent, celui-ci, qui est le plus important peut-être, et dont il s'est occupé avec tant de succès ; et je lui laisse le soin de le développer avec toute l'ampleur qu'il mérite assurément.

Je viens de parler des éléments de la Géométrie. Ils ont reçu depuis cent ans des accroissements qu'il convient de ne pas oublier. La théorie des polyèdres s'est enrichie des belles découvertes de

Poinsot sur les polyèdres étoilés et de celles de Möbius sur les polyèdres à une seule face. Les méthodes de transformation ont élargi l'exposition. On peut dire aujourd'hui que le premier Livre contient la théorie de la translation et de la symétrie, que le deuxième équivaut à la théorie de la rotation et du déplacement, que le troisième repose sur l'homothétie et l'inversion.

Mais il faut bien reconnaître que c'est grâce à l'Analyse que les *Éléments* se sont enrichis de leurs plus belles propositions. C'est à l'Analyse la plus haute que nous devons l'inscription des polygones réguliers de 17 côtés et des polygones analogues. C'est à elle que nous devons les démonstrations si longtemps cherchées de l'impossibilité de la quadrature du cercle, de l'impossibilité de certaines constructions géométriques à l'aide de la règle et du compas. C'est à elle enfin que nous devons les premières démonstrations rigoureuses des propriétés de maximum et de minimum de la sphère. Il appartiendra à la Géométrie d'intervenir sur ce terrain où l'Analyse l'a précédée.

Que seront les éléments de la Géométrie au cours du siècle qui vient de commencer? Y aura-t-il un seul Livre élémentaire de Géométrie? C'est peut-être l'Amérique, avec ses écoles affranchies de tout programme et de toute tradition, qui nous donnera les meilleures solutions de cette importante et difficile question. On a quelquefois appelé v. Staudt, l'*Euclide du* xixe *siècle* ; je préférerais l'appeler l'*Euclide de la Géométrie projective* ; mais cette Géométrie, quelque intéressante qu'elle puisse être, est-elle appelée à fournir la base unique des futurs éléments?

XV

Le moment est venu de clore ce trop long exposé et cependant il y a une foule de recherches intéressantes que j'ai été pour ainsi dire contraint de négliger. J'aurais aimé à vous entretenir de ces Géométries à un nombre quelconque de dimensions dont la notion remonte aux premiers temps de l'Algèbre, mais dont l'étude systématique n'a été commencée que depuis 60 ans par Cayley et par Cauchy. Ce genre de recherches a trouvé faveur dans votre pays, et je n'ai pas besoin de rappeler que notre illustre président, après s'être montré le digne continuateur de Laplace et de Le Verrier,

dans un espace qu'il considère avec nous comme étant doué de
3 dimensions, n'a pas dédaigné de publier, dans l'*American Journal*, des considérations d'un vif intérêt sur les géométries à *n* dimensions. Une seule objection pouvait être faite aux études de ce
genre et avait déjà été formulée par Poisson : l'absence de toute base
réelle, de tout *substratum* permettant de présenter, sous des aspects
visibles et en quelque sorte palpables, les résultats obtenus.
L'extension des méthodes de la Géométrie descriptive, et surtout
l'emploi des conceptions de Plücker sur la génération de l'espace,
contribueront à enlever à cette objection beaucoup de sa valeur.

J'aurais voulu vous parler aussi de la méthode des équipollences,
dont nous trouvons le germe dans les œuvres posthumes de Gauss,
des quaternions d'Hamilton, des méthodes de Grassmann et en
général des systèmes d'unités complexes, de l'*Analysis situs*, si
intimement reliée à la théorie des fonctions, de la Géométrie dite
cinématique, de la théorie des abaques, de la Géométrographie,
des applications de la Géométrie à la Philosophie naturelle ou aux
Arts. Mais je craindrais, si je m'étendais outre mesure, que
quelque analyste, comme il y en a eu autrefois, n'accusât la Géométrie de vouloir tout accaparer.

Mon admiration pour l'Analyse, devenue si féconde et si puissante à notre époque, ne me permettrait pas de concevoir une
telle pensée. Mais, si quelque reproche de ce genre pouvait être
aujourd'hui formulé, ce n'est pas à la Géométrie, c'est à l'Analyse
qu'il conviendrait, je crois, de l'adresser. Le cercle dans lequel
paraissaient renfermées les études mathématiques au commencement du XIXᵉ siècle a été brisé de tous côtés. Les problèmes anciens se présentent à nous sous une forme renouvelée, des problèmes nouveaux se posent, dont l'étude occupe des légions de
travailleurs. Le nombre de ceux qui cultivent la Géométrie pure
est devenu prodigieusement restreint. Il y a là un danger contre
lequel il importe de se prémunir. N'oublions pas que, si l'Analyse
a acquis des moyens d'investigation qui lui faisaient défaut autrefois, elle les doit en grande partie aux conceptions introduites par
les Géomètres. Il ne faut pas que la Géométrie demeure en quelque
sorte ensevelie dans son triomphe. C'est à son école que nous
avons appris, que nos successeurs auront à apprendre, à ne jamais se fier aveuglément aux méthodes trop générales, à envisager

les questions en elles-mêmes et à trouver, dans les conditions particulières à chaque problème, soit un chemin direct vers une solution facile, soit le moyen d'appliquer d'une manière appropriée
les procédés généraux que toute science doit rassembler. Ainsi que
le dit Chasles au commencement de l'*Aperçu historique* : « Les
doctrines de la pure Géométrie offrent souvent, et dans une foule
de questions, cette voie simple et naturelle qui, pénétrant jusqu'à
l'origine des vérités, met à nu la chaîne mystérieuse qui les unit
entre elles et les fait connaître individuellement de la manière la
plus lumineuse et la plus complète. »

Cultivons donc la Géométrie, qui a ses avantages propres, sans
vouloir, sur tous les points, l'égaler à sa rivale. Au reste, si nous
étions tentés de la négliger, elle ne tarderait pas à trouver dans
les applications des Mathématiques, comme elle l'a déjà fait une
première fois, les moyens de renaître et de se développer de nouveau. Elle est comme le Géant Antée qui reprenait ses forces en
touchant la terre.

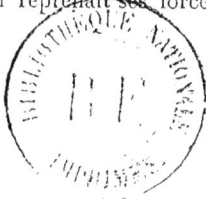

ERRATA

Pages	ligne	au lieu de	on a pu	lire	a-t-on pu
11	30	au lieu de	on a pu	lire	a-t-on pu
» 13	» 29	»	proportion	»	proposition
» 14	» 6	»	par	»	per
» 14	» 11	»	elle	»	elles
» 19	» 21	»	d'août »,	»	d'août,
» 19	» 32	»	Novembre	»	novembre
» 27	» 13	»	Clairant	»	Clairaut
» 30	» 10	»	quantités	»	fonctions
» 32	» 38	»	on peut considérer comme		on considère aujourd'hui comme
» 35	» 37	»	après et	»	après qu'elle eût été posée et
» 40	» 35	»	Mouton	»	Newton
» 43	» 16	»	Que	»	que
» 43	» 27	»	avait	»	fût
» 43	» 28	»	1604	»	1704
» 52	» 24	»	actionnée	»	sollicitée
» 64	» 13	»	$(dx - dt)$	»	$(dx + dt)$
» 64	» 15	»	$(dx + dt)$	»	$(dx - dt)$
» 65	» 3	»	$\varphi(x - t)$	»	$\varphi(+ t)$
» 65	» 5	»	$u = \varphi(x+t) + \psi(x-t)$	»	$u = \varphi(x+t) + \varphi(x-t)$
» 65	» 11	»	arbitraires :	»	arbitraires.
» 66	» 25	»	en mouvements de translation et en mouvements de rotation		en un mouvement de translation et en un mouvement de rotation
» 71	» 4	ajoutez	le théorème général a été donné avant Taylor par Desargues		
» 71	» 26	au lieu de	que OP soit	lire	l'inverse de OP soit
» 80	» 9	»	Newtonienne	»	newtonienne
» 85	» 5	»	Vandermon de	»	Vandermonde
» 85	» 20	»	lui-mème	»	lui-même
» 86	» 31	»	$\frac{1}{p}\frac{dp}{dx} = X - \frac{du}{dt} - u\frac{du}{dx} - v\frac{du}{dy} - w\frac{du}{dz}$		$\frac{1}{p}\frac{dp}{dx} = X - \frac{\partial u}{\partial t} - u\frac{\partial u}{\partial x} - v\frac{\partial u}{\partial y} - w\frac{\partial u}{\partial z}$
» 87	» 24	»	Lettres…sur quelques sujets de physique	»	Lettres à une princesse d'Allemagne sur…
» 89	» 21	»	cette	»	(cette
» 97	» 32	»	l'étude des formes algébriques		l'algèbre

Pages	99	ligne	32	au lieu de	naquit en	lire	naquit à
»	100	»	32	»	$\dfrac{r}{r'}$	»	$\dfrac{r'}{r}$
»	101	»	24	»	mouvements moyens	»	moyens mouvements
»	103	»	9	»	R. Wolf	»	C. Wolf
»	103	»	12	»	*Origine du monde*	»	sur *l'origine du monde*
»	103	»	18,23	»	agrégations	»	désagrégations
»	109	»	9	»	les attractions	»	l'attraction
»	113	»	30	»	résolvants	»	résolvantes
»	117	»	34	»	rouleront sur	»	*envelopperont*
»	120	»	11	*ajoutez*	* son mémoire sur l'application de l'hydrodynamique à la circulation du sang est des plus remarquables *		
»	121	»	35	au lieu de	sur les racines	lire	sur la séparation des racines
»	125	»	3, 4	»	un véritable idiotisme	»	une véritable idiotie
»	126	»	1	»	Huygens	»	Huyghens
»	127	»	8	»	directions	»	composantes
»	131	»	18	»	continus	»	infinis
»	131	»	37	»	Trinite	»	Trinity
»	134	»	35	*ajoutez*	traduites en français par M. Laugel		
»	135	»	13	au lieu de	Painlevé	lire	Humbert
»	135	»	13	*ajoutez*	*l'Etude sur le développement des méthodes géométriques de M. G. Darboux*		
»	142	»	34	au lieu de	dans	lire	entre
»	143	»	25	*ajoutez*	on lui doit enfin une belle et rigoureuse démonstration du critérium de la stabilité de l'équilibre d'un système matériel		
»	149	»	6	au lieu de	Glaischer	lire	Glaisher
»	150	»	7	»	Holmoe	»	Holmoë
»	151	»	20	»	La nouvelle fonction fût désignée plus tard	»	Gudermann désigna plus tard la nouvelle fonction
»	152	»	19,20	»	le même intégrant, mais différentes limites	»	le même élément différentiel, mais des limites différentes
»	153	»	8	»	travaux de Neumann	»	travaux de Clebsch, de Neumann
»	153	»	10	»	Picard, Poincaré	»	Picard, Appell, Poincaré
»	155	»	19	»	n^2 coefficients différentiels partiels	»	n^2 dérivées partielles
»	156	»	20	»	fonctions de	»	fonctions à
»	158	»	24	»	différentielle importante	»	différentielle linéaire du second ordre importante
»	159	»	9	»	ξ	»	ζ
»	159	»	12	»	à deux périodes d'une seule variable	»	d'une seule variable à deux périodes
»	159	»	17	»	en mécanique rationnelle aussi	»	et mécanique rationnelle et céleste aussi

Pages	160	ligne	1	au lieu de	variable	lire	variables
»	160	»	10	»	point singulier	»	points singuliers
»	160	»	24,25	»	propriétés…étendues	»	propriété … étendue
»	160	»	30	»	rendre	»	prendre
»	162	»	6	»	G. Painlevé	»	P. Painlevé
»	162	»	13	»	P. F. Appell, C. F. Picard	»	MM. Appell, Picard
»	164	»	20, 21	»	*Des fonctions algébriques par P. E. et F. Goursat*	»	*Théorie des fonctions algébriques et de leurs intégrales* par P. Appell et E. Goursat
»	163	»	4	»	toutes les	»	nombreuses
»	165	»	4, 5	»	fonctions symétriques des coefficients	»	fonctions symétriques des racines
»	165	»	30	»	initiales et finales	»	initiale et finale
»	165	»	33	»	qui	»	que
»	166	»	35	»	$\dfrac{A_m}{(3-a)^m}$	»	$\dfrac{A_m}{(z-a)^m}$
»	167	»	4,5	»	M. Borel les franchit	»	MM. Borel et Painlevé les franchissent
»	167	»	12	»	située	»	situées
»	167	»	35	»	(I)	»	*à supprimer*
»	167	»	36	»	relation équivalente	»	relation finie équivalente
»	168	»	8	»	Bendixon et Horn	»	Bendixon, Dulac et Horn
»	168	»	12	»	Stocklhom	»	Stockholm
»	168	»	14	»	reconnaître les singularités	»	reconnaître sur l'équation elle-même et sans en faire l'intégration explicite les singularités

» 168 *les lignes 20 à 32 sont à supprimer et à transposer comme il suit :*
comme l'ont montré MM. Fuchs et Thomé.

Il n'en va pas de même pour les équations non linéaires. Toutefois, en ce qui concerne les équations du premier ordre, il résulte des travaux de MM. Fuchs, Poincaré et surtout Painlevé, que leurs intégrales ne peuvent admettre comme points singuliers non algébriques qu'un nombre fini de points, qui se déterminent algébriquement sur les équations elles-mêmes ; elles peuvent admettre au contraire des points critiques algébriques dépendant de la constante d'intégration et appelés points critiques mobiles. Si l'on passe au second ordre, les intégrales peuvent admettre des singularités essentielles mobiles. C'est là une distinction capitale, distinction signalée d'abord par M. Picard et mise en pleine lumière par M. Painlevé. M. Painlevé s'est alors proposé de rechercher toutes les équations du second ordre présentant le caractère des équations du premier ordre de n'avoir pas de singularités essentielles mobiles ; la détermination des équations du second ordre à points critiques fixes l'a conduit à la découverte de transcendantes uniformes nouvelles, les premières auxquelles on ait été conduit par des équations différentielles non explicitement intégrées. Le même géomètre a amorcé la même étude pour les équations du troisième ordre.

Pages		ligne			
Pages	169	ligne	20	dans la science	à supprimer
»	169	»	23	au lieu de relation donnée	lire relation différentielle donnée
»	169	»	25	» relation	» relation finie
»	170	»	8	» von Weber, Riquier	» von Weber, Bourlet, Riquier
»	170	»	12	» intéressant	» concernant
»	170	»	32	» Coulomb	» Coulon
»	175	»	5	» Tchebuhef	» Tchebychef
»	176	»	1	» les complexes	» les nombres complexes
»	177	»	9	» groupe de permuta-tion	» système de permuta-tions
»	177	»	27	» substitution ou de transformation	» substitutions ou de transformations
»	177	»	32, 33	» étudie des groupes au moyen des inva-riants	» recherche des inva-riants associés à des groupes
»	177	»	34	» de même que	» quelconques,
»	177	»	35	» substitutions ortho-gonales	» substitutions linéaires orthogonales
»	178	»	3	» eux	ajoutez , et donné le moyen d'en déduire analy-tiquement tous les autres.
»	178	»	7	» l'intégration	lire réduction à des for-mes intégrales
»	178	»	12	» d'un groupe particu-lier	» de groupes particu-liers
»	178	»	15	» théorie	» doctrine
»	179	»	8	» premier	» à supprimer
»	180	»	14	» valeur	ajoutez ses recherches sur l'Analysis situs ont été le point de dé-part d'importants travaux récents, sur-tout de M. Poincaré
»	180	»	35	» asbolu	lire Absolu
»	182	»	8, 9	» assemblages de li-gnes... assembla-ges...	» systèmes de droites... systèmes...
»	182	»	32	» autres	» à supprimer
»	183	»	23	» de formes adjointes	» d'invariants associés à un groupe fini donné
»	184	»	7	» G. Painlevé	» P. Painlevé
»	185	»	2	» M. Lévy	» M. M. Lévy
»	185	»	3	» Albert	» Charles
»	185	»	6	» aux points	» aux environs des points

Pages	185	ligne	26, 27	au lieu de	noble famille	lire	famille noble...
»	186	»	11	»	reprises	»	reprise
»	188	»	9	»	autour du	»	sur le
»	189	»	3	»	étude	»	l'étude
»	189	»	28	»	analogies,	»	analogues
»	190	»	35	»	suffit	»	suffit le plus souvent
»	192	»	37	»	concerne	»	concernent
»	210	»	26	»	en nombre infini, aussi	»	également en nombre infini
»	224	»	17	*ajoutez*	dans celui de Routh		

TABLE DES MATIÈRES

CHAPITRE XVI

La vie et les travaux d'Isaac Newton

CHAPITRE XVII

Leibnitz et les Mathématiciens de la première moitié du XVIIIᵉ siècle

Développement de l'analyse sur le continent

Les mathématiciens anglais du XVIII° siècle.

CHAPITRE XVIII

Lagrange-Laplace et leurs contemporains de 1740 à 1836.
Développement de l'Analyse et de la mécanique.

Création de la géométrie moderne

Développement de la physique mathématique 118

Introduction de l'Analyse en Angleterre

Les mathématiques au XIXᵉ siècle 133

SAINT-AMAND, CHER. — IMPRIMERIE BUSSIÈRE.

TRAITÉ COMPLET D'ANALYSE CHIMIQUE

APPLIQUÉE AUX ESSAIS INDUSTRIELS

PAR

J. POST | **B. NEUMANN**

PROFESSEUR HONORAIRE A L'UNIVERSITÉ DE GŒTTINGUE | PROFESSEUR A LA TECHNISCHE HOCHSCHULE DE DARMSTADT

Avec la collaboration de nombreux chimistes et spécialistes

DEUXIÈME ÉDITION FRANÇAISE ENTIÈREMENT REFONDUE

Traduite d'après la troisième édition allemande et augmentée de nombreuses additions

Par le Dr L. GAUTIER

TOME PREMIER — PREMIER FASCICULE

Eau et Eaux résiduaires — Combustibles — Pyrométrie — Gaz des fumées Gaz de chauffage, Gaz des moteurs et Gaz des mines

In-8, 204 pages, avec 104 figures dans le texte . . . . . . **6 fr. 50**

La deuxième édition française, entièrement refondue, du *Traité d'analyse chimique appliquée aux essais industriels* de J. Post et B. Neumann comprendra deux volumes grand in-8° d'environ 900 pages chacun, avec de nombreuses figures; elle sera publiée en huit fascicules se vendant séparément et renfermant, autant que possible, un groupe d'industries ayant entre elles certaines analogies.

Le *tome premier* contiendra :

Premier fascicule
1. Eau et eaux résiduaires, Dr J. H. Vogel.
2. Combustibles . . . . . Dr H. Langbein.
3. Pyrométrie . . . . . Dr B. Neumann.
4. Gaz des fumées, gaz de chauffage, gaz des moteurs et gaz des mines. Dr B. Neumann.

PARU

Deuxième fascicule
5. Gaz d'éclairage . . . Dr J. Becker.
6. Carbure de calcium et acétylène . . . Dr J. H. Vogel.
7. Pétrole, huiles de goudron, paraffine, cire minérale, huile de graissage, asphalte . } Drs C. Engler, et L. Ubbelohde.
8. Graisses et huiles, glycérine, bougies, savons. Dr W. Fahrion.

SOUS PRESSE

Troisième fascicule
9. Fer . . . . Prof. A. Ledebur.
10. Métaux autres que le fer. Dr B. Neumann.
11. Sels métalliques . . . Dr B. Neumann.

EN PRÉPARATION

Quatrième fascicule
12. Acides inorganiques . . Dr Benedict.
13. Soude . . . . . . Dr W. Kolb.
14. Sels potassiques . . . Dr Bokemüller.
15. Potasse et salpêtre . . Dr Schaefer.
16. Brome . . . . . . Dr Bokemüller.
17. Chlore et chlorure de chaux. . . . . Dr W. Kolb.
18. Sulfure de sodium; antichlore, alumine, sulfate d'aluminium. Dr W. Kolb.

EN PRÉPARATION

Le *tome second* contiendra :

Premier fascicule
19. Chaux, mortiers, ciments et plâtre . . } Professeurs H. Segré et E. Kramer.
20. Poteries . . . . . . }
21. Verre et glaçures . . . }

SOUS PRESSE

Deuxième fascicule
22. Sucre de betterave . . Dr R. Fräulig.
23. Amidon et fécule, dextrine glucose . . } Dr E. Parow.
24. Bière . . . . . } Drs H. Voguet et C. Bleisch.
25. Vin . . . . Dr B. Küliscn.
26. Alcool . . . . . . Dr H. Hanow.
27. Vinaigre et esprit de bois. Dr F. Rothenbach.

EN PRÉPARATION

Troisième fascicule
28. Engrais commerciaux et fumiers . . . . Dr P. Wagner.
29. Terre arable et produits agricoles . . . . Dr P. Wagner.
30. Air . . . . Dr Ch. Nussbaum.
31. Huiles volatiles . . . Dr J. Heyl.
32. Cuir et matières tannantes Dr M. Philip.
33. Colle . . . . . . Dr R. Kissling.
34. Tabac . . . . . . Dr R. Kissling.
35. Caoutchouc et gutta-percha . . . . . . Dr Ed. Herbst.
36. Matières explosives et allumettes . . . Dr H. Kast.

EN PRÉPARATION

Quatrième fascicule
37. Goudron de houille . . Dr G. Schultz.
38. Matières colorantes et industries qui s'y rattachent . . . . . Dr G. Schultz.

EN PRÉPARATION

SAINT-AMAND (CHER). — IMPRIMERIE BUSSIÈRE

www.ingramcontent.com/pod-product-compliance
Lightning Source LLC
Chambersburg PA
CBHW070257200326
41518CB00010B/1813